大飞机出版工程

总主编　顾诵芬

机载系统研制适航实践

DO-178C、ARP4754A、DO-254和相关指南的应用

The Aviation Development Ecosystem

Applying DO-178C，ARP4754A，DO-254，& Related Guidelines

[美] 万斯·希尔德曼（Vance Hilderman） 等　著

易子淳　徐　遥　熊　洲　等 译

上海交通大学出版社
SHANGHAI JIAO TONG UNIVERSITY PRESS

内容提要

本书利用通俗易懂的方式详细介绍了整个航空研制生态系统,包括民用飞机机载系统研制过程和相关的适航标准,涵盖了系统设计、系统安全性、环境试验、软硬件、航空数据库、网络安保等方面,对相关标准进行了深入浅出的解读,并结合作者的实际工程经验提供了应用过程中的最佳实践。

本书可以帮助读者了解机载系统研制和适航过程的全貌,快速建立框架。本书读者群为飞机、系统、软硬件的研发部门人员,质量保证部门人员,合格审定机构人员以及管理人员,同时包括其他高安全领域的研发和管理人员。

图书在版编目(CIP)数据

机载系统研制适航实践/(美)万斯·希尔德曼
(Vance Hilderman)等著;易子淳等译. —上海:上
海交通大学出版社,2024.5
大飞机出版工程
ISBN 978-7-313-28962-9

Ⅰ.①机… Ⅱ.①万…②易… Ⅲ.①民用飞机—适
航性 Ⅳ.①V271.1

中国国家版本馆 CIP 数据核字(2023)第 109138 号

机载系统研制适航实践
JIZAI XITONG YANZHI SHIHANG SHIJIAN

著　者:	[美]万斯·希尔德曼(Vance Hilderman) 等	译　者:	易子淳　徐　遥　熊　洲　等
出版发行:	上海交通大学出版社	地　址:	上海市番禺路 951 号
邮政编码:	200030	电　话:	021-64071208
印　制:	上海万卷印刷股份有限公司	经　销:	全国新华书店
开　本:	710mm×1000mm　1/16	印　张:	22.25
字　数:	382 千字		
版　次:	2024 年 5 月第 1 版	印　次:	2024 年 5 月第 1 次印刷
书　号:	ISBN 978-7-313-28962-9		
定　价:	178.00 元		

版权所有　侵权必究
告读者:如发现本书有印装质量问题请与印刷厂质量科联系
联系电话:021-56928178

本书编译委员会

主 任
易子淳

副主任
徐 遥 熊 洲 沈美强

委 员
（按姓氏拼音排序）

曹 琛 陈莉莉 陈 威 杜 远
方 媛 冯化吉 付琳娟 何亚军
胡俊丽 黄可西 黄少康 李 超
林 枫 罗 丽 石 薇 帅卉颖
王峰俊 吴思奇 吴之南 肖 伟
谢 菲 徐 俊 姚旭寅 张丹丹
周恩泽 查振羽

译 者 序

本书译者在进入民用飞机航空电子系统软件研发领域早期的各种技术讨论中时常迷茫于众多带着"神秘"数字编号的各类标准文件：178、254、4754、661、664、653……以及海量的缩略语：SYN、ICD、PFD、AFDX、IMA、ES……一度感觉这是前辈故意筑高技术壁垒，以及对新人的一种炫技（难道就不能说全称吗）。而当我们现在跟新同事交流，也同样不加任何解释，下意识蹦出这些数字和词语的时候，才感觉到这或许是一种刻在骨子里的技术基因。无意识的基因铭刻需要一个过程、一个很长的过程。译者经过10年多的时间，也只能是勉强一窥整个民机机载系统研制过程和适航体系大厦的一角。整座大厦宏大无比，又不失精妙。

除了在细分领域做深入的研究之外，我们也始终怀揣一个憧憬：有没有一个山头，能够远眺这座大厦，哪怕不能深入细致，只要能感受一下它的壮美，也是极好的一件事情。本书进行了这样的一次尝试，全面介绍了与机载系统研制密切相关的一系列适航标准，并进行了深入浅出的解读。让读者能够对每一个标准，以及多个标准组成的框架，快速建立感性认识，而不至于花费很多的探索成本，却又总感觉"不识庐山真面目，只缘身在此山中"。

原书名 *The Aviation Development Ecosystem*，其中生态系统一词其实非常形象地说明了本书的愿景，即研发过程中所有相关的方方面面（系统、软硬件、工具、试验……），宛如生态系统中的各个要素（阳光、水、温度、营养……），既要单独考量，也需相互协同。但考虑到"生态系统"一词在适航领域的直接使用，或许会让读者感到陌生，甚至产生困惑。多重考量之下对书籍的中文名称进行了一些调整,而不至于让太过奇怪的书名将读者的阅读兴趣拒之门外。本书适合民用飞机系统、软硬件初级工程师和适航工程师作为入门参考。对具备一定其他行业系统和软硬件研发经验,想要扩展至民用飞机领域的读者来说,尤其具有实战价值。

本书的原作者希尔德曼先生,在相关领域有着深厚的理论修养和丰富的工程经验,对各类问题有着独到的见解。其名言"每个人都想成为食物链的上游:组件供应商想做子系统,子系统供应商想做上级整系统,系统供应商想做系统集成",让人不由微笑,确乃高山仰止、景行行止。

本书序言部分由易子淳执笔,同时统筹负责全书的翻译和校对;徐遥具体负责前10章的相关内容;熊洲具体负责第11章到附录A的全部章节。除主编外,上飞院四所电控软件部的其他核心成员也全面参与了本书的编写过程,在此,衷心地表示感谢!

在本书的编写过程中,虽然我们力求做到严谨准确,但由于编者经历和理解的差异,以及水平有限,书中内容难免存在不妥之处,敬请读者批评指正。

前　言

开始写这本书的时候,感觉这是一个非常棒的主意,但就像其他"非常棒的主意"一样,真正实施起来的挑战远超想象。这也正是很多更有能力的人没有在类似想法上坚持下去的原因:写一本精炼的书,包含未来航空、飞机和航空电子系统开发人员所需的全部信息。真正的挑战在于如何把 40 年的经验和几千页的笔记浓缩成简练通俗的书,避免误导和简单说教。幸运的是,我邀请到了共事过的 30 名最优秀的高级航空工程师参与其中,在他们的帮助下,终于让这本书和读者见面了。

大家尽管对"到底谁先飞起来"尚有争议,但都认可航空技术的重要性,都看到了其令人震惊的发展。相信在不远的将来,eVTOL、UAM 和航空人工智能系统的成功将是很好的证明。然而,伴随着航空系统复杂性指数级增长,人们却不容易意识到其研发和取证的复杂性也与日俱增。虽然航空业安全总体上有所改善,但最近发生的多起坠机悲剧表明,这种日益增加的复杂性确实不容易被理解或管理。一个项目需要成百上千的工程师协同工作,对于复杂的机载或地面系统,甚至要更多。制造一架安全的飞机需要 5 000 多名工程师,其中会有少数人员出现疏漏,导致致命的错误。如何避免木桶短板效应,唯一的解决方案就是构建一个"航空产品开发生态系统",为每个参与者提供一本手册,便于理解和应用。许多相关机构和组织都零星地定义了部分内容,但当前还没有这样一个官方的参考指南。因此,我产生了一个想法:编写一本书,它包含能够在全球范围内应用的航空产品研发生态系统。

作为一名航空电子设备研发人员,并且过去 40 年在世界范围内,创立了

3个知名的航空电子设备和航空产品研发服务及认证公司,几乎每周都有客户问我同样的问题,他们想知道哪里可以找到一个知识库包含这里提到的所有信息。我告诉他们,没有这样的一个像 Fountain of Youth 一样的知识库。他们却总是说:"我不信,在现在的数字时代,任何信息都应该可以轻松访问,一定有一个信息源头,一定的!我愿意付钱,告诉我吧,从哪儿能买到这样一本包含全部这些信息的书?"

我还能说什么呢?

事实上,我敢肯定,勇敢且极度乐观的探险家 Ponce de Leon 在对 Fountain of Youth 的苦苦寻觅中,一定同样愿意为了 Fountain of Youth 的确切位置付费。但是,当前的数字化很难达到这样的目的。诚然,我毫不怀疑,在未来10年或20年内,人工智能和云技术将发展到能够快速检索整个已知的数字世界,从而生成一本定制的"书",阐明本书中的所有主题。但问题是,那些信息足够精炼和准确吗?其框架和结构能让读者真正了解航空系统开发和认证的内容、原因,以及具体的方法吗?

没有一本书对所有人都是万能的,人类的知识、需求和能力太多样化了。因此,作为一名开发、收集、征集、提炼、汇编和撰写本书的作者,我想引用我在为全球 25 000 多名业界学生提供的航空产品开发培训课程时提到的"80%规则":"如果我讲的 80% 的内容对 80% 的学生有 80% 的用处,那么我作为一名老师已经实现了 100% 的成功。"理想虽然丰满,但现实往往骨感。

首先,这本书实打实地是很多人上千小时艰苦卓绝工作的结晶,他们时而情绪高涨,更多的时候心情低落,但始终保持着兴趣。本书体现了近 500 编写人和审稿人的丰富学习成果,毕竟商业航空工业本身也只有 100 多年的历史。本书的所有参与者都值得一句诚挚的感谢。对于读者而言,如果你能努力使航空业界变得更美好、更可预测、更安全,那将是对我们最好的褒奖。如果你对未来的议题有任何建议或意见,可以随时和我联系;找到我的联系方式不会花费你超过 1 分钟的时间,但我们会让垃圾邮件发送者多花点心思。

　　其次，如果没有众多直接或间接的编写人员参与，就没有这本书的面世。由衷地感谢我的家人，他们经历了许多个夜晚和周末分享关于内容和背景的想法。非常感谢埃米莉·曼迪（Emilie Mandic）和安娜·希尔德曼（Anna Hilderman）帮助编辑了这些章节的早期版本。非常感谢所有的编写人和审稿人，他们的专业知识体现在字里行间。非常感谢我的300多个客户和技术同事，他们非正式地审阅了早期章节，并提供了反馈。再次特别地感谢正式章节的审稿人，其中一部分人也是作者。你们的数百条建议和补充大部分都被采纳了，这本书因你们而变得更好。

　　最后，我要亲自感谢参与这项工作的众多专家、技术工程师。他们都是当代航空业的支柱，这个世界因为他们而变得更美好、更安全。非常感谢我美丽的妻子科琳·希尔德曼（Colleen Hilderman），她秀外慧中，给予我们所有人创作的灵感；感谢我亲爱的6个孩子，其中的4个[安娜、埃米莉、埃文（Evan）和丹（Dan）]帮助编辑或审阅了这本书的部分内容；另外两个[卡森（Carson）和凯特琳（Kaitlin）]也在全书早期进行审阅时候，以不可思议的方式参与进来。

　　致以上所有人：感谢你们所花费的时间，让读者受益。简明扼要地阐明复杂的主题并非一件容易的事，这真的比简单地写1 000多页无人问津的技术文件要难多了。

万斯·希尔德曼（*Vance Hilderman*）

引　子

"那是一个风雨交加的黑夜……"①

如果你像我一样接受过飞行员训练，那么你应该知道黑暗和风暴之夜绝对不会是你的朋友，在关键航空领域和航空电子系统研制中亦是如此：漆黑的驾驶舱，不期而至的雨天，都不会是你的伙伴。在航空业，我们可以选择优秀的伙伴，但是无法保证他们不会带来不良的影响，最终结果如何取决于我们的选择。要做出正确的选择需要丰富的知识和经验。在航空业，经验是无可替代的：在你拥有丰富的经验之前，你充其量只是一名"半吊子"。

幸运的是，飞行员和航空研发人员都可以接触到能够减轻"风暴"和"影响"的"伙伴"：这些"伙伴"就是安装在飞机上越来越先进的机载航空电子设备和地面系统，而这些设备正是根据本书所提及的指南开发的。看起来，黑暗被照亮、风暴被驯服十分容易，但实际上一点也不简单：能帮助你的伙伴需要时刻在你的身边，而且你还需要熟知如何与他们合作。

然而，即便你拥有先进的工具和设备，挑战依然存在。之所以说是"挑战"而非"问题"，是因为挑战等于问题加解决方案。在数字化不断提高的今天，人们已经习惯了在不完全了解问题整体的情况下寻求快速的解决方案。但是，要搞清楚所面临的挑战，本身就不是一件容易的事。在航空业发展的道路上存在着如下多重挑战：

---

① "那是一个风雨交加的黑夜……"出自英国小说家爱德华·布尔沃·利顿（Edward Bulwer Lytton）1830 年的著作 *Paul Clifford*，爱德华·布尔沃·利顿第一次以这个句子作为小说的开头之后，引起了诸多人的跟风。

（1）每一个航空系统都不同于其他系统。

（2）指南往往缺乏易于理解的目标、逻辑和方法论。

（3）不存在"一刀切"的最优方法。

（4）成功没有外部秘诀，因此在质量、成本和进度方面的失败很常见。

鉴于航空业这种具有多重挑战的格局，我们需要迅速地找到我们的伙伴。我们需要理解无数的航空指南、标准、备忘录和政策。每个航空工程师必须全面理解航空研制生态系统是如何适用于各种独特场景的，包括他们正在研制的飞机、机载系统、硬件设备和软件。本书就是这样一本关于理解航空业发展图景和无数相关标准的著作。

本书的大多数读者都上过高等数学课程，在前期课程中肯定存在很多困惑。但是在那段时间里，学生都不愿意举手提问，因为其他同学看起来都听懂了，每个人都觉得自己是唯一遇到困难的人。现在他们意识到其他同学其实和他们一样：大家使用同样的教材，也同样感到一头雾水。作为一名在30个国家的500多个航空项目中有35年咨询经验的航空电子专业人士，我个人可以向你们保证：你们每一个人都面临这样的挑战，大多数人认为他们有问题，却只有极少数问题有完美的解决方案。

或许本书的读者比其他同行更加睿智（毕竟他们拿到了这本书），但是他们仍旧面临挑战。他们也足够聪明，明白用最小的成本和工期来开发项目，却仍能获得最高的质量和安全性是不可能的，毕竟天下没有免费的午餐。但是几乎每个人都有竞争者，这些竞争对手都面临同样的挑战和问题。我曾亲自培训超过25 000个航空工程师和500多个员工如何成功地研制产品并通过审查。我希望通过本书来总结将近40年经验积累所得的知识，并在这个过程中传递这些知识中有用的部分。这本书所提供的知识可以帮助你成为一个更加称职的工程人员，并最终成为一名成功的，甚至是杰出的航空系统工程师。

让一本技术书籍成为"好书"的关键是什么？这个问题很难回答，因为答案因人而异。可以确定的是,这本书的每位读者都有不同的需求、不同的疑问、不同的学习方式。实际上,它不可能满足所有人的全部需要。显然,重新组织 DO‐178C、DO‐278A、ARP4754A 等已有的指南,或者重编 DO‐248C 来解释 DO‐178C 似乎很容易,但你仔细研读过这些文件之后,仍能发现它们有许多不足。为什么会这样呢? 因为这些文件都是航空和航空电子系统开发的通用指南。这些指南缺少通俗易懂的解释,缺少对贯穿整个工程生命周期中整体航空生态系统相关内容的整合,并且没有以现实世界为背景,没有以最佳实践的方式来呈现。这里描述的生态系统包括了从飞机和系统安全到软硬件安全的关系和过渡。本书讨论的内容并非枯燥的理论,而是对现实世界的理解,因为这才是我们所处的现实世界。让我们启动发动机准备起飞,开启一段成功的学习之旅。

目　　录

第1章 航空和航空电子:研发和合格审定框架

　　航空业的发展对那些重视航空发展的人来说很重要。这些人可能包括研发人员、制造商、集成商、飞行机组、航空公司,以及那些打心底里认同航空业重要性的爱好者。本书介绍了航空业发展的前景和一些相关"标准",因此对于参与航空业研制生态系统的人来说,很有必要阅读一下本书。

　　数百年前,人类自身是各行各业的顶梁柱,人类需要具备气象、农业、畜牧业、建筑和生育方面的相关知识提升自己的个人技能。随着时间推移,人类不断地将各种技能往专业化方向发展,当个人能够专注于自身的个人技能时生产力便得到了提升。另外,行会、工会、政府和法规也在不断地演变,这些演变无论好坏,都提高了普通人的生活质量。

　　向专业化发展的一个结果是将"使用"与"设计知识"分离。农具使用者不再需要了解如何设计一个特定农具,基于使用者和设计者之间的关系,以及支付给设计者的酬劳,使用者对设计者建立了一定的信任。这样就播下了现代理念的种子……然后催生出了现代的飞机。

　　飞机及其他飞行器(如热气球、导弹,以及无人驾驶的航空器),相比普通农具而言,有更高的危险性。一个损坏的农具在修复前顶多拖慢农耕的进度,而飞机故障所带来的后果则严重得多,甚至会导致人员伤亡。因此,各国政府和研发人员齐心协力为航空部件和系统的研制以及合格审定制定了安全基础。这些制定安全基础的参与者总是出于好意,希望航空器更加安全,但他们同样需要权衡监管力度和安全性:过度监管则会牺牲竞争力和创新性,最终导致安全性降低;监管不足则会导致安全性向潜在的灾难性结果妥协。

　　飞机概念图如图1-1所示。

　　如果只考虑自身,每个人都想要安全性;每个人都可能会乘坐飞机飞行或有可能被坠落的飞机击中。但航空工业是世上最务实以及最不自私的实体之一。

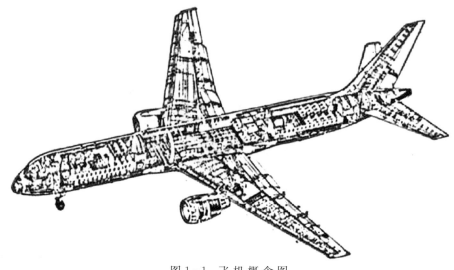

图 1-1　飞 机 概 念 图

对于航空工业来说,安全有利于人的生命健康和航空产业发展。没有什么比一起严重的飞机事故更能浇灭人类对飞行的热情和商业的憧憬[想想协和飞机,它曾经是世界上最安全(也是最漂亮)的飞机之一,但是 2000 年的坠机事件就导致机队永久停飞]。

　　幸运的是许多聪慧之人花了数十年的时间来定义航空安全协议。尽管世界范围内存在着人们共同努力下制定出的协议,包括联合国制定的用于维持和平的协议、世界银行和国际货币基金组织制定的各种银行业协议等,但大多数人都会认同,在不考虑成本的情况下,航空安全组织是最有效的。航空安全框架总体上资金充足、科学性强、政治性不强,至少在西方国家内部得到了航空业合理的合作和支持。这并不是说一切都是完美的。相反,政治活动、民族主义等一些令人担忧或引人注目的话题,往往被别有用心之人利用,作为他们攫取利益的手段。航空界争论的领域包括二氧化碳排放、飞行员工作规则、噪声消减、空域使用费、日益严重的拥堵、航空公司所有权规则和跨大西洋监管协调等。当代亚洲在经济力量和航空领域方面迅速崛起,这使原有航空安全框架需要进行额外的调整以解决相关挑战。

　　但总体而言,目前的航空安全框架完整可行。那么这个框架是什么?图 1-2 描述了航空领域的安全性层级。

　　(1) 空域,涉及飞行计划、军事管制区和国界,以及对众多飞机的运营控制。

　　(2) 通信、导航和监视/空中交通管制(CNS/ATM),涉及与飞机和飞行安全相关的地面和星载活动。

（3）飞机,涉及属于单架机的安全方面问题。

（4）航空电子系统,与自身的安全性相关,而飞机是由众多航空电子系统组成的。

"安全"关乎整个航空生态系统,而不仅仅是某些特定方面。航空电子设备研发人员通常认为自己处于食物链的顶端。但正如图 1－2 描绘的那样,航空电子系统位于航空生态系统的底端。为什么会这样呢? 因为航空生态系统比任何一个系统甚至任何一架飞机都要复杂。

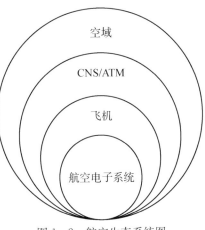

图 1－2   航空生态系统图

显然,航空安全生态系统的某些方面比其他方面对安全的贡献更大。但是,如果你要问航空安全专家"航空安全的哪个方面最重要?"得到的答案应该是"都重要"。换言之,虽然某些方面可能对安全产生更大的影响或需要更加严格的要求,但航空安全生态系统中的所有方面都很重要。然而,这不是现代人的思考方式,一切都必须有个先后排名。回想一下,你有没有想过自己的体重、身高、健康水平、睡眠时间、高尔夫得分、银行卡余额、卡路里、社交媒体联系或薪资的排序? 如果有,那么恭喜你,你很正常。但航空安全是一个无法简单排名的生态系统,因为每个方面都有助于安全,因此每个方面都很重要。

图 1－3   链 条 概 念 图

另一种看待航空安全的方法是考虑一个简单的链条,如图 1－3 所示。航空安全类似于这个链条,因为每个环节都有助于加强链条的功能和可靠性。想找到链条的最薄弱的环节吗? 方法很简单:只需用力拉链条的两端直到断裂。链条在哪里断裂,哪里就是其最薄弱的环节。因此,如果一个链条有 100个环节,就像一架现代飞机可以包含100 多个航空电子系统,那么整个链条的强度就取决于那个最薄弱的环节。

让链条的 99 个环节变得格外坚固,而剩余的一个环节却达不到必要的强度,这对安全是没有好处的。

　　航空安全定义了航空生态系统各个方面的"强度"或可靠性,并意识到整体安全涉及许多不同方面及其相互之间的关系。航空安全不能通过简单地给系统施压直到它崩溃来评估,航空安全是为了避免灾难,而不是造成灾难。因此,航空安全必须以科学的方法为基础,该方法使用了包括分析、工程、流程和标准在内的多种技术。在航空生态系统中,空域、通信、飞机、系统和零部件都很重要,在安全评估过程中必须考虑到它们每一个所代表的不同视角。随之而来的是许多有助于提升安全的标准,尽管个体对安全的贡献存在差异,但每个标准都很重要。这引发了研制保证等级(DAL)的讨论,通常称为安全关键等级,这部分内容将在本书的 ARP4761A 安全章节部分进行详细的阐述。航空合格审定的整体框架,如图 1-4 所示。

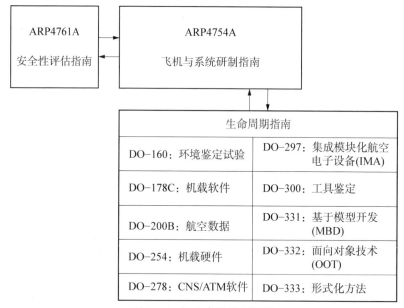

图 1-4　航空合格审定框架

航空合格审定生态系统

　　如图 1-4 所示,航空合格审定从左上角开始,采用基于 ARP4761A 的安全评估机制。飞机和航空电子系统架构与安全需求一起被定义,这些安全需求被纳入基于 ARP4754A 的飞机和系统研制和合格审定过程。然后,通过各种"DO-XXX"指南文件构建航空电子系统方面的研制和合格审定的基础,其中

"DO"表示北美文件。欧洲也有类似的生态系统,上述文件被相应地命名为"ED - XXX",其中"ED"表示"欧洲文件"。本书的后续章节将专门介绍和剖析上述每个文件,以解释它们在航空领域研发和合格审定生态系统中如何发挥作用。

设计和认证航空电子系统与设计和建造链条的环节有一些相似之处:建造者必须知道链条的用途以及预期的强度。如果没有这些知识,建造者要么造得太结实而浪费资源,要么太脆弱而导致该链条过早断裂。而这两种结果都是失败的。在航空电子设备中,外行可能认为将其打造得尽可能完美,并具有尽可能高的可靠性是很正常的。但在复杂系统的领域中没有所谓的"完美"。如果没有定义最低级别的运行可靠性和完整性,就无法判定系统是否"足够好"。没有保障措施的可靠性并不能充分地解决产品的质量保障问题,也不能充分地对故障发生机理以及此类故障对系统的影响进行分析。如果一个链条发生故障,那么对运行系统有什么影响?可靠性本身只是给出了一个失效概率,但"链条是如何失效的"也是一个问题。链条中的一个环节可能会失效,但从安全的角度来看,它是如何失效的以及由失效产生的不良影响才是糟糕的开始。因此,需要有一个完整性维度,我们不能简单地"依赖"可靠性。每个小部件的设计和制造在一定程度上都是不完美的。当这些缺陷以"墨菲方式"组合时,安全性应能识别出相应的安全性影响。因此,航空机载电子研发成为航空电子发展生态系统中的一项研究,如本书。

在缺乏安全监管的自由市场中,成本和质量将不断下降,直到航空安全链上的某一环节断裂造成灾难性的后果。为了避免这样的后果,我们应该对航空电子系统进行分析,以深入了解故障对飞机和人身安全造成的影响。然后,确定该系统的正确运行与整体安全性的关系,并为其分配一个最低的可靠性水平,并基于此最低可靠性和完整性水平,采用工程技术来保证必要的严谨性。

关于航空研制/合格审定的成本与安全的说明

航空电子设备的研制并不便宜,与没有质量要求的产品相比,研制质量可靠的产品总是更加昂贵。当前普遍存在一个误解:航空电子设备研制会因为过于繁重的研制过程和审查考虑而变得价格昂贵。毫无疑问,严格的研制和审查要求增加了前期的成本,但是别无他法。然而,这种普遍的看法忽略了关于航空电子设备研制成本的两个关键问题:

(1) 鉴于航空业内安全的重要性,航空电子系统研制和合格审定相关的成本增加是多余的吗?

(2) 相比于消费类电子行业动辄百万的销量,对于有数百销量已经算成功项目的产业,规模经济真的可行吗?

显而易见,如果不彻底改变行业规则,这两个问题将严重影响成本与效益的关系。但每个人都认同的是:航空机载电子的研制永远不可能便宜,但也有可能具有成本效益。此外,航空市场可能比其他任何市场都更强调质量而不是成本,有故障、维护成本高或者更换频度高的廉价产品既不便宜也不具有成本效益。你是否曾经购买过便宜的工具,结果却对它的性能不满意,随后又换了一个更加昂贵的替代产品?这种情况与产品研发成本高达数百万美元、单件生产成本高达数万美元的航空电子设备高度相似。

飞机本身集中体现了对权衡的定义:成本、油耗和商载是一团解不开的结。这也解释了为何当今市面上有数百种不同的新型飞机在售:每一种都恰好适用于某个特定的需求,但与其他型号相比就需要取舍。想要更大的商载就要付出更高的价格和运营成本。减小商载需求可以节约燃油,但较少的商载肯定对收益有负面的影响。每一个类别通常都有几个同类产品在竞争,这也解释了为什么目前同时有数百种不同型号的飞机在售。

与成本类似,航空电子设备的安全也有类似的关系。加强可靠性和安全性,往往需要支付额外的成本。例如,把机载卫星通信系统当作反推系统一样,为其开发备份系统,将显著增加成本,但总体的安全性却几乎没有提高。这依然是一个权衡问题。所以航空安全是艺术与科学两者的有机结合,其中科学包括了对每个被认为与安全相关的成本效益分析。在没有时间和预算限制的情况下,安全性可以被无限地提升。想想以前的军机为什么要装 8 台发动机呢?因为 8 台发动机"肯定"比 6 台发动机更可靠,6 台比 4 台更可靠……而如今呢,世界上在研的最先进的 F-35 联合攻击战斗机只有一个发动机。再想想电传(FBW)飞机的例子:电传系统替代传统的线缆和滑轮系统付出了什么代价?单工(单通道)电子器件和作动器通常不能满足安全性的要求,所以需要采用双备份的架构,有时还会使用三备份甚至可能四备份来满足要求。这使飞机的重量、复杂度,当然主要还是成本呈几何指数增长。因此,在整个航空电子设备研制生态系统中,还是要以实用为目的来关注成本。

继续深入前的最后一些话

世界上没有任何一个项目对时间和预算没有限制。航空电子设备之所以是航空电子设备,因为它们必须能支持飞行,并且必须满足本书所阐述的安全框架。本书的后续内容给出了既能实现成本/效益的权衡,又能获得足够安全性的一些见解。

第2章　型号合格证、技术标准规定和零部件制造人批准书

通过前文我们了解到,航空电子系统是一个安全系统的组成部分,在其工程生命周期过程中必须要遵循现有的指南。在你准备着手开始航空电子系统研制工作之前,首先要能完整地回答下列问题(小提示:答案藏在对 TSO、TC、STC 以及 PMA 的理解中):

(1) 在不清楚目标机型的情况下,是否可以正常开展航空电子系统研制工作?

(2) 是否对航空电子系统的功能性有具体的标准?

(3) 对于在某机型上已经取证的航空电子系统,应用于另一个不同机型上时,是否必须重新取证?

(4) 是否任何高质量的生产设施都可以用来生产航空电子系统?

如果你对上述 4 个问题的回答是"否""是""否"和"否",那么你至少对型号合格证(TC)、补充型号合格证(STC)、技术标准规定(TSO)和零部件制造人批准书(PMA)有一些基本的概念。无论如何,回答这些基础问题所需要的背景知识是帮助理解航空电子系统研制生态系统的重要部分。

飞行安全对于商用航空电子系统是至关重要的。或许,在航空电子系统生态系统中,图 2-1 所示适航金字塔的 4 个安全性方面之间并不存在相互依赖的关系。

顾名思义,适航金字塔如图 2-1 所示,需要先有一个基础,后续的砖块

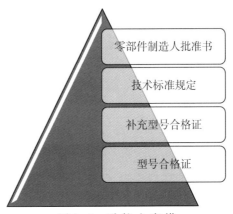

图 2-1　适航金字塔

再依次堆叠而上。那什么是"适航性"？

"适航性"代表商用客机具有在执行预定功能时安全运行的能力。当证明一架商用客机具有适航性时，可以授予其适航合格证。美国联邦航空管理局（FAA）对适航合格证给出了如下定义：用于授权一架飞机在空中运行的 FAA 文件（www. faa. gov）。FAA8130 号指令表明，必须同时满足下列两个条件才可获得适航合格证：

（1）飞机必须符合它的型号设计要求。当飞机的构型、发动机、螺旋桨以及其安装的部件，与图纸、规范及其他数据一致时，则认为该飞机满足型号设计的符合性要求。这其中包括了所有 STC，以及这架飞机发生过的所有维修和改装。

（2）飞机必须在可安全运行的状态。这条针对的是飞机磨损和老化的情况，如蒙皮腐蚀、风挡玻璃分层/裂纹、漏液、胎皮磨损以及所有未落实的适航指令（AD）。

据此，我们提出了适航金字塔的概念，适航金字塔由 4 个重要的、连成一体的部分组成，在图 2-2 中有更详细的介绍。

型号合格证：对飞机/组件的制造过程符合经批准的型号设计[型号合格证数据表(TCDS)]的正式认可，进而表明其适航性。

补充型号合格证：对在原有型号合格证产品基础上进行的经过批准的设计更改的正式认可。

技术标准规定：针对民用飞机上指定的材料、零部件和装置而提出的最低性能指标。

零部件制造人批准书：对用于替换件或改装的零部件的设计和制造的批准，允许制造人生产和销售这些安装在经型号合格审定的民用航空产品上的零部件。

图 2-2 适航金字塔详细描述

航空电子系统研制和审定生态系统

航空电子系统的研制与"生态系统"息息相关。整个系统就像一个链条，最薄弱的环节决定了系统的鲁棒性。图 2-3 描绘了航空电子系统研制和审定生态系统。

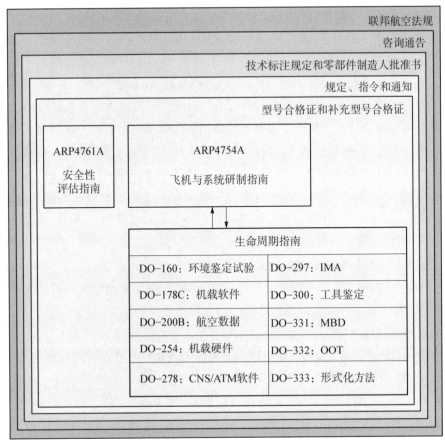

图 2 - 3　航空电子系统研制和审定生态系统

关于型号合格证、补充型号合格证、技术标准规定和零部件制造人批准书的一些细节

首先,飞机和航空电子系统审定的正式监管依据是什么? 在美国联邦法规(CFR)第 14 篇航空和航天的以下部分及适用的修订版本共同形成了审定基础:

(1) 第 21 部(民用航空产品和零部件合格审查程序)。

(2) 第 23 部(适航标准:正常类飞机、实用类飞机、特技类飞机和通勤类飞机)。

(3) 第 25 部(适航标准:运输类飞机)。

(4) 第 27 部(适航标准:正常类旋翼航空器)。

(5) 第 29 部(适航标准:运输类旋翼航空器)。

型号合格证(TC)

型号合格证(TC),形成了适航的基础,因为它用来表明特定制造专用设计的健壮性。在进入数字时代前,型号合格证就是由政府实体单位[美国联邦航空管理局、欧洲航空安全局(EASA)等]颁发的一纸证书。然而,TC 不仅是一张简单的证书,因为它还指定了适用的相关审查标准,这些标准根据被批准的产品的类型和现行监管要求(包括对监管要求的适用修订)而有所不同。TC 囊括或参引了充足的信息来表明待批准的设计符合"适用的"适航要求。什么是"适用的"要求? 每一种型号的飞机或设备都有一组明确的要求与之对应。这组要求随型号变化而变化,但通常包括 TSO,并符合 DO‑178C(软件)、DO‑254(机载电子硬件)、DO‑160(环境/EMI)等。TC 还包括 TCDS,用于表明型号设计、运行限制、TC 持有人、飞机品牌和型号,并且还明确了审查适用的法规或限制(包括版本信息)。对于部件,只有发动机和螺旋桨是需要取得 TC 的。TC 是后续一切(生产许可证和单机适航证)批准的基础。

使得型号合格证成为适航性基础的原因有两个:

(1) TC 为每个产品明确指定了适用的规则,并确保规则得到应用。

(2) 在实际生产加工该零部件前必须先取得 TC 证。

TC 合格审定计划

如同盖一所房子,假如监督方既没有提前介入也没有在建造过程中参与,那么想证明其符合建筑标准是极其困难的,这也是为什么大多数建筑开工前都要求对其计划进行评审,然后随着建设的进展,开展更多的评审,包括对地基、墙体、电缆和封顶的评审。飞机和航空电子系统作为 TC 的一部分亦是如此。TC申请人必须向审查机构提交一份详细的合格审定计划,该机构或其委任代表需始终参与到项目中。一份合格审定计划中要有充分的信息以表明申请人完全理解相关法规,进而可证明其贯彻了安全设计要求。详细来说,合格审定计划应对下列信息进行详细说明,并应在进入工程实施(实际研制)阶段前获得审定机构的批准。

(1) 明确申请人、申请日期和构型识别信息。

(2) 设计[或设计更改,特别是 STC(见下文)]的描述,以示意图或框图的形式,用充分的细节说明安全性考虑。

(3) 运行环境、假设条件、约束和限制。

(4) 审定基础,包括适用的法规(ARP47XX、DO‑XXX 等),如 23 部、25部、27 部或 29 部(随飞机类型不同适用的法规也不同)。

(5) 符合性及其适用性的描述,包括如何使用指定方法进行符合性验证。

(6) 需要提交的文档清单,包含所有相关法规要求的产物。

(7) 用于生成符合性数据的被测物清单,包括所有特殊的说明或特征。

（8）描述在取得 TC 证后如何满足持续运行安全的要求。

（9）拟定的项目关键里程碑计划，包括需要审查方监管或目击的一切活动。

（10）如果 FAA 介入，则应当确定所有准备参与审查的指定工程代表（DER）、指定适航代表（DAR）、指定生产检验代表（DMIR）和机构委任授权代表（ODAR）及其相应职责范围。

TC 申请人提交计划文档到当地的航空管理机构，等待对方反馈意见，通过这样的流程反复修改迭代，最终获得批准。接下来申请人按照计划，由审查机构或审查代表定期审查进度。就如同盖房子，审查是增量的，以便及早发现实际进度与计划的任何偏差并进行分析。值得注意的是，在实践中，计划的提交通常意味着原始设备制造商（OEM）准备正式申请 TC，此时单机已处于较为成熟的状态（经"放飞评审"流程批准，完成试验），从而 OME 有充足信心在特定时间内完成取证。TSO/欧洲技术标准令（ETSO）的流程有所不同，TSO/ETSO 在提交 TC 之前需先提交申请给航空器审定办公室（ACO）或 EASA，且独立于飞机审查的流程。提交 TSO 审查的航空电子系统在进行符合性验证时，可以使用一架已经取证的飞机作为试验平台。

在欧洲，审定计划根据飞机的类型直接提交到 EASA 相应的中央理事会，然后 EASA 会为每个专业建立一个项目审查管理组织和专家小组，其中可能包括来自其中央办公厅的专家和/或申请人国家航空管理机构的专家。如果申请人被授予设计机构批准（DOA）且为不同专业指派了符合性验证工程师（CVE），EASA 也规定了其在相关审查过程中的参与级别（LOI），那么将由 CVE 进行审查，EASA 将根据 LOI 参与审查。当飞机被卖给希望在除美国及欧洲以外的国家进行飞行的客户时，其型号合格证通常由该国合格审定机构批准生效。在美国与欧洲之间，合格证的生效则通过 FAA 与 EASA 签署的双边协议推动。

由于航空法规在不断地修订，当法规发生变化时，审定计划会发生什么变化呢？为了避免进入不断更新计划来满足不断变化的法规的无限循环，在计划实施过程中一段合理的期间内，依据的法规不随航空法规的修订而变更。因此，批准的计划中引用的法规就是 TC 的基础，即使这些法规在最终审定完成之前发生变化（请注意，这里存在例外情况）。这基本上可以排除申请人仅仅因为发生了不可预见的法规变化，而不得不更改设计的情况。

设计更改

"这个世界上只有两种航空电子设计：已经发生更改的和即将发生更改的。"
（Vance Hilderman, 2014）

商用航空只有一个世纪的历史,而且在不断发展,发展就意味着更改,更改意味着某种形式的重新审查。当一个已取得型号合格证(TC)的设计需要更改时会发生什么? 通常有 3 种可能性。

(1) 简单重新认证,当设计更改较简单且不需要因为更改(对 TC 构型的修改)而引入大量的安全影响分析时,对更改的分级仅取决于潜在的安全影响。例如:额外新增一套高频雷达,同时保持标配的两套甚高频雷达安装且激活。这种情况因为一套额外的高频雷达是"无危害的"设备,只要它的运行不会影响到其他 TC 构型下的设备,因此只需要验证安装和电磁兼容/电磁干扰相关的条款。注意,对于微小和低级的更改,重新认证可以由 TSO 的所有人或 TC 持有人通过设计机构批准(DOA)完成,所有其他情况的重新认证需要由审定机构参与。

(2) 当更改较复杂,但不会引入新的安全性相关的设计时,可通过补充型号合格证(STC)进行重新审查。主流的对 STC 的理解是现有 TC 的"添加剂"。例如,在已批准的设计上搭建"顶层设计",通常是增加航空电子系统的功能项或特定飞机构型的"套件"。STC 可以明确适用于某机型的哪些序列号的飞机。

(3) 创建一个全新的设计并重复一遍取证的流程,但会复用许多现有成果(过往开发的型号设计数据)。这种方式适用于非飞机级[每款飞机只有一个 TC,如果申请另一个 TC,那就是定义了一个新型的飞机(这也正说明了为什么 TC 叫型号合格证)]的航空电子系统。

那么,重新开始设计一个新的型号会最大化地提高航空器的安全性吗? 绝非如此! 重新开始全新的设计通常意味着会引入新的错误,同时也会因为高昂的成本而使得新型号无法充分采用新的安全相关的功能设计。如果更改特别简单,上述选项(1)将是最好的选择;可能会引入在已获批的设计中未考虑到的新的安全风险,这种情况下审查方可能会要求按上述选项(3)执行审查;但如果更改内容的安全性影响没有超出已获批的范围,那么在下文中详述的 STC 也许可以派上用场。

型号合格证的有效性

TC 的持有人必须遵循适航指令(AD)、管理服务通告、提供必要的技术支持(且几乎都是有偿服务)以持续保持 TC 的有效性,这通常被称为"型号支持",并且经常在产品停产后还在持续(下文提到的补充型号合格证也适用一样的规则)。如果 TC/STC 的持有人停止对产品的支持,合格证则会被审查机构收回,产品则会被禁止作为商业飞机运营。

补充型号合格证(STC)

STC 是一种型号合格证,但仅用于已经获得 TC 批准的产品的变更。当制造商表明更改不引入未在原始设计中考虑到的风险,那么通常他会被要求使用 STC 来替代全新的 TC,因为 STC 的工作量比全新的 TC 要小很多。STC 详细描述了飞机设计更改的性质,以及变更如何影响已获批的设计,包括对现有法规的应用。STC 的范围可以非常广泛,这取决于变更的性质。因为新研制的航空电子系统(设备)装机会使飞机产生设计更改,因此在现有已取得 TC 的飞机型号上安装新研设备时需要获得 STC。同 TC 流程,STC 也需要一份审定计划来定义 STC 计划和审定基础,即项目专项合格审定计划(PSCP)。通常 STC 项目遵循指定的过程:PSCP、安装设计、安装、审查前测试,以及包括试飞风险评估、安装符合性、正式(影响审定置信度的)地面测试、正式(影响审定置信度的)飞行测试在内的型号检查核准书(TIA)。作为 STC 流程的一部分,可能会在正式 TIA 之前授予一个试验类适航证(EAC),或在欧洲被称为特许飞行许可证(PTF),以便进行符合性检查、地面试验和飞行试验。而表明对规章要求的符合性是通过编制一系列文档来实现的,下面是申请 STC 所需典型文件的清单。

(1) STC 申请。

(2) 专项合格审定计划。

(3) 符合性计划。

(4) 主数据清单(MDL)(DER 8110‐3 批准本文件)。

(5) 审定计划中的人为因素(HFCP)(按需)。

(6) 持续适航文件(ICA)。

(7) 飞机飞行手册补充(AFMS)(DER 8110‐3 建议批准本文件)。

(8) 符合性审查矩阵检查单(DER 审核)。

(9) EMI/RFI 地面测试程序和计划(DER 8110‐3 批准本文)。

(10) 地面功能测试程序和计划(DER 8110‐3 批准本文件)。

(11) 飞行功能测试程序和计划(DER 8110‐3 建议批准本文件)。

(12) 型号检查核准书(TIA)请求。

(13) 导线表。

(14) 安装说明。

(15) 敷设图。

(16) 线束图。

(17) 设备安装图。

（18）电负载分析。

（19）特殊情况/发行文件(仅要求独特的、新奇的，或像 STC 这样要求在暂不受 FAA 法规控制的领域内合规)。

（20）安装组件清单。

（21）标牌图。

（22）结构符合性报告。

（23）重量和平衡评估报告。

（24）补充试飞报告(TIA 后)(DER 8110‐3 批准本文件)。

（25）补充飞机符合性检查。

（26）系统安全评估(SSA)(飞机级)(DER 8110‐3 批准本文件)。

（27）机械/结构图纸(如适用)。

（28）全/静压图纸(如适用)。

（29）航空器试验类适航证飞机所有人授权书。

（30）航空器试验类适航证程序信函。

（31）试验类适航证申请(8130‐6)。

（32）安装符合性报告和符合性声明(8130‐9)。

申请人通常需要准备上面列出的绝大部分甚至全部的数据项，以表明对 STC 法规要求的符合性。STC 的申请人一般是主航空电子设备供应商，但也可以是一架或多架飞机的所有者，甚至是一个单独的组织，并不需要与原始 TC 持有人相同。在一些实践中，相比于 25 部的飞机(运输类飞机)，23 部的飞机(正常类飞机、实用类飞机、特技类飞机和通勤类飞机)获取 STC 的流程要宽松、简单一些，因此可以减少一些工作量。一旦完成了完整的 STC 符合性审查活动并提交到监管机构，STC 的最后一个环节就完成了，申请人只需等待 STC 颁发。

技术标准规定(TSO)

TSO(或 ETSO——欧洲的 TSO)由一组独特的性能和接口标准组成，用于商用飞机上的某特定产品。"TSO 授权"是指经审定机构检查和确认，特定的产品符合 TSO MPS(包括设计和生产要求)，并且制造商可以进行持续生产，因此 TSO 同时包括对"设计"和"生产"的批准。然而，根据定义，TSO 只是对设计/生产的批准，而不是对安装的批准，安装批准必须单独获取，因此仅获得 TSO 并不意味着一定能够在机上进行安装。

一架典型的飞机通常拥有很多各式各样的基于计算机的机载系统，而一架大型商用飞机包含上百个独立的系统。因为每个系统都有不同的功能，因此许多系统都需要表明其能够实现最基本的功能,这些基本功能就叫作"最低性能标准"。因此,TSO 代表了对应系统类型的最低性能和接口标准。

TSO 覆盖了包括航空电子系统在内的许多民用飞机常见的产品。对于航空电子设备,TSO 的范围包括主飞行仪表和其他系统,如自动飞行、无线电、失速告警、大气数据、AHRS/ADAHRS、风切变、飞行管理系统、GPS 等。一些装置仅需要遵守 TSO 的一部分要求,这些 TSO 称为部分 TSO,即部分 TSO 用于只提供完整 TSO 中一部分功能的装置。申请人想开发一个部分 TSO 装置,需要在开始任何开发工作前与审定机构充分协调计划,确保同审定机构审查的基础和部分 TSO 的基础。

TSO 由监管机构编写,通常由联邦咨询委员会(如 RTCA)制定的文件指令(DO‑XXX)提供支持。DO‑XXX 编制输入来自由国际组织、用户和监管机构等成员组成的柔性团体。这些 DO‑XXX(如 RTCA/DO‑178C 机载系统和设备审查的软件考虑)形成了 TSO 要求的主体,通常在 TSO 中被引用到。

一个重要提示:TSO 很重要并且是 FAA 官方批准认可的,因此它只能延伸到符合所有 TSO 要求的国外生产厂家,并且在得到认可的适用于该航空电子系统的双边协议的国家制造。例如,截至目前(原著撰写时),土耳其与美国还没有,但与欧洲已经达成了共同的双边协议,那么土耳其的制造商会经常去申请并获批 ETSO,而想获得 TSO(FAA)则还存在很大的问题。

TSO 的重要性

除了组成航空电子系统通用的强制性标准,TSO 还有其他几个重要的功能,如图 2‑4 所示。

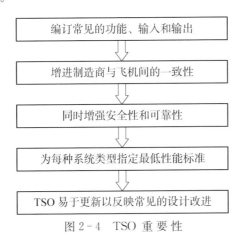

图 2‑4 TSO 重要性

TSO 的重要性和欧洲的特殊考虑

对于航空电子设备,TSO 是适航金字塔中重要的一层,它为通用航空电子系统的额外操作特性提供了一个通用库。对于更复杂,或者不太成熟的航空电子系统,对应的 TSO 通常会更频繁地更新,从而"演变出"该类型系统的最低操作要求。TSO 的更新不一定会使之前的版本作废,但是更新中会清晰地说明是否存在这样的情况。需要注意的是,EASA 现在认为 FAA 的 TSO 批准价值有限,不仅因为有些 TSO 已经过时,而且总的来说,ACO 对 TSO 的流程,特别是对变更的流程,有时被认为是获得批准的一条捷径。当设备仅提供每个 TSO MOPS 10% 的功能,而 90% 都是额外功能时更是如此。EASA 要求每个已取得 TSO 的设备(甚至包括 ETSO)详细填写关于遵从的法规(AC、DO 等)的调查问卷,尤其是那些未被 TSO 指定的功能的设计保证是如何实现的。这需要具有相关的知识并谨慎处理。

TSO 样例

为了帮助理解 TSO 的运行方式,我们来看一看 TSO - C63d《机载气象雷达设备》。标题编号包含首字母缩写"TSO",说明它是一份技术标准规范;分类"C63"是分配给机载气象雷达设备的唯一标识;版本"d"说明这是 TSO - C63 的第五版,因为第一版标题编号不含字母。这份 TSO - C63d 有 15 页长,并指明生效日期为 2/28/12,也就是 2012 年 2 月 28 日后的新气象雷达审查应达到 TSO - C63d 中所规定的标准。TSO - C63d 规定的关键内容如下:

(1) 目的,描述这份 TSO 包含了哪些功能,在这个例子中是风切变预警能力。它明确地排除了已被其他文件包含的飞行导引系统功能。

(2) 适用性,说明这份 TSO 适用于计划在生效日期(2012 年 2 月 28 日)后且本 TSO 的上个版本已作废时新研制的机载气象雷达设备。

(3) 要求,详细列举了相关要求,覆盖机载气象雷达最低设备功能要求、功能危害等级、功能和环境鉴定必须符合 RTCA DO - 173 和 DO - 200、软硬件鉴定必须符合 RTCA DO - 178 和 DO - 254 以及数据和文件要求。

(4) 最低性能标准,测量和报告可用于风切变探测的气象数据的实际标准,加上对这个气象数据功能的仿真和测试的细节。

TSO - C63d 从它的页数、格式和组织形式上来说都是一个典型的 TSO。但是像所有的 TSO 一样,其内容经过量身定制的裁剪来满足其主体系统"气象雷达"的需要,本例中风切变功能包含在机载气象雷达系统中。

部件制造人批准书（PMA）

PMA 是针对改装和替换件设计和生产的批准证书，它允许制造商生产和销售这些合法产品，用于在已获得 TC 的产品上安装。PMA 是制造商的制造和检验系统（FIS）的批准证书。已获得 TSO 的设备不需要申请人获得 PMA，因为 TSO 已经是对于设计和生产的批准。TSO 设备使用的替换件可以获得 PMA 批准，但改装时必须在 TSO 设备上安装替换件厂商的铭牌。依据一次性 STC 或现场批准生产的零件不适用 PMA。标准件，如螺母、螺栓等不需要 PMA 批准。

对于已取得合格证的飞机（不包括试验飞机），若设备会对其安全产生影响，那么 PMA 通常都是这些设备安装前必要的基础。PMA 不是一般的检查程序、材料或过程的批准，PMA 批准仅适用于一个指定的设备，以及该设备所特有的过程和程序。持有 PMA 的制造商可以制造和销售替换件，即使他们不是飞机或原装件的原始制造商。PMA 可用于补充型号合格证（STC）下的改装件的生产。这种情况下一旦 STC 发布，那么 STC 的批准就变成了新增或改装件批准的基础，用于该新增或改装件的 PMA 也将在短期内发布。

随着空中交通的激增和发展，PMA 的重要性也在不断增加。飞机所有者和运营商不愿在他们飞机的服役期限内被一家供应商绑定，因此他们需要备选的零件来源。反之，审定机构意识到飞机安全类似于一个长而复杂的链条，其安全性受链条中最薄弱的环节制约，而经批准的零件很容易成为这个最薄弱的环节进而影响安全。

获得 PMA 通常需要两个明确且连贯的活动，如图 2-5 所示。

图 2-5　获取 PMA 的两个步骤

获取 PMA 零件设计批准的 3 个途径

途径 1：通过展示许可协议获得等效 PMA（这不是一种单独的获批方法，实际上是一种等效证明的方法）。

这种方法通常用于通过 STC 许可协议获取 PMA。在这种情况下，PMA 申请人与 TC/STC/TSO 持有人建立许可协议，并使用 TC/STC/TSO 的型号设计数据等效证实。

途径 2：无许可协议的等效证明获取 PMA。

这种情况申请人需提交一份声明，证明设计在各方面都与一个已获批的设计是等效的。一般来说，如果申请人没有访问原始设计数据的权限（如复杂零件），那么他几乎不可能在没有许可协议的情况下仅通过等效性获取 PMA。

途径 3：通过测试与计算获取 PMA。

顾名思义，这个途径通过一系列综合测试和计算的数据来说明对适用的适航标准的符合性。

下面将进一步详细描述一下获取 PMA 的两个连贯的活动。

第一步：证明安全设计。不同于典型的法律，航空安全是基于"有罪推定"的范式。因此，航空电子系统的审定需要"自证清白"，被生产的零件必须表明其进行了安全性相关的设计（适航性）。对于 PMA，申请人必须通过以下方式"证明"设计的安全性：

（1）证明零件已经遵循了所有适用的审查法规和标准。根据零件的不同，可能会应用如 DO‐178（软件）、DO‐254（硬件）、DO‐160（环境鉴定）等之间不同的组合，以及咨询通告（AC），以及其他可能的 DO 和要求。

（2）如果缺少上述"途径 1"中的许可协议，可以用额外的分析来展示零件是可接受的。对于简单设计，分析可以是通过对零件的检查，并与相似的已获批零件进行对比，以表明新零件与已获批零件具有相同的安全属性。对于更复杂一些的设计，分析可以是能够直接证明零件符合所有 FAA 安全标准的测试和计算。注意，对于包含硬件或软件逻辑的零件，这部分分析工作不能用于替代 DO‐254 或 DO‐178 的要求，这个选项是不可用的。

第二步：通过遵守质量保证体系要求获取生产许可证。上述第一步被接受后，下一步是获取零件真正的生产许可。如果已经展示了设计是安全的，并且满足所有的法规和标准，为什么还需要这步呢？以健康生活方式举例，想象有个人拥有一本"秘籍"，里面充满了健康的食物、锻炼的技巧、减压的方法和睡眠窍门。但"拥有"这本秘籍也很难保证这个人照办——健康的生活还需要勤奋、时间、金钱，也需要抵制垃圾食品暴饮暴食的诱惑。同理，对于航空零件的安全，制造商必须证明他们遵守了安全设计且能够始终如一地进行制造，同时具备缺陷检测和预防措施。"证明"的过程与缺陷检测和预防措施的结合就是质量保证（QA）体系的功能，因此能够凭借 QA 表明"符合性"。这保证了零件只有符合了所有经批准的设计要求、法规和标准，才会被交付到终端用户。

PMA 不能被转让,它会一直有效直到被放弃、被审查机构撤回或终止。PMA 数据可以被售卖(通常是上文中提到的情况),但买家并不直接获得 PMA 许可。由于"PMA"中的后两个字母代表了"制造批准",它才是真正需要被批准的,由制造过程、设备和质量保证组成的生态系统,所以尽管购买已被批准的 PMA 数据会使得获取 PMA 批准变得更简单,但买方也必须完成自己的 PMA 批准流程,关于 PMA 更多的信息总结如图 2-6 所示。

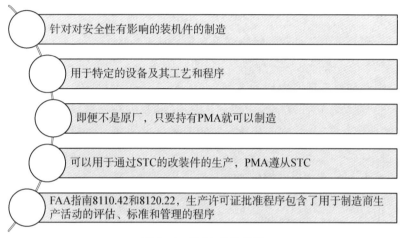

针对对安全性有影响的装机件的制造

用于特定的设备及其工艺和程序

即便不是原厂, 只要持有PMA就可以制造

可以用于通过STC的改装件的生产, PMA遵从STC

FAA指南8110.42和8120.22, 生产许可证批准程序包含了用于制造商生产活动的评估、标准和管理的程序

图 2-6　PMA 备注总结

关于 PMA 的重要说明

自 2011 年来,关注的重点越来越多地放在制造商的质量体系上,审定机构如 FAA 也认识到这点,并把对符合性的定期检查作为他们持续审定管理过程的一部分。PMA 即成为适航金字塔中的一个重要的部分。

结论

适航金字塔为理解航空电子系统型号审定活动中看似杂乱无章的各方面提供了一个简单的方法。详细内容横亘于无数相关规章、标准、指南、法规和适航指令中间。通过理解本章金字塔式的层层描述,适航审定不再比攀登一个又高又陡的山峰更难。无限风光在险峰。恭喜大家已经迈出了适航的第一步!

第3章 ARP4761A 航空安全

4761、4754⋯⋯是神奇的数字还是真实的答案?

航空安全不依赖这些神奇的数字,而是隐藏在这些数字背后的正确答案。同样,航空安全绝不是一次偶然事故,真正的安全性是要能够避免这些意外发生。"4754"和"4761"这两个数字也并不神奇,却与安全性息息相关。随着对安全性要求的提高,这些数字所代表的标准也在不断升级——如果想要找到安全性的新答案,那么应该去 4754A 和 4761A 中寻找,特别是 SAE 的 ARP4754A(欧洲代号为 ED‐79)和 ARP4761A。

从前

一般而言,在科技领域,"从前"是指去年之前的任何时间。在"很久以前"(登月、航天飞机、四发商用喷气式飞机的时代),安全性是靠人的大脑和持续优化来解决的,聪明的工程师尽最大的努力来防止事故发生,但是当这些最大的努力还不足够时,就只能通过持续优化来解决。那时候,机器的计算能力相对较弱,工期更紧,随之带来的就是妥协后的安全性:航天飞机有 98.5% 的概率不爆炸即可,甚至商用飞机每年发生几次致命的坠毁都可以被接受。后来,随着时间的流逝,那些老方法不再奏效。一些人认为是人的问题,而另一些人则认为是机器的问题。但能够达成一致的是,这个领域需要更加正式的安全性规范,而 SAE 几十年来一直在研究航空航天领域的推荐实践(ARP)。SAE ARP4754《民用飞机和系统研制指南》于 1996 年 11 月发布,与其紧密关联的姊妹篇 ARP4761《民用机载系统和设备安全性评估过程实施指南和方法》于 1996 年 12 月发布。

ARP4761A(正式发布于 2018 年)的正式标题是"民用机载系统和设备安全性评估过程实施指南和方法"。因此,ARP4761A 不仅仅是一份飞机安全性指南,更是一本关于通用安全性,以及如何应用各种理论分析来评估面向安全性的各项飞机研制活动的教程。

ARP4761A 与 ARP4754A 紧密结合,为飞机最根本的要求,即安全性,奠定了基础。显然,纵观航空发展和合格审定生态系统,ARP4761A 在如图 1 - 4 所示左上角的位置,突显了其重要性。

安全性评估过程是航空安全的一个重要方面,对于飞机和航空电子设备,ARP4761(及其最新版本 ARP4761A)提供了安全性评估过程的基础。

实际上,航空领域的每一个方面都要进行安全评估,以便更好地了解潜在的风险,量化风险,然后预防、发现并减缓这些风险。对于有丰富经验的航空工程师来说,他们认为安全性评估过程可能是航空电子设备研制过程中最重要的环节。对于航空电子系统,安全性评估的目的是确保飞机、机组人员和乘客的安全。从本质上说,飞机的安全是通过执行周密的分析、架构优化、关键等级确定、部件选用监控和维护来保证的。因此,只有通过充分的安全性评估过程,我们才能确保架构设计满足了相应的安全性需求。ARP4761 的标题就准确地表明了它在这一基本过程中的重要性。

"民用机载系统和设备安全性评估过程实施指南和方法"

在理想的情况下,航空电子系统安全性评估将遵循统一的方法,包括统一的安全性分析步骤。在同样的理想世界中,人类可能将永远不会生病、肥胖或衰老,然而理想与现实总是差异巨大,这就诞生了安全性评估的基本前提:分析真实而非理想的运行条件下的潜在问题。关键航空电子系统的开发人员花费了大量的时间,考虑无数"假设"的最坏场景,这些场景与潜在的和已存在的故障相关。

显然,如果所有的航空机载电子设备研制人员都是完美的天才,能够在脑海中假设并解决所有可能的安全性场景,他们就不需要书面的、正式的安全性评估过程。但是谁来审查这些研制人员的工作呢? 如何保证评估间的一致性? 如果未来的系统变化了怎么办? 一个未定义的过程真的需要吗? 谁才是真正的完美天才? 既然这些问题的答案都是显而易见的,那么建立一个正式的安全性评估过程的必要性也就不言而喻了。ARP4761 为这一过程提供了基础,针对该指南内 300 多页的内容,本书仅能做到简单的概览。但是要理解和应用 ARP4761,从业者需要整体性地去理解安全性上下文,以及 ARP4761 与其他文档的关系。

航空安全由庞大的信息和法规生态系统组成。每一个参与航空安全的个人,即使仅仅是间接参与者,都要受到规则的约束,这些规则需要被建立并形成明确的可遵循流程。在大多数情况下,附加法规提供规则或指南,涵盖"如何"执行任务,以及获得合格审定必须达到的最低门槛。在航空领域,安全性相关法规管辖的范围如下:

(1) 飞机、飞行员和机组人员。

（2）地面操作人员。

（3）维修人员。

（4）空中交通管制、通信、导航等人员。

（5）机载或地面系统、软硬件研制。

（6）机械工具、硬件工具、软件的工具。

（7）飞机制造的几乎所有方面。

（8）飞行试验。

（9）供应商、制造商、改装厂。

对于航空电子系统研制来说，主要利用以下相关行业和政府文件：

（1）SAE ARP4761A—民用机载系统和设备安全性评估过程实施指南和方法。

（2）SAE ARP4754A—民用飞机和系统研制指南。

（3）FAA 通告 AC23.1309-1E—23 部飞机中的设备、系统和安装。

（4）FAA 通告 AC25.1309-1A—25 部飞机系统设计和分析。

（5）FAA 通告 AC27.1B—普通类旋翼机的合格审定。

（6）FAA 通告 AC29.2C—运输类旋翼机的合格审定。

（7）RTCA DO-160—机载设备环境条件和试验程序。

（8）RTCA DO-178C—机载系统和设备中的软件合格审定考虑。

（9）RTCA DO-254—机载电子硬件设计保证指南。

如果这里提到的内容是关于整体航空安全，甚至飞机安全，那么上述范围还将扩大。但是，此处的目的仅针对航空电子系统。安全性评估过程由有经验的工程师（精通上述文件和法规）进行与系统和飞机相关的一系列分析。在进行安全性评估的过程中，通常产出以下文件：

（1）飞机功能危险性评估（FHA）。

（2）飞机故障树分析（FTA）。

（3）系统 FHA。

（4）系统 FTA。

（5）系统故障模式和影响分析（FMEA）。

（6）软硬件 FTA。

（7）软硬件 FMEA。

以上文件的核心是"可追溯性"：必须将飞机的运行、维护、系统等之间的关系定义清楚，并进行关联，这一过程称为"可追溯性"。"从前"，可追溯性可以手动处理,也可以通过大型的、规范的数据库密集型工具来处理。然而,这些手动过程和大型工具并不能很好地描述关联关系、安全性评估、演变、评审证据和派生需求(从安全性评估中"派生"出来的需求,为表明设计和实现过程中的具体方案,或为补偿某些差距而增加的额外需求)之间的可见性。

航空安全涉及如图 3-1 所示的四项关键安全性活动。

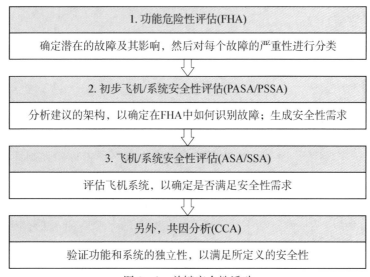

图 3-1　关键安全性活动

"安全性"的领域有它自己的语言和词汇。经验丰富的安全性工程师要很精通这门语言。首先,请仔细思考下面的词汇,并用一两句话对每个词汇进行定义来测试自己。答案紧随其后,但在看答案之前,请花几分钟思考这些词汇。切记,纸上得来终觉浅,绝知此事要躬行。

(1) 不利影响。

(2) 评估。

(3) 每飞行小时的平均失效概率。

(4) 复杂系统。

(5) 研制保证等级。

(6) 极小失效状态。

(7) 极度不可能失效状态。

(8) 失效状态。

(9) 次要的。

(10) 重要的。

(11) 危险的。

(12) 灾难的。

(13) 功能危险性评估。

(14) 危险。

(15) 主要功能。

(16) 主要系统。

(17) 可靠性。

(18) 次要系统。

(19) 简单系统。

(20) 系统。

现在,你已经思考了上面的词汇。当涉及航空电子设备安全时,它们的意义是什么?首先,世界上没有一个被所有人都遵守或必须遵守的强制性定义。如果检查十几个最常见的航空术语库,你会发现这些术语的定义有许多微小的差异,而有些差异甚至并不那么微小。不同的组织和作者试图保持一致,在航空界,这被称为"协调一致",如美国的 FAA 和欧洲的 EASA 通过协调解决分歧。但世界是真实的,并不断演变,词汇也在不断扩大。正如海森堡原理,我们永远不应该期望对所有的定义都能达成完美的共识。因此,在使用以下定义之前,请研究适用于你的航空电子系统研发活动的约束性规定,并通过在你的航空电子设备文档中引用参考来源和定义来与合格审定机构达成共识。基于上述考虑,以下是作者认为被普遍接受的定义。

评估:基于工程判断的评估。

每飞行小时的平均失效概率:表示在某一型号所有飞机的整个运行生命周期中,预计发生该失效状态的次数,除以该型号所有飞机的预期总运行小时数。

复杂系统:不借助分析方法或结构化评估方法,难以理解其运行模式、故障模式或故障影响的系统。

研制保证级别(DAL):所有这些按计划实施的系统性活动,用于证明在足够的置信度情况下,已经识别并纠正了需求、设计和实施中的错误,从而使系统和设备(硬件、软件)满足适用的合格审定基础。DAL 的 5 个级别分别为 A、B、C、D、E,其中 A 是最高的,E 是最低的。

极小失效状态:这些失效状态预计不会发生在每架飞机的全生命周期过程中,但当考虑到该类型所有飞机的全生命周期时,可能会发生几次。

极度不可能失效状态:对于通勤类飞机来说,那些失效状态是指在一种型号的所有飞机的全生命周期中,不太可能发生的故障情况。但是,对于其他型号的飞机,发生故障的可能性可能更大。

失效状态:一种考虑到飞行阶段和相关不利因素(运行状态、环境条件、外部事件),由一个或多个失效或错误引起或促成的,对飞机或机上人员或两者有直接或间接影响的状态。根据严重程度,失效状态可分为以下几类。

(1) 无安全影响:对安全没有影响的失效状态(即不会影响飞机的操纵能力或增加机组人员工作负担的失效状态)。

(2) 次要的:不会严重降低飞机安全性,并且机组人员所采取的措施是在其能力范围内的失效状态。微小的失效状态可能包括安全裕度或功能能力的轻微降低,机组人员工作负荷的轻微增加(如常规飞行计划的更改),或机上人员的一些身体不适。

(3) 重要的:会降低飞机的能力或机组人员应对不利操作条件的能力,从而导致安全裕度或功能能力显著降低的失效状态。此外,失效状态还会导致机组工作负荷显著增加,或影响机组效率,或使机组人员感到不适,或使乘客、客舱机组人员感到身体严重不适,可能还包括受伤。

(4) 危险的:会降低飞机能力或机组人员应对不利操作条件的能力,从而可能出现以下任何一种情况的失效状态。

a. 安全裕度或功能能力的大幅降低。

b. 机组人员身体严重不适或工作负荷大大增加,无法依赖其准确地或完整地执行任务。

c. 对机组人员以外的乘客造成严重或致命伤害。

(5) 灾难的:预计会导致多名乘客死亡,或导致机组人员的能力丧失或致命伤害的失效状态,通常会导致飞机失事。

功能危险性评估:对功能进行系统的、全面的检查,以根据其严重程度来确定和分类这些功能的失效状态。

危险:由影响安全的故障、外部事件、错误或其组合所导致的状态。

可靠性:一个系统或设备在规定的条件下,在规定的时间内,不发生故障,正确执行所需功能的概率。

简单系统:相对于其需求和识别的失效状态,通过测试和分析可以完全保证(确认和验证)的系统。

系统:为执行具体功能而安排的相互关联的设备的组合。

一个常见的误解是,安全性评估的目标是根除潜在的危险,虽然很理想化,但对于复杂的异步航空电子系统来说,这是不可能的。相反,必须通过以下理念有效地发现和量化潜在的危险:

(1)如果发生严重危害的概率低到可接受的程度,则其可能是可容忍的。

(2)如果危害对飞机、机组人员和乘客的影响是可接受的,则其可能也是可容忍的。

(3)危险发生的概率必须与其严重程度成反比。

失效状态严重性与安全性需求之间的关系总结在表3-1中。

表 3-1 失效状态严重性与安全性需求

影响对象	失效状态及其影响			
	次要的	重要的	危险的	灾难的
对飞机的影响	功能能力或安全裕度轻微减少	功能能力或安全裕度显著降低	功能能力或安全裕度严重降低	影响继续安全飞行和降落
对飞行机组的影响	工作负荷或使用紧急程序轻微增加	身体不适或工作负荷显著增加	身体严重不适或过量的工作负荷削弱了执行任务的能力	死亡或丧失能力
对乘客的影响	身体不适	身体严重不适,并可能受伤	个别乘客严重受伤或死亡	多起死亡
概率需求	可能 $<1.0 \times 10^{-3}$ PFH	极小 $<1.0 \times 10^{-5}$ PFH	极度微小 $<1.0 \times 10^{-7}$ PFH	极度不可能 $<1.0 \times 10^{-9}$ PFH
研制保证等级	D	C	B	A

资料来源:转载自 ARP4761。

可以通过引入定量或定性的安全性需求来缓解失效造成的影响,通过实施研制保证过程(从 DAL A 到 E)来尽量减少错误。系统失效分析的完整性也通过研制保证过程来实现。

与这些内容相关的符合 ARP4761A(和 ARP4754A)的典型安全过程如下。

(1)识别飞机级和系统级失效状态。

(2)识别和/或选择飞机级或系统级的缓解策略或操作限制/约束。

(3)开发安全性需求,以捕获失效状态缓解策略。

(4)将缓解策略的安全性需求分配给飞机和/或系统。

接下来将对每一个"步骤"进一步阐述。我们建议申请人保留所有这些内部

文件的变更历史和评审记录，以便在审查方审查下游供应商时，可以展示所有对
ARP4754A/ARP4761 的符合性。

飞机级和系统级失效状态的识别

应当开发飞机级 FHA 和系统级 FHA。至少，这些 FHA 应识别功能丧失
的失效状态和故障失效状态。功能丧失的失效状态有时被称为可用性失效状
态，而故障失效状态有时被称为完整性失效状态。以下关于可用性和完整性的
总结性解释来自 ARP4754A，这份文件作为 ARP4761 的配套文件将在下一章详
细涉及。

ARP4754A 将可用性定义如下：一个系统或设备在给定时间点处于运行状
态的定性或定量属性。有时用系统（设备）丧失输出的概率来表示（即不可用，不
可用相当于丧失功能）。

ARP4754A 将完整性定义如下：一个系统或设备可以正常工作的定性或定
量属性。有时用不符合正常工作标准的概率来表示，不符合正常工作标准等于
故障。

除了可用性和完整性之外，某些类型的系统还涉及其他类型的失效状态，如
与所需导航性能（RNP）功能相关的 FHA 通常还会定义与连续性相关的失效状态。

连续性的定义如下：在预期的使用期间，整个系统不间断地执行其功能的能
力。例如，系统中断，不能为预期的飞行阶段提供导引信息，这就是连续性降低
所产生的安全问题。

飞机级 FHA 应识别所有可预见的功能丧失（可用性）和故障（完整性）失效
状态。系统级 FHA 应针对被评估的特定系统识别所有可预见的可用性和完整
性失效状态。如果系统级 FHA 识别出飞机级 FHA 尚未识别的任何可用性或
完整性失效状态，则该失效状态应向上传递到飞机级 FHA，以确保飞机 FHA
的完整性。系统级 FHA 通过将飞机功能分配给系统功能来与飞机级 FHA 相
关联。飞机级 FHA 失效状态与系统级 FHA 失效状态具有父子关系，这就建立
了自上而下的可追溯性。

识别和/或选择飞机级或系统级缓解策略

在通常情况下，有必要将缓解策略纳入飞机和/或系统设计中，以将某些失
效状态发生的概率降低到可接受的水平。部分缓解策略如下所示：

（1）遵循分配的 FDAL 或 IDAL 开发过程的严谨性。

（2）向机组人员报告功能丧失或故障。

（3）进行故障检测/隔离/排除。

（4）响应故障。

（5）采用备份功能。

（6）进行冗余设计。

（7）使用高可靠性（即低故障率）部件。

（8）独立运行。

（9）采用分区/保护措施。

（10）不同组件之间使用非相似性/多样性设计。

（11）组件之间进行物理隔离。

（12）组件之间进行绝缘隔离。

（13）采用监视器（如范围、速率、持久性）。

（14）采用限值器。

（15）采用比较器。

（16）采用安全联锁装置。

（17）采取异常处理程序。

（18）进行 CRC/校验和。

（19）进行错误检查和纠正。

（20）设置看门狗定时器。

（21）进行自测试（上电自检、初始化自检、周期性自检）。

（22）FHA 和初步安全评估通常在必要时识别对应的缓解策略。

定义安全性需求以捕获失效状态缓解策略

初步飞机安全性评估（PASA）和初步系统安全性评估（PSSA）通常用于捕获安全性需求。作为 PASA 和 PSSA 开发的一部分，安全性需求被定义来确保失效状态缓解策略得以实施。所有的安全性需求，包括那些与缓解策略相关的需求，都应纳入整套需求当中。

将缓解策略的安全性需求分配给飞机和/或系统

飞机和系统研制过程的下一步是将需求（包括与缓解策略相关的安全性需求）分配给飞机、系统或设备。需求也可以分配给其他各种"元素"，例如如下元素：

（1）制造需求。

（2）维护需求。

（3）校准需求。

（4）操作限制或约束。

（5）飞行人员培训。

需求应只分配给能实现该需求的"元素"。如果需求被分配给一个"元素",而这个"元素"不能切实地实现所分配的需求,那么应记录一个问题报告(或类似的机制)来解决此问题。可以有如下多种方法来解决需求分配问题:

(1) 确定合适的分配元素(如将系统级需求重新反馈到飞机级需求)。

(2) 将需求重新分配给能够满足该需求的其他元素。

(3) 修改系统架构,使分配的需求能够得到满足。

内在失效状态(危害)

除了功能失效状态外,飞机或其设备可能包含内在危害。在区域安全性分析(ZSA)中,可通过检查飞机共享区域内系统之间可能的干扰,来确定飞机的内在危害。通过评估组件的材料清单(BOM)的特性来识别设备的内在危害,这些特性包括危险材料、热逃逸、高压、辐射、化学毒性和爆炸性。

图 3-2 显示了安全性评估过程活动和研制过程活动之间的相互关系。安全性评估过程从概念研制阶段开始,并在验证设计是否满足安全性要求后结束。

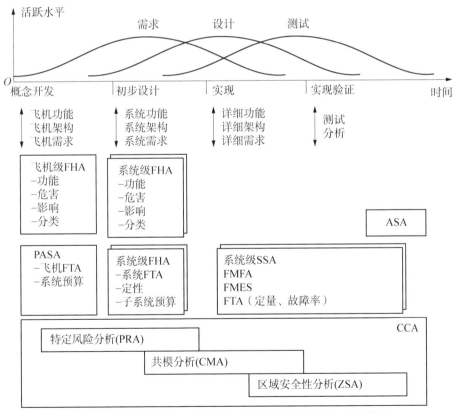

图 3-2　安全性评估过程活动和研制过程活动之间的相互关系

由于设计过程具有迭代的特性,因此在发生变更后,需要对修改后的设计重新进行安全性评估。在 ARP4754A 中,对 ARP4754 中的"迭代方法"进行了扩展(与 ARP4761 一起),以确保开发人员在整个项目中应用正式的迭代过程来持续解决安全问题,并通过改进后的安全性评估对问题进行不断改进。

以上安全性活动的顺序如图 3-3 所示,从右下角开始,依次向上和向左移动。

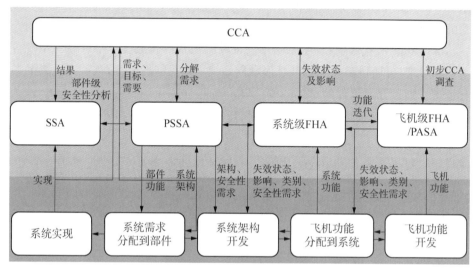

图 3-3　安全性活动的顺序

安全性评估应回答有关飞机整体的以下问题,然后回答每个系统的问题,如图 3-4 所示。

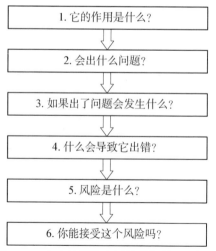

图 3-4　安全性评估应回答的相关飞机问题

在进行安全评估过程时,关键是要记住安全性评估过程始于全面的功能危险性评估,然后是初步安全性评估,这两者都是自上而下进行的。该过程如图 3-5 所示,包括从上到下的全面功能安全评估和初步评估,以及实施期间和实施后的从下到上的系统安全性评估(SSA)和 FMEA。

3个关键安全性评估:
自上而下及自下而上的重复

图 3-5 功能危险性评估

功能危险性评估(FHA)在飞机和系统两个层级进行。FHA 旨在确定飞机和系统功能的失效状态(功能丧失、故障等),以及它们的分类(灾难的、危险的、重要的等),以便提出并实现飞机和系统设计,将失效状态发生的概率降低到可接受的较低水平。在航空电子设备审定中,所有各方都认识到 FHA 的重要性。申请人负责识别每个失效状态,并选择安全性评估的方法。然后,申请人与适航审定当局就失效状态的识别、分类和可接受的符合性方法达成初步共识。

FHA 的目的总结如图 3-6 所示。

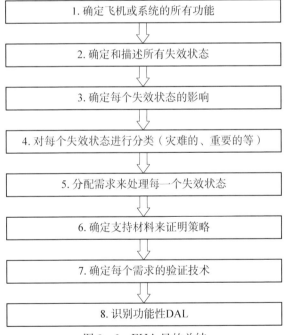

图 3-6 FHA 目的总结

图 3-7 提供了进行安全性评估的信息流概述。

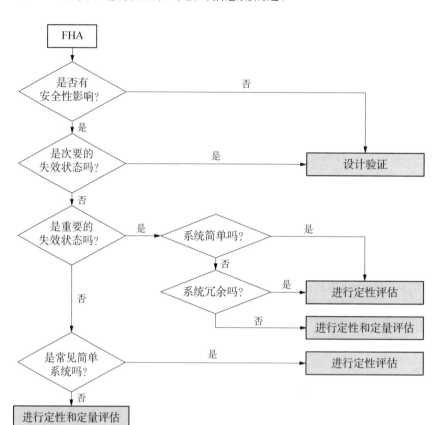

图 3-7　安全性评估的信息流概述

功能危险性评估(FHA)

在申请人进行详细的安全性评估之前,应准备一份飞机和系统功能的FHA,以确定后续分析的要求和范围。这种评估可以使用服役历史经验、工程和运行判断,或使用自上而下推导出的定性检查等多种方法。FHA 是对飞机和系统功能进行系统、全面的检查,以确定可能出现的潜在无安全影响的、次要的、重要的、危险的和灾难的故障状态,这些情况不仅是故障或功能失效的结果,也是对罕见或非正常外部因素的正常反应的结果。FHA 更关注的是系统运行的脆弱性,而不是详细分析实际的实现情况。

对系统的每个功能进行评估时,应充分考虑该功能的故障或丧失是否对该系统的其他功能造成影响。因为相较于系统单一功能故障或丧失,多个功能的故障或丧失往往会导致更严重的失效状态。针对系统层级的评估也应如此,因为由不同系统提供的不同但相关的功能的故障或丧失可能会影响特定系统所假设的故障状态的严重程度。

FHA 是一种工程工具,应在设计早期投入使用,并在必要时进行更新。它被用来定义在初步系统架构设计中应考虑上层飞机或系统的安全目标。此外,它还应用于辅助确定系统的 DAL。许多系统可能只需要申请人对系统设计进行简单的评审就可以确定危险等级。但 FHA 需要有经验的工程判断,以及申请人与适航当局之间的前期协调。

FHA 不仅是一个漫长的推导过程,还包括满足失效概率目标的飞机和系统级需求,包括如下内容:

(1) 设计约束。

(2) 冗余考虑。

(3) 失效状态的定义和告警。

(4) 向飞行员和机组人员建议的缓解措施。

(5) 建议的维修活动。

FHA 输出的数据包括如下内容:

(1) 功能列表。

(2) 显示以下内容的 FHA 工作表。

a. 功能标识。

b. 失效状态。

c. 飞行阶段。

d. 失效状态对飞机、机组人员和乘客的影响。

e. 失效状态的分类。

f. 满足概率要求的验证方法。

g. 参考的支撑材料。

(3) 低层系统的派生需求。

初步飞机安全性评估(PASA)

PASA 是对提出的飞机架构的一种系统性检查,以确定故障是如何导致飞机 FHA 识别的失效状态。该流程始于飞机架构开发的最初阶段。因此,早期确定飞机级安全性需求,如功能研制保证等级、独立性和概率预算等,有助于降低系统研制过程中的风险。当多个系统参与完成一个飞机功能时,PASA 对于评估飞机级失效状态尤为重要。

初步系统安全性评估(PSSA)

PSSA 是通常在飞机生命周期的系统需求和设备需求定义阶段进行的一系列分析。PSSA 对提出的系统架构进行评估,进而产生了系统和设备的安全性需求。PSSA 的输入文件是飞机 FHA、初步飞机 FTA 和系统 FHA。PSSA 期间产生的文件包括更新过的飞机和系统 FHA、更新过的飞机和系统 FTA,以及初步系统共因分析(CCA)。

PSSA 确定了派生的系统安全性需求,如冗余、分区、监控、非相似性等,PSSA 还定义了系统和设备功能的研制保证等级。

PSSA 在系统研制的多个阶段进行持续不断的迭代。PSSA 的目标是确定飞机和系统故障如何导致 FHA 中识别的危险,并确定如何满足 FHA 中的需求。

系统安全性评估(SSA)

SSA 验证飞机和系统设计是否满足飞机/系统 FHA 和 PSSA 的需求。SSA 期间生成的文件包括如下内容。

(1) 从系统 FHA 中列出的失效条件和分配给 SSA 的安全性需求清单,并带有故障树分析(FTA)。

(2) 每个失效状态或安全性需求的定性评估结果。

(3) 用于确认失效状态分类的任何材料。

(4) 用于表明评估中使用的假设有效性的所有材料,如飞行手册程序等。

(5) 包含设备安装需求的文件。

(6) 如有必要,修订的维护手册,详细说明了新的维护任务以减少组件暴露时间。

(7) 如有必要,修订的机组人员操作手册,详细说明了在某些失效条件下应遵循的程序。

(8) 表明系统和设备是按照指定的研制保证等级来研制的证据。

应用于安全性评估的方法如图 3-8 所示。

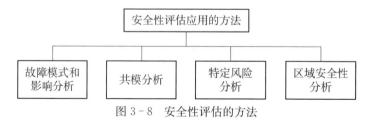

图 3-8　安全性评估的方法

通过安全性/可靠性的设计改进来提高飞机和系统安全性的最常用技术如图 3-9 所示。

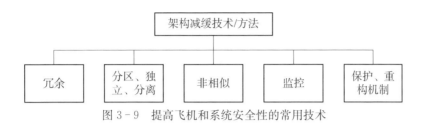

图 3-9   提高飞机和系统安全性的常用技术

飞机安全性评估(ASA)

飞机安全性评估是对飞机进行系统性的全面评估,以验证其设计是符合 PASA 中定义的安全性需求。ASA 确定了 AFHA 和 PASA 中的要求是否被满足,并表明飞机功能和系统之间的关系是可接受的。

ASA 是一种最终评估,涵盖了在研制过程中执行的安全评估的结果和证据。ASA 主要包括如下方面:

(1) 飞机 FHA 失效状态和符合性证据的清单。

(2) 安全性工作目标已经实现的证据。

(3) 飞机架构满足定性和定量安全性需求的证据。

(4) 飞机架构满足设计保证等级分配需求的证据。

(5) 开口问题报告的状态及其对飞机的影响。

故障树分析

故障树分析(FTA)是一种自上向下的分析技术,用于确定下层级的哪些单一故障或组合故障可能导致失效状态。

FTA 的主要目的是确定顶部事件发生的概率。因此,需要证明符合更高层级文档(通常是 FHA)中规定的概率要求。此外,FTA 还具有以下附加目标。

(1) FTA 可以评估提出的系统架构,从而为系统和设备分配可靠性指标。

(2) FTA 识别设计更改的需要:

a. 增加了组件冗余的可靠性。

b. 额外的冗余。

c. 额外的监控。

d. 增加维护活动。

FTA 基本事件可以从 FMEA 获得故障率。

失效模式和影响分析

失效模式和影响分析(FMEA)是一种系统的、自下而上的分析,用于识别系统、设备或功能的失效模式,并确定失效对更高级别的影响。FMEA 可以在组件、功能或 LRU 级别上进行。一般来说,FMEA 处理单个故障的单独影响和单个故障的组合影响。

至少,FMEA 应包括以下内容:

(1) 确定组件或功能。

(2) 组件或功能的失效模式。

(3) 每种失效模式的故障率。

(4) 失效影响的严重程度。

(5) 对更高层级的失效影响。

(6) 检测故障的方法。

(7) 修正措施(如自动或手动)。

软件的安全性方面

与硬件不同(硬件的安全性可以通过计算一定时间内故障概率来量化),软件的安全性无法用数字来衡量。

因此,软件文档和验证的工作强度是根据软件未能执行其预期功能所产生的失效状态严重程度而确定的,而不是由失效概率来确定的。

软件失效状态类别与本书前面描述的硬件失效状态类别相似,如表 3-2 所示。表 3-2 来自 ED-12(与 DO-178 相同)。

表 3-2　失效状态分类

失效状态分类	描述	软件研制保证等级
灾难的	阻止安全飞行和着陆的失效条件	A
危险的	会降低飞机能力或机组人员应对不利操作条件的能力,从而可能出现以下任何一种情况的失效状态:	B
	(1) 安全裕度或功能能力的大幅降低。	
	(2) 机组人员身体严重不适或工作负荷大大增加,无法依赖其准确或完整地执行任务。	
	(3) 对乘客造成不利影响,包括个别乘客严重受伤或潜在的致命伤害	
重要的	会降低飞机的能力或机组人员应对不利操作条件的能力,从而导致如下情况:	C

（续表）

失效状态分类	描述	软件研制保证等级
次要的	（1）安全裕度或功能能力显著降低。 （2）机组人员工作负荷显著增加，或影响机组效率。 （3）使乘客感到身体不舒服，可能还包括受伤 不会严重降低飞机安全性，且机组人员所采取的措施在其能力范围内，例如： （1）安全裕度或功能能力的轻微降低。 （2）机组人员工作负荷的轻微增加（如常规飞行计划的更改）。 （3）对乘客的一些不方便	D

共因分析

评估多个系统的故障时，常常基于故障是独立的假设，进而考量故障状态的概率。然而，在某些情况下，这种独立性可能并不存在，需要进行具体研究以确认这种独立性可以被保证或被认为是可接受的。CCA 关注可能导致危险或灾难性故障状态的事件，分为如下三个研究领域：

（1）区域安全性分析（ZSA）。所谓区域安全性分析是指对飞机各个区域内的系统和设备安装进行安全性评估的方法。目的在于确保飞机各个区域内的系统和设备安装符合全面的安全标准，此标准应考虑设计和安装的合理性、系统之间的相互干扰，以及故障维护等方面。

（2）特定风险分析（PRA）。特定风险是指相关系统之外的事件或影响［如火灾、液体泄漏、鸟撞、高强度辐射场（HIRF）、闪电等］。每种特定风险都应该是一个独立的研究对象，以检查和记录可能违反独立性的同步影响或级联影响。PRA 的目标是确保与安全相关的影响被消除，或者确保风险是可接受的。

（3）共模分析（CMA）。执行 CMA 是为了确认在给定的失效条件的组合事件之间的独立性。换句话说，执行 CMA 是为了验证在 FTA 中，组合事件在实际情况下是否真正独立。CMA 应分析研发、制造、安装、维护和机组人员的错误，以及影响独立性的系统组件的故障。

软件工具和平台

众所周知，合格审定过程是复杂和耗时的。然而，可以应用一些策略和工具来改善合格审定过程，减少资源投入和时间，从而降低合格审定成本。最终，这些工具也可以帮助提高飞机的安全性，因为在执行可以自动化的任务上投入了更少的时间和资源。这样工程师就有更多的时间花在飞机的设计和安全上。

在安全关键项目中经常使用的工具之一是基于模型的工具,它可以创建数字风险孪生平台(DRT),为合格审定提供收益。这些可以分为短期和长期的收益。

这类工具的短期收益包括如下方面:

(1) 审定文档的自动生成。

(2) 可以进行分门别类的系统。

(3) 验证 PSSA 或 SSA。

(4) 支持 FHA 分析。

(5) 基于仿真的分析。

这些工具的长期利益包括如下方面:

(1) 知识捕获机制,确保项目知识被保留在组织内部。

(2) 在其他项目中对保存的知识资产进行重复使用。

(3) 能够轻松地调整设计和重新发布所需的合格审定文档。

(4) 更快地适应基于模型的系统设计。

关于飞机/航空电子设备安全性的结语

安全性评估过程对飞机和系统建立适当的安全性目标是意义重大的。安全性评估活动的等级取决于飞机级的失效状态分类和系统集成与实施的复杂性。因此,安全性评估过程应在研制过程的早期就进行规划,并通过这一过程进行管理。

在 PSSA 过程中,当评估系统架构时,如果 FTA 显示出系统不满足安全性要求(如计算出的不希望发生的顶部事件的概率大于允许的概率),系统制造商可以在以下几个关键方面进行提升:

(1) 使用故障率较低的部件。

(2) 改进自测试,以检测更高百分比的故障。

(3) 增加系统的冗余程度。

以上哪一个是最好的? 答案取决于成本、可用性和实施的容易程度,要进行权衡分析,以确定最适合的方案。

现在你们已经使用 ARP4761A 启动了飞机和航空电子系统的安全性评估,并且准备开始研发飞机和航空电子系统本身,欢迎来到 ARP4754A。

第4章　ARP4754A 飞机和系统研制

更多并不神奇的数字：4754、4761、79……

正如 ARP4761A 中的航空安全性评估所示，安全性并不依赖这些神奇的数字，而是隐藏在这些数字背后的正确答案。同样，安全性本身从来不导致一场意外，但符合安全性却能预防意外的发生。"4754""4761""79"这些数字并不神奇，却与安全性息息相关。随着对安全性要求的提高，这些数字所代表的标准也在不断升级——如果想要找到安全性的新答案，那么应该去 4754A 和 4761A 中寻找，特别是 SAE 的 ARP4754A（欧洲代号为 ED-79）和 ARP4761A。

从前

从第 3 章中你已经知道，科技领域的"从前"是指去年之前的任何时间，而"很久以前"（登月、航天飞机、四发商用喷气式飞机的时代），安全性是靠人的大脑和持续优化来解决的：聪明的工程师尽最大的努力来防止事故发生，但是当这些最大的努力还不足够时，就只能通过持续优化来解决。那时候，计算能力相对较弱，工期更紧，随之带来的就是妥协后的安全性：航天飞机有 98.5% 的概率不爆炸即可，商用飞机每年"只"发生几次致命事故都可以被接受。后来，随着时间的流逝，那些老方法也不再奏效。一些人认为是人的问题，而另一些人则认为是机器的问题。但能够达成一致的是，这个领域需要更加正式的安全性规范，而 SAE 几十年来一直在研究航空航天推荐实践（ARP）。SAE ARP4754《高度集成或复杂飞机系统的合格审定考虑》于 1996 年 11 月发布。与其紧密关联的姊妹篇 ARP4761《民用机载系统和设备安全性评估过程实施指南和方法》于 1996 年 12 月发布。

今天的 ARP4754A

修订后的 ARP4754A 被正式命名为"民用飞机和系统研制指南"，覆盖了飞机和航空电子系统的整个研制周期。通常来说，不能单纯地以封面或标题来判断一本书的内容。但是这次情况不同，ARP4754A 的标题直接传递了一个强有力的信息:如果你参与飞机或系统的开发,那么你应该非常精通 ARP4754A 中的"指南"。在第一次打开 ARP4754A 之前,你应该理解如下两个关键点:

(1) ARP4754A 的标题说的是"指南",但错误地理解和应用 ARP4754A 不仅会降低安全性,还会大大降低取证的可能性。要研发健壮的、安全的航空电子设备,必须在开发之前找到实现系统安全性的方法,否则后期再想要纠正一个脆弱的系统将非常困难。

(2) 由于 ARP4754A 和先前的 ARP4754 有很高的相似度,也因其名为"指南",很多组织将其视为"可选的"。然而,世界各地越来越多的合格审定机构开始正式地要求申请人遵守最新版本的 ARP4754A。

对于经验丰富、精通飞机或飞机系统研制的人员来说,ARP4754A 就像一本关于保持身体健康的指导书:制订健康计划,了解健康生活方式,保证安全,健康饮食,减少压力,锻炼身体,规律睡眠,并定期检查以证明你遵循了你的健康计划,然后不断重复这些步骤。而对于飞机,ARP4754A 也可以进行如下类似的概要:

(1) 规划飞机或系统的研制生命周期生态系统。

(2) 根据 ARP4761(2018 年开始启用 ARP4761A)实施安全性活动。

(3) 定义并证明"保证等级"。

(4) 定义系统架构和需求,并进行确认。

(5) 执行验证和构型管理。

(6) 实施过程保证并根据过程转换准则进行检查。

请记住如图 4-1 所示的安全性、系统和软硬件生态系统。

从图 4-1 的图形和文字上可以看出,其核心是根据 ARP4754A 进行的系统研制,而在它之前必须要考虑安全性评估,来帮助定义飞机和系统架构,以及飞机和系统的安全性需求。系统研制先于软硬件开发,并在整个软硬件开发过程中不断解决各种系统问题,如图 1-4 所示。

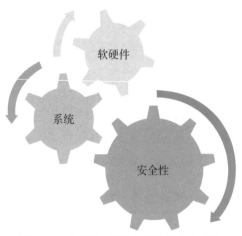

图 4-1 安全性、系统和软硬件生态系统

为什么要用 ARP4754A？它的背景是什么？

在深入研究 ARP4754A 的细节之前，我们应该认真考虑它存在的原因。几十年前，当航空电子系统还比较简单时，聪明的设计师可以在脑中构想出这些系统，并立即着手实施。即使是现在，对于简单的系统，仍然要求遵循 ARP4754A 也是不合理的。与此同时，系统的数量、种类和复杂度继续呈指数级增长。显然，航空电子系统要比用砖瓦构建的商业建筑复杂得多，但在没有进行土壤/地震分析、基础设计和制订检查计划的情况下，就开始建造一个商业办公楼也是不可想象的。这些检查显然应该贯穿整个建造过程，包括电气、管道、应急出口是否符合要求，以及是否进行了适当的加固。虽然优秀的建筑工人有可能在没有制订详细的计划、图纸、过程和检查的情况下建造出一栋安全的建筑，但没有这些就完全没办法去验证这座建筑的"伟大"。因为"伟大"是需要证据支持的。而证据是基于对实施结果是否符合计划的评估，然后纠正发现的任何缺陷。

显然，如果建造一栋建筑缺少计划和流程，就无法评估或保证建筑的设计和施工是安全的。航空电子系统的开发比建造一栋建筑物更加复杂，因此航空电子系统更需要全面的规划、流程、需求、安全性开发、验证/确认以及符合性证据。因此，欢迎各位使用 ARP4754A《民用飞机和系统研制指南》。

ARP4754A 的背景：ARP4754

ARP4754 标准于 1996 年首次发布，旨在帮助航空电子系统研发组织能够在软硬件的更高层次进行思考。DO-178（以及其欧洲的等效版本 ED-12）早在 20 世纪 80 年代就已经发布，为航空电子软件的研制提供了指南。但到了 20 世纪 90 年代初，研发人员意识到安全软件以及软件合格审定本身，既需要相应的系统知识，也需要确认系统级的安全性内容。ARP4754 重点关注的是那些发生故障后可能会潜在影响飞机或乘客安全的飞机系统。虽然飞机上肯定有影响安全性的关键独立部件，但 ARP4754 关注的不是部件，而是与飞机上或飞机外其他系统有着复杂交互关系的系统。这些系统通常涉及多个知识领域，并可能随着时间的推移而演变。此外，它们通常由不同地点、不同时间、来自不同学科背景的人开发；因此确保系统安全实施的最佳方法是遵循基于确定的安全性进行规范化开发的 ARP4754。

初版 ARP4754 标准也是在近期的航空电子设备发展趋势［如基于模型的开发（MBD）和综合模块化航空电子设备（IMA）］出现之前编写的。它的重点是一种自上而下的、不断迭代的航空电子系统研制方法。在这种方法中，单个系统功能被识别出来,然后逐级分解、细化。在其发布之初,飞机和系统安全性过程的细化程度较低,ARP4761 也仅仅是一个概念。此外,还有一种看法认为 ARP4754 是 SAE 的文件,因此不是真正专用于航空电子设备的指南,而且适航当局也确实通常不要求申请人提供符合 ARP4754 的证据。因此,虽然 ARP4754 为系统研制提供了很好的参考,但受到了前述局限性的影响,使之不能成为一份成功的标准。因此,ARP4754A 应运而生。

ARP4754A 与 ARP4754

ARP4754 在更新为 ARP4754A 之前的旧标题为《高度集成或复杂飞机系统的合格审定考虑》,而更新后的新标题是《民用飞机和系统研制指南》。显而易见,ARP4754A 的新标题更清晰地表明其主题:

(1) 强调民用飞机和系统的开发方面。

(2) 去除"高度集成或复杂"术语的模糊性。

严格来说,如果直接问"当今飞机上哪些飞机系统既不复杂也不高度集成?"答案会是"越来越少……"当一个项目所有的工程师都很容易理解这个项目时,系统研制人员就会认为系统"没那么复杂",而且每个系统在物理和电气层面上与其他系统都是隔离的,因此可以认为是"非高度集成"的。然而,大多数航空电子系统实际上是"集成的",因为它们的安全性评估、设计、安装和操作过程中实际上必须考虑到飞机和飞机上的其他系统。因此,ARP4754A 修订后使用了更加明确的标题。

修订后的"A"版——ARP4754A,进行了几处关键改进,如图 4-2 所示。

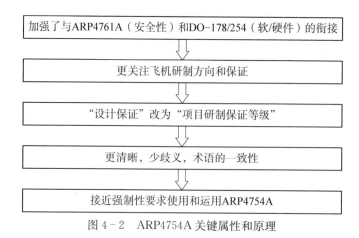

图 4-2　ARP4754A 关键属性和原理

ARP4754 是"好用的"指南：它描述了研制安全且高质量的航空电子系统和飞机的基本过程。然而，由于相关指南和合格审定方法的不断演变，以及系统的集成度和复杂性日益增加，许多人认为 ARP4754 仍不完整。因此，它的应用并没有达到所需的严格程度。ARP4754 中的"迭代方法"在 ARP4754A 中得到了扩展（与 ARP4761 一起），以确保开发人员将正式的迭代过程应用到安全性中，从而在整个项目中通过不断细化的安全性评估来解决安全性问题。

相比之下，ARP4754A 真正强调了航空电子系统研制体系的重要性（由 ARP4761 提供支撑），其建立在正式的安全性过程之上。ARP4754A 为符合条款提供了具体的指导，并将指导转化为飞机和系统研制的详细指南，同时强调在整个研制过程中不断进行安全性工作和系统集成的必要性。

在最近的一个航空电子系统项目中，本书作者对系统研制人员的文件进行了审查，这些文件通常在适航过程中被称为"提交物"。在审查中发现客户的"程序文件"看起来更像"计划文件"，而他们的"审查"看起来更像"评审"。显然，是时候回顾一下基础知识了。相关话题可以轻易地进行长篇大论，很难用一两句话准确概括。据说，作家马克·吐温（Mark Twain）在一封 10 页长的信的开头说了类似这样的话："请原谅这封信太长了，但我没有时间把它缩短。"意思是：简短的总结比写完整的小说更难。我们讨厌航空电子系统领域的这种"长篇大论"：篇幅太长，以至于严谨的开发人员没有时间看。下面提供了航空电子系统的计划、程序、评审和审查的简短总结：

（1）"计划"符合安全性需求，并总结了你们将做什么。

（2）"过程"陈述了你们将如何执行这些计划。

（3）"检查单"表示客观的评审标准，以确定是否遵循了过程。

（4）"过程保证审查"评估工程和制造活动的符合性，包括这些过程和评审的转换审查。

那么，谁是 ARP4754A 的目标用户呢？ARP4754A 的主要利益攸关方如图 4-3 所示。

ARP4754A 的主要利益攸关方

还记得那个盲人摸象的寓言吗？很多 ARP4754A 的初学者同样会从自己的视角，将 ARP4754A 看作一份飞机安全性和设计指南，或一份系统研制指南，或一份整合 ARP4761A 安全性评估方案的"指导"手册，但到底是哪一种呢？事实上，ARP4754A 包含了所有这些内容，并且以一种科学的、通用的、贴切的方式进行呈现。ARP4754A 的主要内容总结如图 4-4 所示。

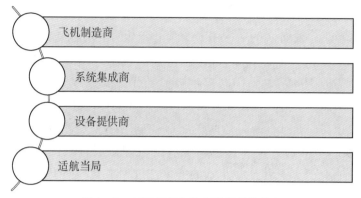

图 4 - 3   ARP4754A 的主要利益攸关方

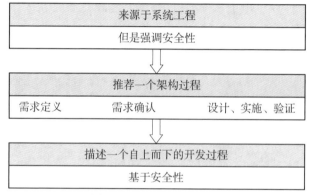

图 4 - 4   ARP4754A 基础

ARP4754A 的 3 个关键过程

简单来说,ARP4754A 首先要求执行系统计划过程,该计划涵盖下面描述的 8 个计划内容。当涵盖这 8 个 ARP4754A 计划点内容的计划被批准后,就可以转入

图 4 - 5   系统综合过程

系统研制过程。注意,ARP4754A 中的系统研制不包括实际的硬件或软件开发,因为它们分别由 DO - 254 和 DO - 178C 指导。与此同时,系统综合过程是持续进行的。这些过程之间的关系如图 4 - 5 所示。

需要注意的是,系统计划和系统研制之间的箭头是故意画成单向而不是双向的,因为事先就没有打算在这些计划被批准之后再更新这些计划。如果后

期对计划有偏离,那么这些偏离将通过这些计划以外的其他形式记录,并被
批准。

ARP4754A 的计划过程

飞机、复杂系统和简单系统有什么共同之处? 那就是它们都属于 ARP4754A
的范畴内。一项指南不可能对所有情况都适用,但 ARP4754A 力求普适。由于
飞机和系统间有着巨大的差异,因此 ARP4754A 避免强制使用一种规定性的方
法。相反,它为开发人员提供了指南,帮助开发人员考虑其开发范围内外相关的
安全性和功能性的方方面面,再根据该指南去执行。这就好比一个私人健身教
练,他的目标会因为接受训练的人是受伤的患者、普通的办公室员工或奥林匹克
运动员而截然不同:不同的问题领域需要不同的关注重点。但是,ARP4754A
只有一份,因此这个指南必须足够通用,以满足不同的领域。

ARP4754A 所要求的计划过程,是所有飞机和系统研制过程的核心。
ARP4754A 为研制安全的、高质量的航空电子系统所必需的大量工程活动提供
了全面指南。对于重要的飞行活动,所有飞行员都知道在起飞前提交飞行计划
是正常且有帮助的。而飞行计划主要为了满足以图 4 - 6 所示的 3 个主要目的。

图 4 - 6　飞行计划的主要目的

ARP4754A 的计划过程类似于一个飞行计划,因为它也有 3 个主要目的,如
图 4 - 7 所示。

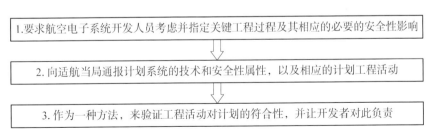

图 4 - 7　ARP4754A 的主要目的

　　一旦确定以后,系统研制计划是否可以变更? 当然可以! 就像飞行计划可以变更一样,航空电子设备在实际开发中也充满了小的变更。然而,针对ARP4754A 计划过程的变更需要仔细考虑整体安全性,包括该系统自身,以及其他空中和地面系统。而且它们必须得有书面记录并获得批准。ARP4754A计划过程需要考虑和记录的关键内容如图 4-8 和表 4-1 所示。

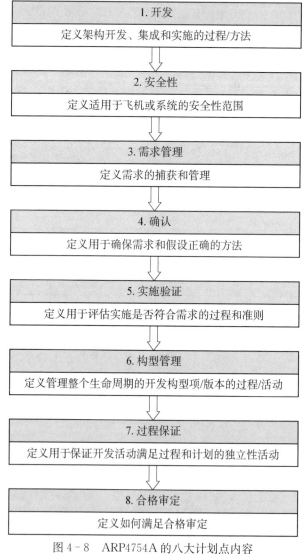

图 4-8　ARP4754A 的八大计划点内容

表 4 - 1 计划过程的范围

计划元素	元素描述	ARP4754A 章节
开发	建立飞机和系统架构开发、集成和实施的过程和方法	4.0
安全性计划	确定与飞机或系统相关的安全性活动的范围和内容	5.1.5
需求管理	识别并描述了如何捕获和管理需求，有时这些元素包含在确认元素中	5.3
确认	描述了如何表明需求和假设的完整性和正确性	5.4
实施验证	定义了验证实施如何满足需求时所适用的过程和准则	5.5
构型管理	描述了关键设计相关的构型项和管理方式	5.6
过程保证	描述了确保系统研制过程中遵循了适用的实践和程序的方法	5.7
合格审定	描述了完成合格审定的过程和方法	5.8

上述计划的细节本身要比在书中如何组织这些内容更重要。在实际工作中，通常会为上述每一个方面制订单独的计划文件（尽管验证和确认的内容通常是合在一起的），而且单独的计划文件也增加了它们在未来项目中的可重用性。但是，常常会有一个问题："计划到底应该有多详细？"这个问题的答案当然取决于相关工程活动的复杂性。建造一幢摩天大楼肯定要比建造一座小房子计划得更详细。飞机和系统研制也是如此。对于在系统中被认定存在风险的区域，就应该制订更详细的计划。但事实上，这些风险区域在着手相关工作前很难确定。ARP4754A 的附录 A 概述了过程目标对独立性的要求，这些要求分为必需的、建议的、可协商的和不做要求 4 个等级。计划中应该提供足够的细节来明确地回答以下两个问题：

（1）适航当局是否可以通过合格审定计划，来确定所定义的活动可以证明研制过程是安全的？

（2）为了独立评估相关开发活动，是否能够从计划中提取信息，制作详细的检查单来验证每一个计划活动？

关于确认、验证、过程保证、评审和审查的简短注释

验证由工程师执行，并评估实施是否符合需求。而确认则评估这些需求的可接受性。在航空电子领域（或阅读了 ARP4754A 和 DO - XXX 相关文件），"验证＝评审＋测试＋分析"这一基本概念是很容易被理解的。所有的输出产物都要经过评审，需求和实施都要经过测试，当评审和测试不能 100% 得出结论时，再使用分析的方法。确认和验证将在后面讨论。

审查是面向过程的，由独立的质量保证（QA）人员执行，也称为过程保证

（PA）人员。审查不是评审，而是确定工程师是否遵循了定义的过程。对于系统，质量保证被称为过程保证（PA），其包含了质量保证，但这两个术语在航空中几乎可以互换使用。

在审查过程中经常遇到的问题是，参与评审的工程师未能严格执行评审过程，因为评审工程师觉得反正还会有审查人员兜底。而事实上不会！审查人员不做"评审"，他们做的是"审查"。就像酒瓶和里面的葡萄酒一样，"评审"和"审查"是两个不同的概念。"评审"是技术性的，"审查"是过程性的，它们各自的作用不同，缺一不可！

当审查人员认为自己是评审者，需要进行评审时，他们可能会有疑惑"为什么工程师没有按照对应的检查单所记录的那样正确地进行评审？"

总的来说，ARP4754A 流程描述如图 4-9 所示。

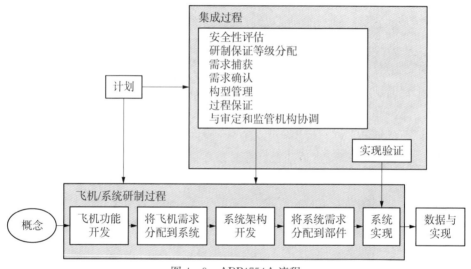

图 4-9　ARP4754A 流程

安全第一

当系统研制人员已经根据上述内容计划了航空电子系统的研制，那么计划完成后从哪里开始呢？很简单，从安全性过程开始。安全性确实是 ARP4754A 的基础和主要焦点：通过制订所有计划、过程和检查单来确保安全性是开发的首要专注点，以及确保安全性评估能贯彻于整个过程。

在飞机级，ARP4754A 要求有一个整体的安全性工作计划（SPP），通常每个系统也都有系统级的 SPP，这些系统级的 SPP 都包含在飞机级的 SPP 中。就像建造房子一样,航空电子系统安全性的范围有许多不同的形式:基础、架构、问题检测、问题缓解、对特定危险(如闪电等)的敏感程度和可验证性。因此,需要进行多种安全性活动和分析。图 4 - 10 再次总结了主要的航空电子安全性活动。

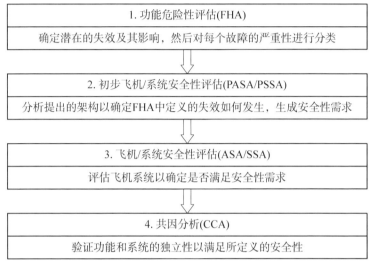

图 4 - 10　主要的航空电子安全性活动

关于 FHA、PSSA、SSA 和 CCA 的更完整描述,请参见本书中相应的 ARP4761 安全性评估章节(见图 3 - 3)。

功能危险性评估(FHA)

FHA 的目标是确定功能、功能的失效状态(功能丧失、故障等),以及它们的危险等级(灾难的、危险的等),以便提出并实现飞机和系统设计,将失效状态发生的概率降低到可接受的较低水平。需要注意的是,在某些情况下,功能的全部丧失不如功能的部分丧失或误导性丧失影响大,因为飞行员可以通过将一个系统的功能切换到另一个系统来减轻功能完全丧失的影响。

初步系统安全性评估(PSSA)

PSSA 是通常在飞机生命周期中的系统需求和设备需求阶段进行的一系列分析。PSSA 对提出的飞机和系统架构进行评估和定义,进而产生了系统和设备安全性需求。PSSA 的输入文件是飞机 FHA、初步飞机故障树分析(FTA)(包括针对顶层故障的失效率分配)和系统 FHA。PSSA 期间产生的文件包括更新后的飞机和系统 FHA,更新后的飞机和系统 FTA,以及初步系统共因分析(CCA)。PSSA 是一个连续和迭代的过程,PSSA 的目标是确定飞机和系统故障如何导致 FHA 中定义的危险,并确定如何满足 FHA 的需求。PSSA 通常与初步飞机安全性评估(PASA)相关联。需要注意:AC23.1309-E 的附录 1 提供了一些有用的指导,以协助在项目的这个阶段评估飞机功能和系统失效状态的严重程度。

系统安全性评估(SSA)

ARP4754A/ARP4761A 中的 SSA 验证已实施的飞机和系统设计是否满足飞机/系统 FHA、初步飞机安全性评估(PASA)和初步系统安全性评估(PSSA)的需求。在 SSA 期间生成的文件如下:

(1) 更新后的飞机 FTA、系统 FHA 和系统 FTA。

(2) 包含设备安装需求的文件。

(3) 用于确定失效状态分类的任何材料。

(4) 如有必要修订维护手册,详细定义旨在减少部件暴露时间的新维护任务。

(5) 如有必要修订机组人员操作手册,详细定义在发生某些失效状态时应遵循的程序。

SSA 应验证 FMES 中确定的所有重大影响均被考虑作为主要事件纳入 FTA 中,并且 SSA 还应包括适用的 CCA 结果。

共因分析(CCA)

评估多个系统的失效时,常常基于失效是独立的假设,进而考量失效状态的概率。然而,在某些情况下,这种独立性可能并不存在,需要进行具体研究以确认这种独立性可以被保证或被认为是可接受的。CCA 关注的是可能导致危险或灾难性失效状态的事件。安装在多个 LRU 上的相同软件被许多人认为是最常被忽视的共同原因。例如,在完全相同的条件下,安装在两个装置上的双飞行管理系统(FMS),仍可能会发生故障。

关于 FHA、PSSA、SSA 和 CCA 的更完整的描述,请参见本书中 ARP4761 安全性评估章节。

ARP4754A 中的整体安全性过程关系如图 4-11 所示。

研制保证等级分配

结合上面的安全性活动,可以确定研制保证级别(DAL)的分配。非正式的说法是"关键等级",DAL 是定义与可能发生错误的概率对应的开发过程的严谨性的指标。该项目与飞行安全的相关性越大,则要求该项目可能发生错误的概率就越小。

根据 ARP4754A 的定义,DAL 有如下两种类型:

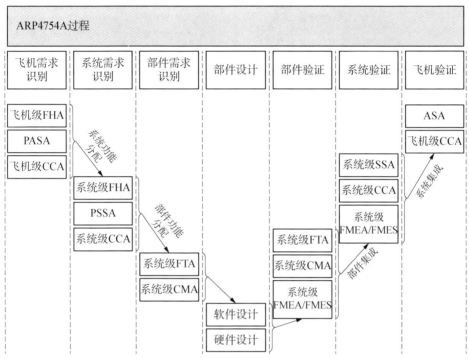

图 4 - 11 ARP4754A 整体安全性过程关系

（1）功能性 DAL，或称为 FDAL。

（2）项目 DAL，或称为 IDAL。

FDAL 和 IDAL 总结如图 4 - 12 所示。

图 4 - 12 FDAL 和 IDAL 总结

图 4-13 描述了 FDAL 和 IDAL 之间的不同分配。

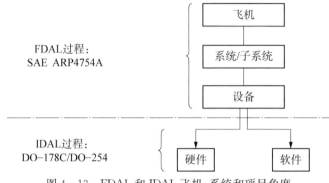

图 4-13　FDAL 和 IDAL 飞机、系统和项目角度

虽然安全性过程是迭代的,但是 FDAL 的分配应该先于 IDAL 的分配。如果不知道 FDAL,那么就不能根据 FDAL 来完整分配后续的 IDAL 目标。两种设计保证级别类型如图 4-14 所示。

图 4-14　两种设计保证级别类型:FDAL 和 IDAL

虽然不是强制性的,但最常见的做法是先确定 FDAL,然后再确定 IDAL。为什么? 功能与需求相关联,然后这些需求再分配给部件。功能和它们的需求描述一个系统是干什么的,而实际的需求是在软硬件部件中实现的。这是为了将一个功能划分到多个部件上,从而潜在地允许那些单个部件能够获得较低的设计保证级别。功能性需求开发的严格级别由 FDAL 定义,级别 A 是最严格的。每个 FDAL 所要求的开发目标在 ARP4754A 本身的附录 A 中提供。相应的软硬件部件开发同样有一个特定的 DAL 分配,称为 IDAL,每个 IDAL 所要求的软硬件开发目标在 DO-178C(欧洲的 ED-12C)和 DO-254(欧洲的 ED-80)中有规定。

DAL 的确定应首先考虑飞机的功能或系统的 FHA 失效状态,因此这些被称为"顶层失效状态"。FDAL 是根据最严重的顶层失效状态分配的。例如,如果最严重的失效状态是 DAL B,则 FDAL 是 B 级。FDAL 的分配如表 4-2 所示。

表 4-2　FDAL 的 概 要

顶层失效状态的严重程度分类	相应 FDAL 分配
灾难性的	A
危险的	B
重要的	C
次要的	D
无安全影响	E

ARP4754A 描述了确定不同 DAL 等级的系统和过程之间独立性的具体过程。其目标是确定一个能够达到相应安全性和消除共模故障的必要等级。例如,如果单个故障可以影响多个系统或组件,那么可以添加独立性,以防止该单个故障影响多个系统或组件。

功能独立性确保功能不受同一功能内共模故障的影响。例如,导航是飞机安全性的一个重要功能;使用两个导航数据来源[全球定位系统(GPS)和惯性导航系统(INS)]提供了功能独立性,并消除了许多可能发生的共模故障问题,如图 4-15 所示。

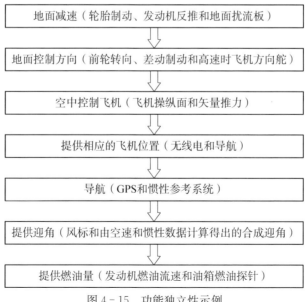

图 4-15　功能独立性示例

部件研制独立性同样确保与功能相关的部件不会经历共模故障,如在独立的部件中使用不同的操作系统提供了部件研制独立性,如图 4 - 16 所示。如果是同一个操作系统,那么就可能发生一个严重的错误。

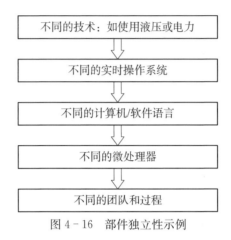

图 4 - 16　部件独立性示例

定义需求

你已经定义了 DAL,是时候定义需求了。什么? 难道在 DAL 分配过程中不考虑需求吗? 通常认为,需求过程是与 DAL 分配过程并行的,但是 DAL 是关于安全性的,因此 DAL 启动时还没有正式考虑需求。安全性考虑需要先于功能性考虑。需求的定义部分是为了满足安全性,这是通过 DAL 过程确定的。因此,DAL 的确定先于需求定义。那么需求是如何定义的? 是通过考虑各种类型的需求,以及每种需求与正在开发的飞机或系统的关系来定义的。图 4 - 17 描述了必须定义的主要需求类型,以及通用的(但不是强制性的)需求的顺序。

以上这些需求类型都很重要。但哪些是最重要的呢? 这个问题还需要思考一下。功能性需求和性能需求是重要的,因为飞机和系统需要实现目标,这些目标必须明确定义,而这两类需求提供了这个定义。操作需求和接口需求也必须定义。然而,安全性是最重要的,所以安全性需求必须是最重要的。但安全性需求通常是最难定义的,因为其中涉及更多的主观性:多安全才算"安全"? 在研究安全性需求时,必须仔细研究安全性评估的对象,以考虑相关的失效状态、模式和影响,同时研究应该集中在如何预防失效上,但也要知道百分之百的预防是不可能的。因此,必须添加包括冗余、非相似、分区等在内的架构设计来支持必需的 DAL,而且必须通过需求来定义这些内容。用于需求捕获的方法必须在计划

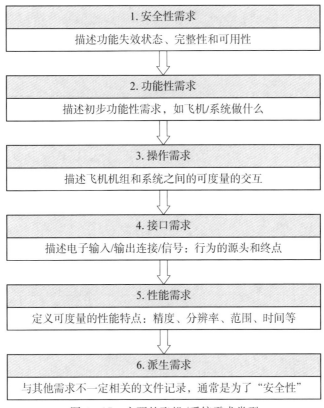

图 4 - 17　主要的飞机/系统需求类型

过程中提前定义,因为计划过程是在那些活动开始之前被独立评估的。因此计划中的需求捕获过程可以在启动之前被评估。有人说,在这一阶段中所犯的最大错误是需求编写者错误地认为"飞行员永远不会做那样的操作……"特别是在驾驶舱越来越自动化的情况下,会陷入这样一个循环:自动化程度越高,飞行员就越依赖自动化,所以越自动化……

需求来源和可追溯性

航空发展的生态系统把"需求"作为成功的基础。当弗雷德·布鲁克斯在 1975 年撰写《人月神话》时,还不存在这些飞机、系统、安全性、软硬件指南,但仅仅过了几年,这些指南就出现了。布鲁克斯关于复杂计算系统的不朽著作中得出的重要结论,后来融入了新兴的航空指南中。布鲁克斯指出,这类计算系统的第一大错误来源是"假设",包括工程师在没有明确需求的情况下做出的假设。记住:"验证"是对实现是否符合需求的评估,而"确认"是对需求本身的评估。确认更为重要,因为如果你没有正确、完整、明确的需求,那么之后你是否真的"验证"了它们也就无关紧要了(这在下面的内容和后面的章节中会有更详细的介绍)。因此,ARP4754A 规定了一个需求管理过程,并通过软/硬件过程向下传递,如图 4-18 所示。

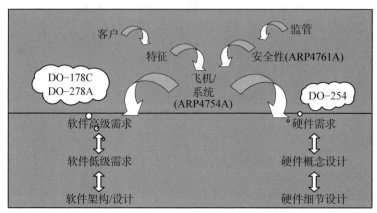

图 4-18   航空生态系统需求来源和关系

关于安全性和需求,一个经常被误解的方面是派生需求的作用。派生需求是什么? 以英语为母语的人似乎不太能理解"派生需求"的含义,因为它们源自工程师对实现一个未被提出的或被忽视的功能的诉求。派生需求通常不会追溯到上层需求,也不会描述明显的功能。相反,派生需求描述的是正在开发的系统或飞机必须实现的补充功能,通常是为了解决安全性、重用性或可验证性。例如,抽样率、分区的使用,或通过健康监控及投票增加的冗余,通常都是通过派生需求来解决的示例。由于派生需求通常直接与安全性或补充功能相关,因此ARP4754A 要求开发人员确保将所有派生需求及对派生需求的任何更改都必须反馈到安全性过程中,以确保识别出对安全性的任何直接或间接影响,而且开发人员被要求证明对所有派生需求强制使用了该过程,并由 QA 进行审查。

需求确认

飞机和系统的需求已经捕获,可以开始设计并实施了。这些需求要在之后进行验证,以确保实施的正确性。但如何知道这些需求是正确的呢? 正是出于这些考虑,因此需要进行需求确认,而且它必须先于设计和实现。为什么? 需求是飞机和系统的基础。就像盖房子一样,开工后更换地基是不可取的,原因有很多,其中最重要的是安全性。在研制开始之前很久就确定是否有冲突的、不完整的或不正确的需求。ARP4754A 要求在设计/实现过程使用这些需求之前进行一个正式的确认过程,以评估需求的正确性和完整性。然而,需求确认贯穿整个开发过程,因为更改是不可避免的。所有对需求的更改或任何影响需求的内容都必须通过确认进行评估。需求确认的方法必须通过计划提前定义,通常会采用一个单独的验证计划。然而,由于确认和验证是相关的,因此常常会在验证计划中嵌入确认计划。

　　飞机、系统和设备需求可以而且必须被确认。然而,由于"确认"包括"完整性"和"正确性",所以软件需求(在本书后面讨论)是不确认的,因为软件需要硬件和系统环境来评估完整性。

　　需求确认是一个正式的过程,在航空领域,大多数正式的过程都需要检查单。即使是一个飞行 5 000 小时、经验丰富的飞行员,也被正式要求在起飞和降落等许多关键活动中遵循检查单。由于安全非常重要,因此商用飞机配备副驾驶进行额外的独立验证。幸运的是,ARP4754A 在 5.4.3 节中提供了高级别需求确认准则,可以作为确认检查单的基础。简单起见,此处不再赘述,因为与其他安全关键行业相比,航空行业的需求确认没有什么独特之处(然而术语"确认"本身的使用是不同的,请参阅本书中相应的航空需求章节)。通常的评估标准适用于正确性、准确性、避免逻辑冲突、可识别性、可追溯性、对安全的影响等。

　　图 4－19 所示为飞机和系统需求确认提供了有用的注意事项。

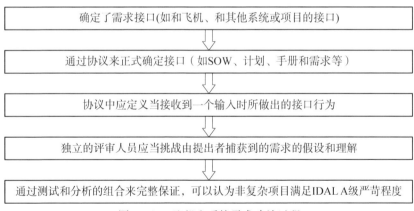

图 4－19　飞机和系统需求确认过程

　　确认的严格程度根据关键程度不同而不同,如航线的"DAL"。表 4－3 转载自 ARP4754A,明确解释了这一点。请注意,表中的"R"应该是"推荐"的意思,如前所述。然而,在现实中,世界上大多数适航当局都给出了一种更为保守的解释。根据作者的经验,适航当局几乎总是"要求"使用那些"推荐"的确认方法。

表 4 - 3　验证方法和数据

方法和数据 (见 5.4.6 节和 5.4.7 节)	研制保证 等级 A 和 B	研制保证 等级 C	研制保证 等级 D	研制保证 等级 E
PASA/PSSA	R	R	A	N
验证计划	R	R	A	N
验证矩阵	R	R	A	N
验证总结	R	R	A	N
需求追溯(非派生需求)	R	R	A	N
需求原理(派生需求)	R	R	A	N
分析、建模,或测试	R	一个	A	N
相似性(服务经验)	A	推荐	A	N
工程评审	R		A	N

注:R—合格审定推荐;A—合格审定协商;N—合格审定不要求。

对于每一项需求,应确定并应用一个推荐的和允许的方法的组合,以在该需求的确认中建立所需置信度。

实施验证

计划得到了完美的遵守,需求似乎也得到了完美的确认,而且 QA 审查了整个工程过程中的活动,包括实施中的所有转换。也许有人认为已经可以开始进行试飞了,但还言之过早。因为在航空领域,软件出错的概率被假设为"1",如果发生错误,你需要确认它们是否能够被发现并被减轻。在工程领域,同样的原理也适用。虽然优秀的计划、过程和工程产生了可以测量的、错误更少的更好的系统,但验证仍然是必要的。人们普遍认为,验证可以通过发现错误来提高质量。此话不假,但验证的真正目的是评估先前活动的充分性,并结合那些反馈来改进这些活动和实施。因此,航空领域的验证活动比单纯的故障检测更重要,也更全面。

人们普遍认为,进行验证纯粹是为了识别错误,以便纠正错误。这种观点只有部分是正确的,因为根据 ARP4754A 的描述,在飞机和航空电子系统级别进行的验证更加广泛,因为它也用于评估之前的开发活动的完整性和质量,这些开发活动包括安全性、需求和设计,而不仅仅是实现。前面章节提到的非常简单的验证方程:"验证=评审+测试+分析"。

所需的和潜在的验证活动都更加多样化,验证的严格程度随着 DAL 等级增加而增加,如 DAL A 是最严格的。图 4 - 20 描述了 ARP4754A 应用的常见验证类型。

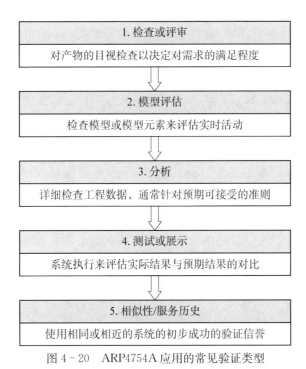

图 4 - 20　ARP4754A 应用的常见验证类型

与上一节描述的确认一样，验证的严格程度根据 DAL 的不同而不同。这在表 4 - 4 中得到了完整的描述。

表 4 - 4　**ARP4754A 方法、数据及研制保证等级**

方法和数据	研制保证等级				
	A	B	C	D	E
验证矩阵	R	R	R	A	N
验证计划	R	R	R	A	N
验证过程	R	R	R	A	N
验证总结	R	R	R	A	N
ASA/SSA	R	R	R	A	N
测试	R	R	R(1+)	A	N
检验、评审或分析	R(1+)	R(1+)		A	N
测试-非预期函数	R	R	A	A	N
服务经验	A	A	A	A	A

注：R—合格审定推荐；A—合格审定协商；N—合格审定不要求。

ARP4754A 中定义的飞机/系统支持过程:构型管理和过程保证

也许你们的工程师比爱因斯坦更聪明,比一群效率专家更有条理;你们第一次尝试就建造了世界上第一个完美的飞机系统,并因此受到了赞誉。那么你一定觉得合格审定是小菜一碟。可惜事与愿违。也许你们的工程师真的聪明绝顶,但那些后来参与系统更改的人并不一定。这就是为什么需要专业的构型管理(CM)。你如何保证后续参与系统更改的人遵循了定义的过程? 独立过程保证(PA)必须审查工程师的工作过程和产物,以评估对定义过程的符合性。CM和 PA 是支持过程,其输出不直接对飞机/系统作出贡献,但却是十分必要的。

构型管理(CM)

CM 必须在计划内定义,然后根据该计划在飞机/系统的整个生命周期内执行,而不仅仅是为了通过最初的合格审定。从本质上说,CM 确保了对飞机/系统中每个部件所有构型项的了解,并使其能够受控。当有人离开项目,而后续人员能够完美地重新创建任何一个用于交付的飞机或系统版本,明确所有构型项的完整历史、日期、版本和与其他版本的关系,并确保没有未经授权的更改时,CM 的工作就做到位了。因此,构型管理过程要求必须在适当的时机建立基线,管理变更控制,确保存档和检索,并维护一个列出了系统/飞机工程中使用的每个构型项的构型索引。切记:项目越复杂或需求越不稳定,引入构型问题的可能性就越大,如果不付出足够努力,几乎不可能恢复特定构型。

过程保证(PA)

PA 在前面讨论审查与评审时,已有提及。工程师进行的评审是技术性的,而过程保证执行的是面向过程的审查。ARP4754A 和 DO - XXX 要求的 PA 过程,与商业和常规军事领域的是不同的。PA 在航空电子发展生态系统中具有不同的职责:PA 批准计划、标准和检查单,然后评估其符合性;PA 不做评审,他们做包括转换准则评估在内的审查。航空电子设备研制计划根据每个活动的输入和输出规定了主要活动,这些输入和输出必须由工程人员遵守,并通过评审进行评估。评审由工程人员使用工程检查单完成。PA 评估这些输入和输出,并对转换活动进行检查,从而确定是否满足转换准则。审查由 PA 完成,并使用PA 检查单。

CM 和 PA 过程必须在计划中定义。尽管大型组织倾向于让构型管理团队或个人单独负责这些工作,但由于 CM 不需要独立性,工程师可以执行他们自己的构型管理。然而,PA 必须保证其独立于工程过程,PA 成员不应受到系统/飞机工程经理的管辖,而是通过一个独立的质量保证组织进行管理,以保证其独立性。

现在已经描述了 ARP4754A 的整体系统流程。本书后续章节中讨论的附加指南适用于机载软硬件、数据库、地面系统，以及与工程质量或安全性相关的飞机和系统的几乎所有其他子集。每一个实体都有专门针对其相应领域的具体指南，但这些指南在很大程度上参考了 ARP4754A 中规定的基本过程，包括安全性、计划、需求、实施、确认与验证（V&V）、CM 和 QA。为研制飞机和系统建立了一个良好的基础，其余部分的工作才能足够扎实。虽然任何人都可以通过投入更多的金钱和时间成本来获得满意的结果，但尽早明确自己的目标并制订相应的计划，可以更快、更经济地取得更好的结果。

第5章 DO–178C航空电子软件序言

直至2005年,名为"航空系统和设备中软件合格审定考虑"的航空电子软件指南DO–178B已步入中年,是时候进行一次更新了。这并不困难。因为软件开发的世界,即使是在保守的航空领域,已经取得了许多15年前发表DO–178B时不可能预见到的进步。技术和生活一样,唯一不变的就是变化。尤其是软件技术,它的变化是以月为单位,而不是以年为单位。

如前几章所述,航空电子设备软件的DO–178(或其在欧洲的对等物"ED–12",其中"ED"代表"欧洲文件")是整个航空研制和合格审定的一部分。理论上,航空电子软件开发过程发生在以下关键过程之后:

(1)飞机/系统安全性过程。

(2)飞机和系统研制过程。

(3)硬件开发过程。

但实际上,第一版DO–178于1982年发布,远远早于其他关于安全、飞机/系统和硬件的指南。因此,DO–178并不是航空车轮上一个简单的齿轮,而是其他指南和标准的历史性基石。那么,之后发布的大量航空指南看起来都很相似就不足为奇了。因为它们在有意模仿DO–178,这实际上也促进了所有标准文档的一致性。

在人类和宇宙历史上,具体的某个日期并不重要,重要的是当时的环境。DO–178也是一样的,我们在20世纪60年代中期就设计了把人类送上月球的系统,那时并没有任何DO–178相关文件。那时候火箭和月球系统的软件代码库相对较小,没有考虑可扩展性,但开发的工程师是非常聪明的。阿波罗号也不考虑能力不强的飞行员、未经训练的乘客、极端天气、交通规避等问题。然而,到20世纪70年代中期,民用航空计算机的快速发展及广泛使用要求建立一个可验证且一致的航空电子软件工程的过程框架。表5–1是DO–178的一段非常简短的历史。

表 5－1　DO－178 进化历史和背景简介

文档	年份	基础	主题
DO－178	1980—1982	新生软件框架	工件、文档、可追溯性测试
DO－178A	1985	DO－178	过程、测试、组件、4 个安全等级、评审——瀑布式方法
DO－178B	1992	DO－178A	集成、转换标准多种开发方法、数据（不是文档）、工具
DO－178C	2012	DO－178B	减少主观性、地址建模、详细需求、OOT、形式化方法——生态系统

　　20 世纪 70 年代末,航空电子软件指南变得必要,真正的软件工程已在襁褓之中。计算机科学(编码)和计算机工程(硬件开发)都已成熟,但开发大规模或复杂软件的过程仍不正规。布鲁克斯在《人月神话》一书中总结了这种软件开发的难点,并对改进软件需求、沟通,以及实现最小化假设等问题给出了答案。就像一个成功国家的宪法一样,软件和航空等快速发展领域的指导方针最好是强调灵活性而不是规定性的方法。因此,DO－178 过去没有,现在也没有解决"如何"实现这些目标。相反,DO－178 描述了这些目标,以及随着软件关键性(称为 DAL)的提升,必须满足越来越多的目标,直到达到目前 DO－178C 中 DAL A 软件的最多 71 个目标。DO－178 的作者主要由受雇于世界上最大的航空电子设备设计师/制造商的工程师组成。虽然波音公司和空客公司(以及许多其他的机身制造商)设计和集成飞机,但这些机身制造商并没有大量参与软件开发。与其他主要由独立标准机构或政府人员开发的安全相关行业标准不同,DO－178 的独特之处在于,它是由支持 DO－178 的公司的商业工程师开发的。

快进 25 年

　　由于软件开发工具和方法的不断发展,需要对航空合格审定策略进行更新。这些可以通过 FAA 咨询通告(AC)或认证当局软件团队(CAST)的建议书来解决。为了实现这一点,AC 和 CAST 的建议书一直在不断发布。不可否认的是,与其更新 DO－178B 本身,不如及时发布补充文件会更快、更简单。基本上,对于未来的航空发展和合格审定战略,航空开发团队面临着以下 4 种选择:

　　(1) 什么也不做。

　　(2) 给 DO－178B 做个小调整。

　　(3) 给 DO－178B 做个大调整。

（4）重写 DO‐178B。

显然，"什么都不做"不是一个可行的选择，因为技术和开发人员的进步（其中一些人逐渐利用一些快捷方式通过系统认证）意味着 DO‐178B 已经过时了。而且对 DO‐178B 的全面修订也是不必要的：与从 DO‐178A 到 DO‐178B 的大规模修订不同，DO‐178B 的绝大多数内容（超过 98％）被认为是"好"的，所以不需要修订。这样就只剩下上面的选项（2）和选项（3）可供选择了。从你的角度，DO‐178B 到 DO‐178C 的更新，实际上只改变了 2％的 DO‐178B，要么是"小调整"，要么是"大调整"，如果只考虑对 DO‐178B 本身的适当的调整，DO‐178C 的更新是非常小的调整。但如果考虑到与 DO‐178C 相关的 4 个新补充的相关材料和相关的航空指导指南，那么包含的这些更新就属于大调整了。这些补充将在本章后面进行总结，并在本书的单独章节中进行介绍。

为了给 DO‐178B 注入新的活力，有如下两个问题需要解决：

（1）为一些软件工程新技术的使用，如先进的软件工具、建模、面向对象的技术以及形式化方法提供指导。

（2）尽可能减少软件开发人员通过一些捷径来满足 DO‐178B 目标。

为新技术的使用提供指导，相较于更新 DO‐178B，通过发布 AC 或 CAST 的文件更容易完成。但第二个目标，针对利用 DO‐178B 中某些"捷径"的精明（或不知情）的开发人员，则更有难度，需要对 DO‐178B 进行特定修改。所以我们需要一个新版本：DO‐178C。

安全关键型软件对可靠性有明确的需求。事实上，航空可靠性是根据实际软件开发之前和之中所进行的正式"安全性"分析来定义的。在航空电子设备中，安全策略是基于 ARP4761A 的（参见前一章或 SAE ARP4761A）。然而，在航空领域，软件并不进行安全性分析：安全性评估是在飞机、系统和硬件层面进行的，但不是软件。为什么？很简单："1％和 100％的故障概率对软件来说是一样的。"现在，其他行业都在尽最大努力尝试对软件设计和代码进行安全性评估，但航空业没有。简单地说，基于软件的安全性评估是主观性的定量，而不是确定性的定量。但软件的设计和实现直接关系到安全。航空公司不是对软件本身规定某种形式的安全性评估，而是对软件工程过程进行验证和审查，以确保遵循了对应的目标，并且是可验证的，但这不是软件安全评估，在软件层面最好的方法就是遵循 DO‐178C 的 71 个目标，这些目标可以大致类比于每个系统/硬件的安全性评估。DO‐178C 中的这 71 个目标被称为"目标"，而不是"主题"，因为对它们可以明确和确定地进行评估。

尽管有观点认为软件的实际可靠性或者安全性能够被明确确定,但这其实是不可能的,持有上述观点的人坚信我们可以通过分析检查软件,以确定它有多安全或可靠。在某种程度上,这是对的:在算法或模型存在的地方,我们有不同程度的能力从数学上确定或预测软件的性能。然而,终极目标,或者说预测软件可靠性能力的衡量标准是能否肯定地回答:"我能证明这个软件是完美的吗?"除了极简单的软件程序,所有的软件程序的答案无一例外都是"不能"。为什么?因为软件的好坏取决于它最薄弱的环节。想想看,99.9%完美的软件意味着什么? 意味着"0.1%是不完美的。"那么,对于航空电子设备来说,假定 0.1% 的不完美通过飞行异常表现出来的概率是多少呢? 接近于必然。

因此,我们无法证明软件是完美的。航空业采取了不同的方法。因为我们不能轻易证明我们的航空电子软件是完美的,所以我们做以下的事情,如图 5-1 所示。

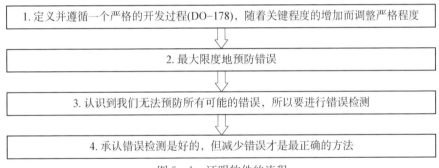

图 5-1　证明软件的流程

自从 DO－178B 在 20 世纪 90 年代早期发布以来,我们对安全关键软件的软件开发过程、技术和策略的知识有了极大的提高。事实上。如果我们今天有和 20 年前一样的问题域,我们几乎可以保证软件错误减少 99% 以上。不相信吗? 我还记得 20 世纪六七十年代和父母一起开车自驾游的情景。到处都能看到报废的汽车:轮胎瘪了,散热器过热,启动器坏了。然而,虽然今天大多数人不知道如何更换漏气的轮胎,如何处理过热的散热器,或者如何跳车,但得益于制造商对汽车问题领域有了更深入的理解,这些主流部件的可靠性得到了显著提高。在我们的汽车中出现问题的通常是较新的、不太成熟的技术。

现在将其与航空电子设备相比较:航空电子设备软件的规模和复杂性呈指数级增长。很少有包含软件的航空电子系统保持不变。越来越多的软件用作产品差异化和跨越技术壁垒的手段。软件可以在更短的开发时间内做更多的事情。那如何解决？采用新的软件开发和执行技术。然而，DO-178B不可能预见到这些新的开发和执行技术。因此，尽管商业世界欣然接受了这些新技术，但航空电子设备却迟迟未能跟上。

EASA和FAA等全球认证机构都配备了相关人员，他们都是头脑聪明、工作勤奋的人，但通常很少接触、使用这些新技术。他们对商业航空电子设备的批准是一把双刃剑，如果他们不批准，航空电子设备就无法飞行，创新和征服航空电子设备挑战都将受到抑制。但批准意味着认可这些系统是安全的，而这些人将对之后发生的任何故障承担部分责任。结果呢？对于航空认证机构来说，这是一个真正进退两难的境地。但同样是这些机构，他们看到了采用新技术的迫切需求，并没有忽视。他们组成小组来研究这些新技术，并设计采用的策略。他们聘请行业专家和研发机构收集和传播信息，撰写论文，跨越大洋进行合作。对他们的员工和所在行业进行培训。他们知道DO-178B不可能在持续的技术更新中一成不变，他们改编DO-178B，形成一个更新的版本DO-178C。

究竟哪些技术变化需要更新DO-178B？编译器？链接器？微处理器？软件测试工具？不完全是。虽然这些产品不断进化和改进，但它们并不是航空电子设备发展或认证变化的主要催化剂。相反，推动DO-178C发展的技术是那些能够更好地管理航空电子设备软件开发所面临的首要挑战：日益增长的航空电子设备软件复杂性。

50年前，飞机上还没有软件。1969年发射的首次登陆月球系列的阿波罗11号，它有一台包含36K ROM和2K RAM的制导计算机。但可以肯定的是，现在你的电池腕表或者个人微波炉的性能比它更强。20年后，商用飞机的源代码超过了100万行。如今，飞机的源代码超过2000万行，具有更大的集成度和复杂性。这是线性增长吗？不，这几乎是指数级的增长。与此同时，军事和商业航空电子设备的融合，加上对软件可重用性的更大需求，意味着需要新的软件开发技术。其中，有3种技术是航空开发人员最希望用以提高他们管理这种不断变化的环境的能力：

(1) 基于模型的开发(MBD)。

(2) 面向对象技术(OOT)。

(3) 形式化方法(FM)。

这些需要更新的技术，加上DO-178B中需要纠正的几个缺点，并添加新的工具鉴定方面内容，使新的DO-178C主要部分如图5-2所示。

DO-178B
修订
工具
MBD
OOT
DO-178C
FM

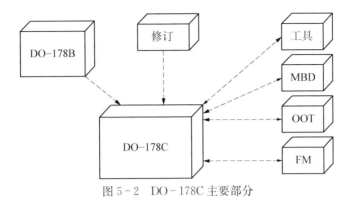

图 5－2　DO－178C 主要部分

MBD、OOT 和 FM，因为它们与航空软件开发有关，图 5－3 对它们进行了简短的总结。

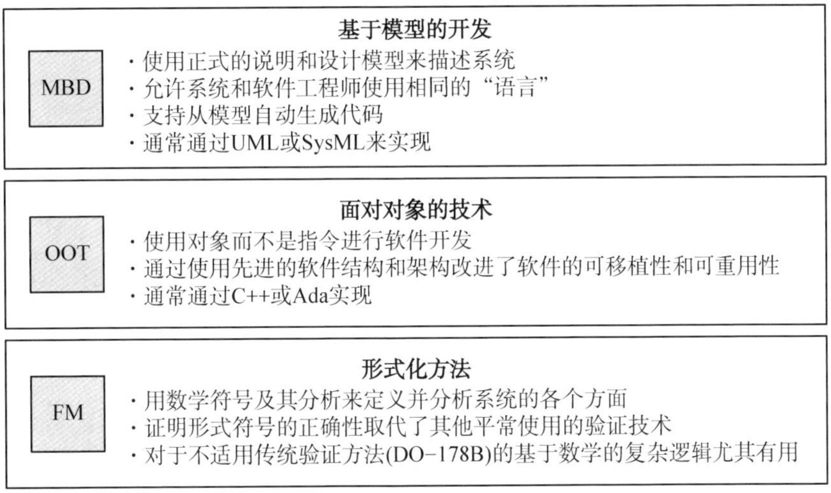

基于模型的开发
MBD
· 使用正式的说明和设计模型来描述系统
· 允许系统和软件工程师使用相同的“语言”
· 支持从模型自动生成代码
· 通常通过UML或SysML来实现
面对对象的技术
OOT
· 使用对象而不是指令进行软件开发
· 通过使用先进的软件结构和架构改进了软件的可移植性和可重用性
· 通常通过C++或Ada实现
形式化方法
FM
· 用数学符号及其分析来定义并分析系统的各个方面
· 证明形式符号的正确性取代了其他平常使用的验证技术
· 对于不适用传统验证方法(DO-178B)的基于数学的复杂逻辑尤其有用

图 5－3　MBD、OOT 和 FM 总结

MBD、OOT 和 FM 的总结

显然，当时航空电子设备的发展正在逐渐使用先进的工具，MBD、OOT 和 FM 技术，因此，需要制定新的指南指导这些工具及技术的安全采用。事实上，这些新技术并没有直接添加到 DO－178 的主体中，而是针对每种技术，包括工具以及 MBD、OOT 和 FM 分别编写了新的补充文件。原因有如下两方面：

(1) 通过将其作为 DO－178 主体之外的补充，其余航空指南文件可以参考

并直接引用这些文件,如 DO-XXX,包括 DO-254(航空电子硬件)、DO-278C(CNS/ATM 系统)、DO-297(集成模块化航空电子)等。

(2) 若是直接将新技术内容添加到 DO-178 的主体中,DO-178C 将会超过 600 页,是原本 5 倍大小,可读性将会变差。

除了补充 4 个新技术外,DO-178 本身的正文也做了修订和补充,从而组成"DO-178C"。与 20 年前 DO-178A 到 DO-178B 的重大修订不同,DO-178C 主体内容的修订相对较少。这些修订总结如图 5-4 所示。

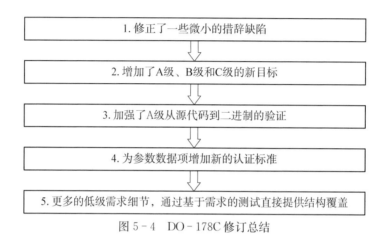

图 5-4　DO-178C 修订总结

DO-178B 不可否认有一些措辞不一致的问题,特别是与之后发布的包括 DO-248、DO-254、DO-278 和 DO-297 相结合时,尤为明显,这些问题在 DO-178C 中得到了很大的改正。许多 DO-178B 用户希望能更充分地阐明术语"鲁棒性",遗憾的是,这一术语被大量保留,这意味着每个用户必须处理鲁棒性测试中存在的主观性问题。事实上,有许多不同的航空电子领域和实现,不可能指定所有必要的"鲁棒性"的可能表现形式。

除了少数几个明显的例外,DO-178C 并没有显著增加航空电子设备软件开发所需的严谨性。毕竟,DO-178C 委员会明智地得到了用户群体的充分代表,该群体不希望过度增加成本、进度或风险。保持完整的是"关键"软件(A、B 和 C 级)和"不那么关键"软件之间的清晰划分,即 D 级。如果有什么区别的话,那就是 C 级和 D 级之间的划分,添加到 C 级的附加目标增加了,也意味着 C 级更接近 A/B 级,因为需要证明软件结构通过基于需求的覆盖有更多的覆盖。

DO-178C 各级别所需的目标的数量变化如表 5-2 所示。

表 5-2　DO-178C 各级别目标数量变化

等级/失效条件	DO-178C 的目标	DO-178B 的目标	DO-178C 有独立性要求的目标
A/灾难性的	71	66	33
B/严重的	69	65	21
C/重要的	62	57	8
D/次要的	26	28	5
E/无安全影响	0	0	0

注:对于 E 级别,只需要通过安全性分析证明软件真的是 E 级别。

DO-178C 保持了相同的基本计划/开发/综合过程,如图 5-5 所示,但是这些过程必须更新,以适应上面描述的变化。

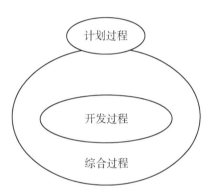

图 5-5　DO-178C 的 3 个过程:计划过程,开发过程,综合过程

DO-178C 的序言就此结束。更多的细节可以在后续的著作中找到。此时,读者的脑海中应该浮现出如下几个问题:

(1) DO-178C 让我的工作更轻松还是更困难了?

(2) 如果我不用 MBD、OOT、FM,我还必须坚持使用 DO-178C 吗? 如果必须,对我有什么区别?

(3) 我正在修改一个 DO-178B 应用程序,它必须在一个新平台上认证 DO-178C,对我会有什么影响?

(4) 除非 DO-178C 是世界上第一个完美的软件指南,否则我应该计划的最常见的关注领域和挑战是什么?

以上都是高度相关的问题,每个问题的答案都是"这取决于……"人类对于明确的非黑即白问题的需求是难以捉摸的,因为问题本身是如此的丰富多彩。但答案是有的,而且一般都是合理的。

第6章　航空电子软件

DO-178 有一个通用的标题:机载系统和设备认证中的软件考虑。但最好不要以封面来判断这本书。事实上,正如行业俚语所说,DO-178 在很大程度上被认为是航空电子软件开发的圣经。有趣的是,自从它在 20 世纪 80 年代(当时安全关键系统中的软件相对较少)首次开发以来,已经指导了许多系统的实现。事实上,如果仔细检查军用航空、医疗设备、铁路、汽车和核能领域的标准,我们将会发现这些标准与 DO-178 有惊人的相似之处。这是一个偶然的巧合吗?很难说。DO-178 是第一个这样的标准吗?这个答案并不重要,但是 DO-178 的历史很重要。那么为什么说 DO-178 的历史很重要呢?因为 DO-178 经过了 3 次迭代,理解这些变化的原因很重要。

还记得盲人摸象的寓言故事吗?每个人都触摸大象的不同部位,并试图在不知道大象其他部位的情况下描述他们在触摸什么。这的确是一项不可能完成的任务,但在航空业中却很容易落入这样的陷阱:飞机及其系统是如此复杂,没有一个人能完全理解所有错综复杂的事情。换句话说,如果没有启示,我们比盲人好不了多少。DO-178 试图建立一个框架,以便开发人员和局方能够以全面的视野开展工作,摆脱盲目性。DO-178 确实成功地提供了这样一个框架,然而,它并不能保证眼界的足够清晰,当然也不是完美的。什么,航空电子软件不完美?当然不完美。DO-178 不完美吗?很难说。事实上,套用温斯顿·丘吉尔关于民主的名言,"DO-178 是世界上最糟糕的标准……除了所有其他的标准!"

航空电子系统通常由一个航线可更换单元(LRU)组成,该 LRU 将逻辑分配给软件(DO-178C)或硬件(DO-254),如图 6-1 所示。

在《航空电子认证——一个完整的 DO-178 和 DO254 指南》一书中,作者(与本书同一个作者)用了 200 多页来描述 DO-178 是什么。实际上,描述 DO-178 不是什么可以简单得多,例如,DO-178 不是

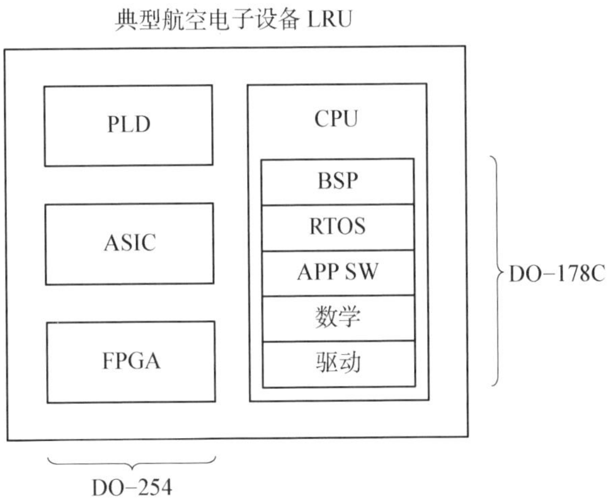

典型航空电子设备 LRU

图 6-1 典型航空电子设备 LRU 分类图

（1）规范而严格的软件标准。

（2）与市场现实几乎没有关系且僵硬的政府标准。

（3）一发布就过时的技术标准。

（4）软件开发论著。

（5）由缺乏实践经验的人编写的政府标准。

可以肯定的是，DO-178 与上面所述正好相反。的确，DO-178 的成功被普遍认为是建立在事实（或至少是观念）基础之上的：

（1）机载软件开发的灵活框架。

（2）能够适应几乎所有类型的系统，无论其应用或复杂程度如何，并且能够随着技术的进步而发展。

（3）该标准主要由聪明和成功的技术人员编写，他们与同行一样，必然会遵守该标准，他们是该标准有用性的既得利益者。

（4）该标准避免使行业采用"如何"开发和验证软件的死板方法，而主要关注"什么"才是需要的。

（5）根据机载软件的关键程度来调整最少所需的制约和平衡，以降低与安全相称的成本。

要开始理解 DO-178，就有必要了解"生态系统"。例如，如果不先了解加法、减法、方程式和一些数学概念，那么就无法理解微积分；微积分只是数学生态系统的一部分。同样，DO-178 是航空电子开发和认证生态系统的一部分，其中包括安全评估过程(ARP4761)、航空电子设备系统开发(ARP4754A)、硬件设计保证(DO-254)、环境和EMI测试(DO-160)以及许多其他相关方面。在很多方面,DO-178就像大象的腿,是大象稳定生存的必要条件:这条腿并不能保证大象的健康,但可以减少大象提前死亡的可能性……

DO-178开始的前提(对于商业航空电子设备而言,是认证机构的授权):用户将DO-178仅作为航空电子设备认证链中的一个环节。如果在DO-178之前没有一个安全的基础,航空电子设备将既不安全也不符合要求。那么在应用DO-178之前会是什么呢?通常会制订一个项目特定认证计划(PSCP),该计划定义了航空电子系统的航空电子生态系统,包括DO-178的适用性。PSCP引用的生态系统通常包括根据ARP4761进行的正式功能危险评估(FHA)的性能,然后根据ARP4754A定义系统级航空电子需求。如果你没有考虑前面所述的情况就开始DO-178的活动,会发生什么呢? 一般来说,你会享受到一些不错的实践活动,因此你"可以"回去再做一遍……的确,DO-178需要一个安全的基础,并有正式定义的系统需求,任何相反的借口都是鲁莽的。简而言之,DO-178并不验证系统需求是好是坏;DO-178假设系统需求是好的,并确保它们被转换和验证到与设计水平充分相称的软件上。然而,航空电子软件的质量并不比先验系统的好。

DO-178是一个相对较小的文档:比你产生的用于证明你遵循了它的文档要小得多。据说,用于开发飞机的文件永远不会装进飞机里面。同样,它保证为符合DO-178而开发的文件超过了打印的源代码的页数。为什么呢? 因为就像任何安全关键软件的监管框架一样,也有必要的计划、标准、规范、设计、审查、分析、测试和审核来定义、评估和证明符合性。军用航空、医疗设备、核能、铁路和安全关键型汽车软件也是如此。

正式框架到位后,产生经审查和控制的功能危害评估和系统级需求,是时候考虑DO-178的应用了。从哪里开始? 好吧,你可以借一份DO-178和辅助文件,试着去理解它。在你多次阅读这些文件之后,你至少会相信,它们是有趣和重要的。但是,当它看起来一切都很严格,但实际上却没有任何要求时,你又如何真正开始应用它呢? 你从哪里开始呢? 现在你需要真正理解DO-178。

研制保证等级

首先,你需要了解你基于DO-178开发的软件的研制保证等级(DAL)。应用于软件计划、开发和正确性的严格程度与其DAL直接相关,通常被称为"关键等级"。有5个等级,从E级到A级越来越严格,如图6-2所示。

重要级别金字塔：

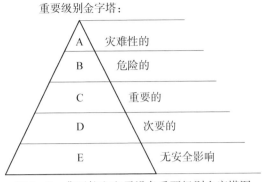

图 6-2　典型航空电子设备重要级别金字塔图

　　在开发软件之前,必须通过正式的安全评估过程来确定 DAL。最初的 DAL 是飞机功能危险性评估(FHA)和系统 FHA 的输出;DAL 作为持续安全评估过程的一部分可能会变更,这个持续安全评估过程包括安全性工程的反馈和重新考虑。如前所述,开发和验证的严格程度是基于 DAL 的,如图 6-3 所示。

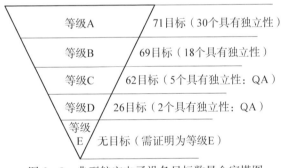

图 6-3　典型航空电子设备目标数量金字塔图

　　请注意,指定的级别和相应的可靠性取决于飞机的类型,以下适用于第 25 部分的飞机,例如较大的飞机。

　　在图 6-4 中,"独立性"是 DAL B 级及以上级别,特别是 DAL A 级所需的;这是验证独立性,意味着不同的人遵循不同的流程来执行验证。这种独立性不需要在不同的公司或不同的地点,实际上,如果独立验证者位于同一地点,将有助于最大限度地应用专业知识和知识保留。

　　当然,你可以简单地为你的软件选择你自己的保证级别,以使你的工作更容易,但是这样做正确吗? 当然不是。关键等级是在应用 DO-178 之前,通过安

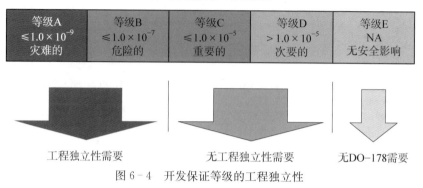

图 6-4 开发保证等级的工程独立性

全评估过程,同时考虑实际操作所适用的 TSO 来确定的。为什么呢?因为保证登记是与上层系统的预期使用和设计有关,而软件只是其中的一部分。例如,辅助导航通常是 C 级,但如果相同的 VOR/ILS 接收机用于Ⅲ类零英尺决断高度,则可能会超过 TSO 的最低要求。因此,该等级并不总是固定不变的。FAA 尝试在第 23 部分 AC 23J309-1D 中定义等级,同时在附录 A 中包含在其他部分不适用的地方。但是,每个独立的系统有一个 DAL,并且该系统中的软件的关键等级等于或小于其系统的 DAL。小于?是的,软件或软件的一部分可能具有低于其系统的关键等级。事实上,对于系统来说,包含多个关键级别的软件的情况越来越常见。

为什么不把所有的软件都做成 A 级呢? A 级软件的质量很可能比低级别软件的高,就像 B 级软件的质量一般比 C 级软件的高一样,所以为什么不把所有的软件都做成 A 级呢——飞机会更安全,是这样吗?也许吧,但成本会更高。在安全关键软件没有"免费午餐"。安全性越高,成本越高。航空电子安全性评估过程决定了每个系统需要多少安全性,以提供可接受的安全等级。提供额外的安全等级完全没必要,遵守最低要求就已经够难了。将标准提高到最低要求之上,虽然很高尚,但会使公司面临财务风险。在这种情况下,遵守最低要求就已经足够高尚。

DO-178 根据软件的关键等级制定了具体目标。较高的 DAL 必须比较低的 DAL 级别满足更多的 DO-178 目标。确定软件关键等级后,你可以检查 DO-178,以确定软件必须满足哪些目标。现在你可以准备好规划了。这就是 DO-178 类似于建造房屋的地方:你先进行地理分析,以确定需要哪种类型的地基,这就是"安全评估"。然后你需要一个计划过程,随后是一个开发过程。在整个计划和开发过程中都在进行一个综合过程。因此,DO-178 指导下的航空电子软件工程与建造房屋一样,遵循相同的三阶段过程方法。

DO-178、DO-254 和 DO-278 有 3 个完整的过程:计划、开发和综合。DO-178 完整过程图如图 6-5 所示。

计划过程——首先发生;开发过程——遵循计划;综合过程——持续整个项目。

图 6-5　DO-178 完整过程图

首先是计划过程,完成后是规模更大的开发过程,背后持续执行的过程是包含 QA、CM、验证和适航联络的综合过程。什么是计划、开发和综合过程? 下面是一个简短的总结。

计划过程。在开发之前,或者在重新使用先前开发的软件之前,需要规划你的活动。就像建造房屋一样,建筑检查员首先需要检查一套图纸,然后在建造房屋时对房屋进行定期检查:地基、墙壁、电气、管道、屋顶和竣工建筑,DO-178 类似。有 5 个计划和 3 个与计划过程相关的标准。图 6-6 总结了这 5 个计划的关键方面。

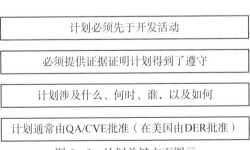

图 6-6　计划关键方面图示

质量保证(QA)是 5 个计划的主要签署人。为什么呢? 因为 QA 随后负责审查工程师是否按照这些计划执行;如果 QA 没有评审和批准这些计划,就没有理由期望他们按照计划执行。在北美,联邦航空管理局(FAA)下属的民航部门历来通过指派指定的工程代表(DER)来执行他们的适航认证活动,有时甚至可以作为 FAA 的审查员/批准人,正式授予"批准"权力。在欧洲,有时会使用合规验证工程师(CVE)代替 DER 的角色,其权力低于 DER,但仍然支持 QA。这5 个计划,通常被称为"DO‐178 的关键",总结如图 6‐7 所示。

1. PSAC	2. SQAP	3. SCMP	4. SWDP	5. SWVP

图 6‐7　DO‐178 的关键

五大计划-总结

(1) 软件合格审定计划(PSAC):关于软件是如何遵守 DO‐178 的总体概要,包括对安全性和系统的引用(如前面的 ARP4761A 和 ARP4754A 章节所述),如图 6‐8 所示。

1. PSAC	2. SQAP	3. SCMP	4. SWDP	5. SWVP

软件合格审定计划(PSAC)
➢ 40～60 页(力求简洁)
➢ 系统、架构和软件的概述
➢ 讨论安全性、关键性和符合性
➢ 参考其他的计划和项目
➢ DER 在编制和批准上的帮助
➢ 提交认证机构并由其批准

图 6‐8　软件合格审定计划

(2) 软件质量保证计划(SQAP):详细说明 DO‐178 的质量保证目标,包括批准、审查和相应的记录保存,如图 6‐9 所示。

1. PSAC	2. SQAP	3. SCMP	4. SWDP	5. SWVP

软件质量保证计划(SQAP)
➢ 阐述 QA 在整个开发过程中的作用
➢ 保证和监控计划的符合性,并成为整个过程的组成部分
➢ 确保遵循转换标准
➢ 处理符合性审查和检查
➢ 为 QA 审核/检查提供指导和时间表(包括检查单)

图 6‐9　软件质量保证计划

（3）软件配置管理计划（SCMP）：详细说明如何在此项目上执行 DO－178 的变更管理和基线/存储目标，如图 6－10 所示。

1. PSAC	2. SQAP	3. SCMP	4. SWDP	5. SWVP

软件配置管理计划（SCMP）
➤ 建立识别的数据项
➤ 阐述 CM 系统的使用
➤ 定义开发配置管理标准
➤ 阐述问题报告和变更跟踪系统
➤ 定义数据的可访问性和授权
➤ 阐述安全性、可维护性和可复用性
➤ 阐述软件的复用（包括二进制）和所有生成的数据对象及能够复用产出的能力

图 6－10　软件配置管理计划

（4）软件开发计划（SWDP）：总结软件需求开发、设计、编码和集成将如何与相关过程、标准和工具的使用结合起来执行，以满足 DO－178 的开发目标，如图 6－11 所示。

1. PSAC	2. SQAP	3. SCMP	4. SWDP	5. SWVP

软件开发计划（SWDP）
➤ 定义时间表、人员、依赖关系、交付物、里程碑和组织关系
➤ 阐述开发环境和工具
➤ 阐述生命周期［需求、设计、编码、集成、非正式开发人员测试（可选）和变更］
➤ 阐述 RTOS、分区、先前开发软件、参数数据项
➤ 阐述 CM 和 QA 的参与事项（包括转换准则和交付物）

图 6－11　软件开发计划

（5）软件验证计划（SWVP）：总结评审、测试和分析活动，以及相关的验证工具，以满足 DO－178 的验证目标，如图 6－12 所示。

3 个标准

DO－178（和 DO－254/DO－278）意识到需求、设计和实现（代码）至关重要，必须进行评估。评估需要将这些需求、设计和代码与一些预定义的标准进行比较。然而，这些标准本质上是主观的。DO－178C 有 71 个目标，这些目标是

图 6-12　软件验证计划

客观的,因为每一项都可以准确无误地完成评估。然而,特定系统的需求、设计和编码可能有非常不同的评估标准。因此,DO-178 没有为需求、设计或编码提供明确的目标。每个项目通过以下 3 个详细标准定义了自己的明确标准:

(1) 软件需求标准:提供了将系统需求分解为软件高级需求和从高级需求分解到低级需求的标准,包括派生需求和安全性相关需求。注意:低级需求(LLR)可以选择性地包含在软件设计标准中,因为设计包括完成 LLR 和软件架构。

(2) 软件设计标准:为完成低级别需求、定义和评估软件架构和设计(包括内部和外部接口、数据流和控制流,并进行耦合分析)提供标准。

(3) 软件编码标准:提供实现和评审软件源代码的标准;通常,表示为 MISRA-C 的子集。

以上 5 个计划和 3 个标准构成了 DO-178 所需的计划文件。由于 D 级是 DO-178 5 个等级中严格程度最低的一个,所以不需要这 3 个标准,对于 A 级到 C 级的软件都需要[E 级实际上不是 DO-178 等级,因为该最低级别没有要求的 DO-178 目标,只需要一个功能危险评估(FHA)来证明它是 E 级,因此与安全无关]。

这 3 个标准(需求、设计和编码标准)通常是在其他项目标准的基础上进行修改。需求标准将在本书的后续章节中更全面地讨论。编码标准通常只是基于其他行业编码标准[如电气与电子工程师协会(IEEE)或汽车工业软件可靠性协会(MISRA)C 代码标准]重新制定的。但是,DO-178 软件设计是独特的,涵盖了项目特定的软件设计技术、流程和文档标准,以实现后续的设计验证。什么情况下,软件需求与软件架构重叠? 在启动该软件架构设计之前,是否有可能完全

了解所有需求细节？答案就在于 DO－178C 对需求、设计、编码关系的处理，如
图 6－13 所示。

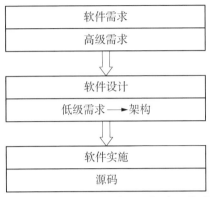

图 6－13　DO－178C 需求、设计、编码关系图

　　DO－178C 软件设计标准的关键总结如图 6－14 所示。

　　由于软件设计是软件需求和代码之间的桥梁，安全关键软件设计规范和验
证构成了 DO－178C 软件开发的关键特征。理解 DO－178C 的一个关键方面是
了解高级别需求、低级别需求和设计之间的边界是"灵活的"，每个项目只是在软
件需求标准和软件设计标准中定义其边界。本质上，低级需求包括高级需求和
设计的重叠，如图 6－15 所示。

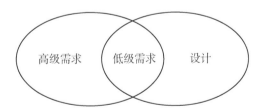

图 6－14　DO－178C 软
　　　　　件设计标准的
　　　　　关键总结

图 6－15　DO－178C 高级需求、低级需求与设
　　　　　计的关系

浅谈数据流和控制流

　　DO－178C 对 DAL C 至 DAL A 级软件的设计必须包括分析软件数据流和
控制流。这是为了确保数据耦合和控制耦合评估的确定性。数据耦合总结如
图 6－16 所示。

　　控制耦合总结如图 6－17 所示。

数据耦合包括所有全局变量和通过参数列表传递到较低
级别组件（如函数/过程）的局部变量

图 6 - 16　DO - 178C 数据耦合

当一个模块传递用于控制另一个模块执行流的数据时，就
会发生控制耦合

图 6 - 17　DO - 178C 控制耦合

由于数据耦合和控制耦合都可以通过 DO - 178C 的软件设计文档进行评估，因此耦合分析主要是基于图 6 - 18 中 4 个原因进行。

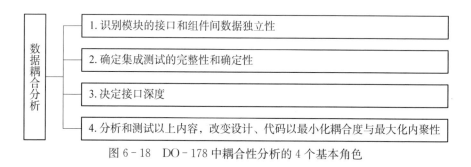

图 6 - 18　DO - 178 中耦合性分析的 4 个基本角色

在遵循 DO - 178 的项目计划和标准经过质量保证部门和相关适航审定机构的审查和批准后，正式的软件开发活动就可以进行了。当然，如果你以前开发过 DO - 178 或安全关键软件项目，应该已经有了基本的软件计划和标准，可以参考这些计划和标准来形成基于 DO - 178 的计划/标准。在实践中，通常在制订计划和标准的同时启动初步的软件需求和设计，以节省时间澄清计划和标准中的细节。然而，在理论上，DO - 178 假设了一个按照正向流程开展计划、开发和验证过程的经典瀑布模型。为什么 DO - 178 通常遵循这样的瀑布式方法？这源自它的历史。

正如第 5 章所指出的,DO - 178 最初是在 20 世纪 80 年代软件工程出现的时候编写的,伴随着日益复杂的系统,DO - 178 在 20 世纪 90 年代初修订了两次,总体上反映了当时流行的一些软件开发的最佳实践和哲学,包括 CMM、军事标准和著名的瀑布方法。今天,几乎没有人使用纯瀑布式方法,事实上,如今经常使用基于模型开发(MBD),特别是与 DO - 178C 和 DO - 331 结合使用。典型的 V 模型甚至是敏捷的安全子集经常被应用,后者在低级 DAL 中更为普遍。

尽管 DO - 178 几乎允许任何确定性的、可验证的软件开发方法,但瀑布的痕迹强烈地浸入了许多航空电子开发从业者和审查员的脑海中,尤其是像作者这样头发花白的人。常用的瀑布属性有哪些?

(1) V 模型的测试和开发是互相匹配的,每个开发阶段都有相对应的验证评估产出。

(2) 丰富的文献资料。

(3) 需求、设计、编码、集成和测试的正向转换。

现在,回到航空电子软件开发计划。你现在已经完成了基于 ARPA4761 的功能危险评估。你已经根据 ARP4754A 制订了可靠的系统级需求,考虑了安全性需求,制订了很好的计划和标准,完全符合 DO - 178。你已经准备好开始开发软件和编写代码,快,先建立一个原型,这样你就可以向管理层和客户展示你有多精通! 只是有一个问题你和开发真正的航空电子软件还不沾边。为什么? 让我们细数其中的原因,如图 6 - 19 所示。

你不能只是想想建造一所漂亮房子的需求,买一些建筑用品,然后邀请你所有的朋友来一边享用一些喜欢的饮料,一边开始建造你梦想中的房子? 好吧,你可以,但如果有一天你想合法地占有或转售你梦想中的房子,就不行了。航空电子也是如此:虽然关于是否需要 DO - 178 的哲学争论激烈进行着,但是如果你想在全球合法地销售你的航空电子系统,软件需要符合 DO - 178,这一点是没有任何争论的。那你该怎么办? 很简单,在开始编写软件之前,应该解决上述每个原因。为什么? 这里面有监管和商业方面的原因。

从监管的角度来看,能够评估开发过程中的每个产物是很重要的。每个开发步骤都有进入标准和退出标准,这些标准与离散的验收标准相关联。此类验收标准定义在哪里? 在你的开发标准以及每个产物的相关检查单中。检查单? 是的:航空是以检查单为基础的。每次飞机准备起飞时,飞行员和机组人员都会根据“检查单”进行“检查”。当一架商用飞机(几乎总是有一名飞行员和一名副驾驶)准备着陆时,同样的事情会发生:飞行员可能会说“准备着陆,襟翼设置为

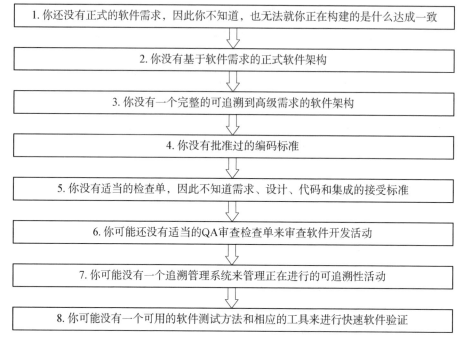

图 6-19　未准备好编写软件的原因

图中流程框内容依次为：

1. 你还没有正式的软件需求，因此你不知道，也无法就你正在构建的是什么达成一致

2. 你没有基于软件需求的正式软件架构

3. 你没有一个完整的可追溯到高级需求的软件架构

4. 你没有批准过的编码标准

5. 你没有适当的检查单，因此不知道需求、设计、代码和集成的接受标准

6. 你可能还没有适当的QA审查检查单来审查软件开发活动

7. 你可能没有一个追溯管理系统来管理正在进行的可追溯性活动

8. 你可能没有一个可用的软件测试方法和相应的工具来进行快速软件验证

10 度"，于是副驾驶通过检查襟翼设置并宣布"确认，襟翼设置 10 度"。刚才发生了什么？飞行员在遵循一份书面的着陆检查单，副驾驶正在根据该检查单审查飞行员的解释和行为。因此，副驾驶对飞行员所需的活动进行了"独立审查"。如果飞行员和副驾驶都记住了着陆检查单，就不需要真正遵守驾驶舱内的纸质检查单吗？真正有经验的飞行员应该记住这些检查单。但是，我们都知道，记忆可能会出错，特别是在有压力的情况下，而检查单是预先写好的，在实际执行中正式使用。纸质的，电子的，这都不重要。重要的是，所需的活动已经定义在检查单中。每个检查单都经过评审、配置和批准。这意味着每个操作都有一个且只有一个有效版本。DO-178 也是一样的。

关于目标、转换准则和检查单的简要说明。DO-178 目标是在 DO-178 文件末尾的附件中定义，转换准则作为与这些目标相关的可接受标准。转换准则与生命周期模型相关联，而不是与标准相关联。检查单是有用的，但需要与生命周期转换准则相关联。检查单要比转换准则低一层级。

依据特定项目和标准定制基于 DO-178 的检查单，检查单还规定了符合 DO-178 的成功标准。此外，检查单新增满足以下属性：

（1）证明每个过程都包含有详细信息的高级、正式的验证标准。

（2）证明审查至少符合检查单中包含的最低标准。

（3）在必要的时候证明审查和目击的发生，具有独立性。

通过检查单查看哪些内容呢？几乎所有内容，尤其是与 DO - 178 目标相关的项目：计划、标准、安全性、需求、设计、编码、测试和结果、工具鉴定、供应商管理等。

当你的 DO - 178 计划、标准和检查单已经准备完毕，就可以准备开始软件开发了。当评估完那些计划、标准和检查单以后，你就已经通过了四次适航审定会议，也称为介入阶段（SOI）的第一次。遵循经典的瀑布法，执行以下活动，通常是为了表明你满足 DO - 178 术语中称为"转换"的进入/退出准则。当然，经典 DO - 178 软件开发活动如图 6 - 20 所示。

图 6 - 20　经典 DO - 178 软件开发活动

每一个软件开发活动都将根据以下经过审查和批准的文件执行：

（1）软件开发计划。

（2）软件需求、设计和编码标准。

（3）每个活动的相应检查单，针对适用于 A 级和 B 级软件开发活动进行独立审查。

在实践中，当今复杂的安全关键系统，如航空电子系统，很少遵循如此严格的瀑布模型。相反,基于模型的开发、精益方法、原型设计和不断发展的客户需求很可能会被使用。而DO-178的美妙之处在于它的非规定性,意味着灵活性。然而,无论你选择何种软件开发方法,包括使用先前开发的软件,都必须事先通过经过评审的计划、标准和检查单来详细说明,然后,必须证明项目真的遵循了这些计划、标准和检查单。

当你完成软件实现时,你的需求可以追溯到代码,代码可以追溯到需求,并且需求、设计和代码都被归档和评审。你完成了,对吧? 很难说。你只是为下一阶段的SOI审查活动做好了准备(如SOI♯2)。SOI♯2做什么呢? 它通过评审检查单确认你的设计是符合你的计划/标准的。

SOI♯2还应该确认在整个实现过程中进行了项目配置管理和软件质量保证(SQA)审查。什么是SQA审查? DO-178是预先规划好,然后证明工作是按照计划和标准完成的。但是,软件等级越高,就越不能单纯地信任作者,因为风险越大。FAA出了一份书面指令(FAA第8110-49号命令第3章),基于软件等级以及其他因素比如开发人员的软件适航经验,规定了FAA参与程度(LOFI)。等级越高,适航审定机构承担的风险越高,而且由于资源有限,他们往往会关注那些风险较高的项目,尤其是由缺少经验的人执行的项目。事实上,DO-178有多个级别的人参与评审和审查。

(1) 对已完成的产物进行技术审查("审查准备"),以评估其对计划、标准和检查单的符合性。更高的等级的软件要求评审的独立性,例如,由与项目无关的技术人员进行评审。

(2) 执行SQA审查是为了评估过程的符合性,而不一定是技术符合性。过程的执行是否符合计划和标准? 转换准则(每个过程的迁入、迁出标准)是否满足?

(3) 适航联络人(如适航委任代表)审查评估前期的工程评审和SQA审查。

(4) 适航审定当局(如EASA或FAA)对上述内容进行审核。

可以看出,航空电子领域的SQA不同于其他行业,其他行业经常有SQA执行技术评审和测试。DO-178则主要将SQA集中在两个活动上:第一,确定并批准项目计划和标准;第二,通过审查这些计划和标准是否被遵守来评估。DO-178没有规定SQA如何进行工作,它只是希望SQA达到最小目标集,并在整个过程中保持其定位。

SOI♯2获得批准后,尽管总是有一些小的需求更改和错误修复,软件实现基本上已经完成,但还需要进行完整的软件测试。虽然其他领域的软件测试通常被视为"艺术",但"艺术"的问题在于它是主观的:我们无法就艺术的定义达成一致,但我们都"看到它时就知道它"。问题是,人类对什么是好的艺术,什么是坏的艺术无法达成一致意见。艺术与音乐、食物、天气等一样,都是主观的。DO-178 通过要求对软件需求和代码进行详细测试,将软件测试的艺术转化为一门科学。DO-178 软件测试人员必须能够熟练编写测试用例,以评估逻辑是否完全符合需求。DO-178 还引入了"我们是否已经完成"的概念。如果任由其完善,软件测试可能会采取几乎无限的组合和排列。对此,DO-178 有所限制,哪怕是高安全等级的软件。此外,软件的安全等级越高,测试必须涵盖的软件代码就越多,如结构覆盖分析。

典型的 DO-178 软件验证活动

你有没有听过这样一句话:"我是一个 V&V 工程师,有些人认为我是专家。"软件测试既是艺术又是科学。在 DO-178 中,软件测试人员确实需要是软件设计和代码方面的专家。在非航空电子领域,软件测试人员通常对软件设计和代码的复杂性知之甚少,但 DO-178 却并非如此。首先,了解一下 V&V。众所周知,V&V 是确认与验证的一个常见绰号,遗憾的是,V&V 的真正含义,尤其是在航空电子软件中,常常被误解。已有数百本书描述了 V&V 的内容,下面的段落并没有公正地阐述这个非常复杂的主题。

验证是对过程结果的评估,以确定输出是否符合需求。对于航空电子软件,那么什么是"验证"呢?技术人员最擅长使用定量方程式(如果你不是"技术人员",那么你为什么要读这篇文章呢?)。航空电子软件的验证公式如式(6-1):

$$V = R + T + A \tag{6-1}$$

式中:V 是验证;R 是评审;T 是测试;A 是分析。

注意,用于分析的 A 故意显示得很小,因为只有当评审和测试不能完全验证需求时才使用分析。

这个等式对航空电子软件意味着什么?答案如下:

(1) 通过检查单评审人工结果。

(2) 应该测试软件需求和代码。

(3) 如果通过测试的方法无法获得结果,则需要进行额外的分析工作。

评审、测试和分析的程度完全依赖于软件的等级。但是,这里只总结了验证,那么确认呢?记住:验证是评估一个产物是否符合规范。对于软件验证,本规范为"需求"。但是,如果这些写的需求并不好呢?这就是确认的意义所在:确认评估需求是不是好需求,好的需求意味着清晰、简洁、正确、完整和可验证。无用输入,无用输出。对航空电子设备软件质量来说,最重要的输入就是需求。那么,航空电子设备软件的需求必须得到确认吗?实际上,DO‐178 并没有强制要求这样做,因为在没有完整系统的情况下,确认软件需求被认为是主观的,而 DO‐178 关注的是客观的标准。正式地说,需求必须分别在符合 DO‐254 和 ARP4754A 要求的硬件和系统层面进行确认。非正式地说,最佳实践应该包括在需求评审过程中确认软件需求,比如说,它们是正确的,并且它们是完整的。

如上所述,软件测试部分是艺术,部分是科学。与软件开发一样,完美是不可能的。然而,DO‐178 是由行业专业人员编写的,带有很少的政府视角,所以重点是合理的成本效益。测试软件比开发软件容易花费更多的资源。在航空电子系统的生命周期内,肯定会花费更多的时间进行测试,而不是开发。

那么,什么是合理、经济高效的软件测试?首先,确保有良好的软件需求,并且这些需求得到了充分的验证,接下来,额外的鲁棒性测试,通过压力/性能测试、使用边界和无效值以及执行所有转换来查找逻辑中的错误。最后,进行结构覆盖分析,以确保验证所有可能在飞机上执行的逻辑,以及所有的表现都如预期。自上而下的追溯,可以证明所有的需求都被验证,自下而上的可追溯性则可以证明不存在没有来源的逻辑。读者要小心:自下而上的可追溯性不是简单地颠倒追溯矩阵。这意味着代码的每一段都需要跟踪到一个需求(高级、低级或派生需求)。代码段与软件等级要求的深度相关。DO‐178 测试要求的范围和相关工作是什么?如图 6‐21 所示。

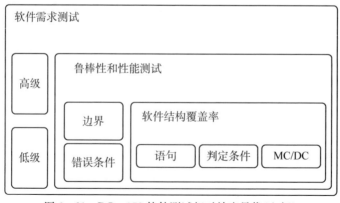

图 6‐21　DO‐178 软件测试相对效应最优(A 级)

主题一:基于需求的测试(如功能测试)

首先,测试基于 DO‐178 的需求(最新版本 DO‐178C 进一步说明了所有主要代码段应至少追溯到一条需求)。由于 DO‐178 没有为需求粒度提供主观阈值,因此需求测试依赖于需求本身。然而,DO‐178 通过要求 A 级到 C 级软件进行额外的鲁棒性测试和结构覆盖分析来弥补潜在的薄弱需求。如果你的需求写得够好,测试这些需求通常可以达到 90% 的鲁棒性用例覆盖率和 80% 的 B 级软件代码覆盖率。为什么呢? 因为良好的需求为低层级功能和潜在的鲁棒性条件提供了良好的细节,这些细节可以从需求中获取到,因此基于需求开发的测试用例可以覆盖 80%～90% 的必要条件。相反,如果需求写得不好,那么根据这些不好的需求编写的测试用例可能只会覆盖 50%～60% 的条件。在这种情况下,你将在测试结构覆盖分析活动中发现缺失的需求细节(D 级和 E 级软件不要求),并要求返工添加需求。显然,像现实生活中的大多数事情一样,第一次做好它比返回去改进它并再次做更具成本效益。因此,如果有什么教训可以在这里分享的话,那就是:一开始就写好需求,并用有组织的评审和检查单来支持这些需求。

必须注意的是,随着 DO‐178 的 5 个关键等级的提高,需要进行更多的软件测试工作。对于软件开发来说,关键等级的影响较小,但对于测试则不是,图 6‐22 总结了每个 DAL 等级所需的测试。

完成软件测试之后,开展 SOI♯3 审查评估验证活动的完整性。然后,开展 CR 评审和 SOI♯4 审查确认所有适用的 DO‐178 目标的符合性,包含变更的符合性。

把一切都放在一起

图 6‐23 包含了一个最优的 DO‐178 实现,作者在他的大部分教学课中都使用它,它被称为"Green Snake"。

如图 6‐23 所示,Green Snake 从左上角安全性过程开始,从左到右进行,然后执行软件计划过程,在正式开始开发之前对计划和标准进行 SOI♯1 审查。到下半部分后,从右到左,依次执行开发、测试、符合性测试。当然,"适航认证"仅发生在通过 SOI♯4 审查的系统和飞机的背景下,SOI♯4 通常要求在飞行测试前完成,以便在飞行测试之前确认所有安全相关方面。为什么这条蛇显示为绿色? 因为作者认为,虽然 DO‐178 是灵活且非规定性的,但上述 Green Snake 路径可最佳地降低总体成本。作者是美国人,美国的钱是绿色的:要省钱,就要遵循 Green Snake。

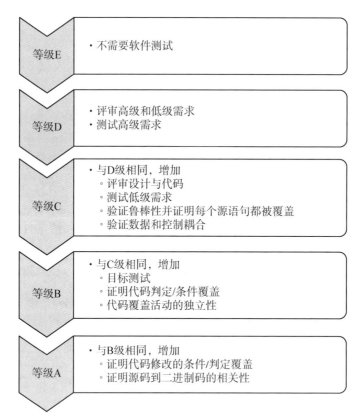

图 6-22　DO-178 临界等级间的主要测试差异

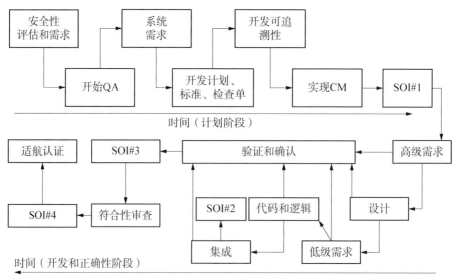

图 6-23　一个最优的 DO-178C 实现

第 7 章　DO－254 航空电子硬件

DO－254 是 DO－178 所谓的姐妹篇,但在一些领域两者常常有着很大的差异。DO－254,"机载电子硬件设计保证指南"可以看作是由以下 3 个同步且相关的事件引出的:

（1）随着开发人员对硅基设计的利用迅速增加,固件在航空电子系统中发挥了更大的作用。

（2）航空电子系统中的固件开发过程不受监管,在系统的认证中处于黑盒级别且存在滞后性。

（3）有证据表明,一些厂商有意将逻辑从"软件"转移到基于硅的"固件"中以规避 DO－178B 对软件的管理。

虽然嵌入式航空电子软件工程在 20 世纪八九十年代取得了巨大的进步和进展,但基于硅的固件开发被认为是一种非正式的辅助形式。但是,什么是"固件"呢? 什么时候"软"变成了"固",再变成了"硬"的呢?

DO－254 的简史

20 年前,基于硅的"固件"在航空电子系统中的应用非常有限,而非如今的高度变化和快速扩展的角色。早期的固件在航空领域更为有限的原因很多。

（1）与软件相比,固件开发工具提供的灵活性有限。

（2）固件在烧写或加载到硅设备中后很难更改。直到 20 世纪 90 年代中期,更容易使用的 FPGA 才进入可编程设备的前沿,而且更为保守的航空业需要更长的时间去采用这些新技术。

因为调试和升级过程似乎更困难,固件以前被认为是不如软件那么理想的选项,这很大程度上是上面两个原因造成的。

虽然上述每个原因都是正确的,但聪明的工程师加上更强的开发环境确保了固件在航空电子系统中的发展和应用,特别是现场可编程门阵列（FPGA）的巨大进步将这些固件提升到了航空领域的前沿。有了 FPGA,所有上述对固件应用时的限制都大大减少了。FPGA 对现代化开发工具的影响越来越大,使得它们易于升级,并且比基于软件实现的逻辑具有潜在的灵活性和执行速度优势。

合格审定(包括民用和军事)机构要求保证航空电子硬件的开发遵照一套一致和确定的过程进行,该过程仿照软件开发生命周期的过程并指出关键差异。然而,因为传统上硬件被认为是"简单的",所以它们可以被详尽地测试。对于这种简单的硬件,所有的输入/输出组合都可以进行合理的测试,因此硬件的测试被作为系统测试的一部分。但是,硅基固件的复杂度与软件相比经常是有过之而无不及,不可能对所有的输入/输出组合进行合理的测试,因此它被认为是"复杂的",而非"简单的"。稍后将详细介绍复杂电子硬件和简单电子硬件。但是,DO-254 约束了硬件开发过程,包括硬件需求、概要设计、详细设计、实现、确认和验证以及生产转换。配置管理和过程保证(类似于软件的质量保证)这些后台过程将贯穿以上过程。设计保证级别(DAL)C 和 D 级的硬件开发以黑盒方式开展,主要内容包括需求、需求测试、可追溯性,以及需求和测试的评审,还有过程保证。然而 DAL A 和 B 级硬件添加了白盒的要求,即各种标准、评审和对实际逻辑设计与实现的测试。

传统上,硬件开发与软件开发的不同之处如下:

(1) 软件的复杂性超过了硬件。

(2) 硬件开发团队比软件开发团队人员更少但经验更为丰富。

(3) 许多硬件都可以通过并行开展的测试来逐步形成原型。

(4) 硬件开发的许多方面都可以进行检查或者详尽的测试。

但随着现代应用专用集成电路(ASIC)技术以及 FPGA 的出现,软硬件之间的差异就消失了。因此,DO-254 的关注点转变为复杂电子硬件(CEH,如可编程逻辑器件),包括适航当局软件团队(CAST)备忘录♯27,以及 A(M)C 20-152A 对 DO-254 的进一步完善和解释。

由于基于硅的逻辑器件的演变(或近乎是"革命性的"),航空电子系统开发人员越来越多地选择通过硅基逻辑器件来实现逻辑而非软件。然而,DO-178 并不严格适用于硅基逻辑,而且对这方面也没有其他监管手段。因此用软件和硅基实现的逻辑可能起着几乎相同的作用,但硅基逻辑可以避免类似于软件这样的严格认证。此时就需要 DO-254 确保专门为航空电子系统开发的硬件和逻辑使用了与采用 DO-178 并通过软件方式所实现的内容类似的开发和认证方法。

DO-254(及其在欧洲的对应标准 ED-80)最初打算覆盖所有电子硬件,包括航线可更换单元(LRU)、电路板组件(CCA)、商用货架硬件组件、简单电子硬件(SEH)和复杂电子硬件(CEH)。切记,DO‐254 是 DO‐178B 的对应物,而不是 DO‐178C。在这个时期,"硬件"意味着系统内的所有的物理实体,而不是今天强调将硬件认为是更普遍且复杂的硅基逻辑器件。后来出版的 FAA 咨询通告(AC)20‐152、适航局方软件团队(CAST)备忘录 27 和 EASA CM SWCEH‐001 等文件,澄清了这点并在某些情况下缩小了 DO‐254 和 ED‐80 的适用范围。特别是在美国,DO‐254 更关注定制的 CEH,而非上述其他硬件方面。为什么呢? 因为 CEH 使用了"逻辑"(HDL、VHDL 等),而且逻辑类似于软件代码具有可证明的安全性和质量需要计划、标准和增量评估,因为事后验证确保质量的效果不如"过程"有效。此外,美国的航空电子系统开发人员早期将 ARP4754A 应用于航空电子领域,该应用需要正式的流程、需求和硬件测试,但不用考虑 DO‐254。欧洲、南美和亚洲的同行最初不太可能应用 ARP4754A,所以他们使用 DO‐254 来帮助确保对硬件的认证覆盖。如今,DO‐254 是航空电子系统发展生态系统的一个完备的部分,如图 7‐1 所示。

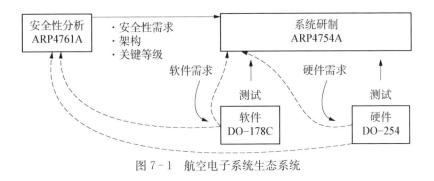

图 7‐1　航空电子系统生态系统

DO‐254 在航空电子发展生态系统中的角色

现代电子系统采用复杂的软硬件,其质量不能完全仅通过最终的项目测试来评估。因此,用于设计研制相关软硬件的过程很重要,这些过程必须规划、评估和管控。DO‐254 就描述了航空电子硬件的这些研制过程。如图 7‐1 所示,航空电子硬件开发遵循 DO‐254,但也考虑了围绕该航空电子硬件过程的安全性评估和系统研制活动。安全性工程和系统工程都在持续的参与,以便对设计研制过程中安全性需求和系统需求的遵循和反馈情况,包括双向可追溯性的管理。

DO‐254:

(1) 是一个用于开发包含特定功能的机载航空电子硬件的灵活框架。

（2）能够适应几乎所有类型的硬件，包括传感器、多路复用器、交换机和集成电路，以及全功能的 FPGA 和 ASIC。

（3）是一个试图涵盖几乎所有品种但不具有项目特异性的硬件的指导方针。

和软件一样，DO－254 标题中的"机载电子硬件"一词的指代范围也很广。自始至终，硬件是系统更具体地说是航空生态系统的一部分。因此，对于民用航空，在 DO－254 出现之前采用的是根据 ARP4761A 的安全性评估及根据 ARP4754A 的航空电子系统研制过程，军事航空领域也正在逐步采用类似的（在某些情况下相同的）安全性和系统过程。而硬件本身通常也需要通过 DO－160 进行环境试验。因此，DO－254 只是航空电子认证生态系统中的一个环节。如果在 DO－254 出现之前没有 ARP4761A 和 ARP4754A 的安全性/系统作为基础，航空电子硬件就不能被证明具有安全和兼容性。

DO－254 过程采用详细的项目特定计划，然后进行持续的评估和过程反馈循环，以确保开发人员遵循这些计划和标准中规定的硬件开发流程。DO－178C 的前两章解释了 5 个计划和 3 个标准的必要性和内容。DO－254 的 3 个过程（见图 7－2）与 DO－178C 的相似性如下：

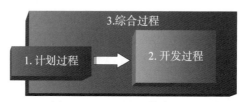

图 7－2　DO－254 综合过程

（1）计划过程最先开始执行，完成后才是开发过程。

（2）开发过程执行于计划过程之后。

（3）综合过程贯穿项目始终。

对于 DO－254 生命周期过程的简化模型（不描述必要的反馈循环、更改、评审等），图 7－3 内容包含了一个最佳的 DO－254 工程开发生命周期；请注意其与前面描述 DO－178C 所对应图片的相似之处。

始于安全，然后是研制保证等级

现代文明（以及一些古代文明）提出了公民之间"平等"的概念。虽然这适用于现实生活，但航空电子生态系统绝不是这样的。考虑一辆车：虽然关于转向和刹车等不同系统对安全性的影响可能会引发一些争论，但没有人会认真地认为汽车收音机同样重要。在航空电子设备中，系统之间对飞机安全性的不同贡献

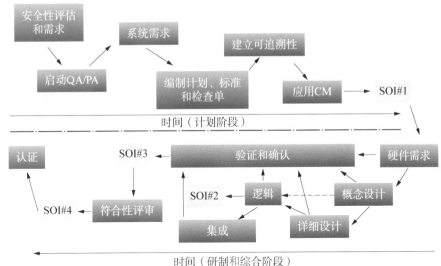

图 7-3　DO-254 的一个优化实现路径

更为明显且形式更加规范。基于 ARP4761A 的安全性评估通常用于每个系统，其中安全性评估和功能危险性分析假设"潜在的故障是什么，以及它们的影响是什么？"。该安全性评估直接影响系统和硬件的设计，包括冗余、故障检测、缓解等。事实上，安全性评估用于系统和硬件架构及研制保证等级（DAL）的确定。每个不同的系统都有自己的 DAL 等级，且该系统中的硬件（称为部件 DAL）通常具有与系统相同的安全性等级（称为功能 DAL）。

　　DO-254 有基于该硬件 DAL 的特定目标。从 A 级到 E 级共有 5 个与机载航空电子系统相关的 DAL 等级，其中 A 级是最严格的。对于 DO-178C 之下的软件，不同等级之间的差异要大于 DO-254 涉及的电子硬件，每个软件的 DAL 目标明显不同，DAL D 有 26 个目标而 DAL A 有 71 个目标。因 DO-254进行了一些简化，所以 A 和 B 级对每行硬件逻辑相关的工程过程所采用标准的严格程度基本相同；C 和 D 级则并没有那么严格，更关注于硬件的黑盒测试，缺乏对硬件逻辑开发和测试的考虑。E 级不需要 DO-254 下的额外的硬件设计认证。应用于硬件计划、开发和正确性的严格程度与其 DAL 直接相关，通常称为"安全性等级"。从 E 级到最严格的 A 级，注意与 DO-178C 的相似性。

　　每个研制保证等级的工程"独立性"（注意：质量/过程保证必须始终是独立的）

　　"独立性"涉及综合过程，如图 7-4 所示。

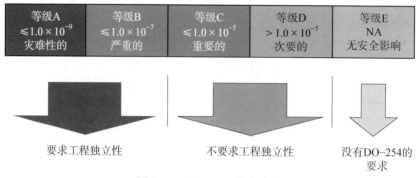

等级A ≤$1.0×10^{-9}$ 灾难性的	等级B ≤$1.0×10^{-7}$ 严重的	等级C ≤$1.0×10^{-5}$ 重要的	等级D >$1.0×10^{-5}$ 次要的	等级E NA 无安全影响

要求工程独立性　　　　　　不要求工程独立性　　　没有DO-254的要求

图 7-4　DO-254 综合过程

正确性:验证、确认和过程保证。这些综合过程必须由开发工程师之外的人员参与,而这些人员也使用不同的方法来开展他们的工作。例如,验证包括评审、测试和分析。

如前所述,DAL 极大地影响了应用 DO-254 进行研制过程保证的严格性。表 7-1 总结了 DO-254 的 DAL 之间的关键区别。

表 7-1　DO-254 的关键 DAL 指标的差异

DO-254 指标	A 级	B 级	C 级	D 级
独立级别	是	是	否	否
硬件需求的必要性	是	是	是	是
概要设计的必要性	是	是	否	否
详细设计的必要性	是	是	也许	也许
引脚级别覆盖范围	是	是	是	否
语句结构覆盖范围	是	是	否	否
决策/条件的结构性覆盖范围	是	是	否	否
MCDC 结构覆盖范围	可选(FAA 建议)	否	否	否
超前分析法	是	是	否	否
配置管理	紧的	紧的	中等	低的
硬件存档和硬件评审	是	是	低	否
需求与目标设备相关联	是	是	是	是
架构和算法验证	是	是	是	否
逻辑/模型评审	是	是	是	否
PA 转换标准	是	是	是	否

同样,硬件的 DAL 通常与系统的 DAL 相同,但并不总是相同。这是为什

么呢？系统包含执行其功能所必需的硬件，而该硬件被认为与系统对飞行安全直接相关。然而，这一原则并不总是适用的。例如，本书的作者参与了一个DO - 254 项目，其中系统是 DAL B，软件是 DAL B 和 DAL D，但 FPGA 是DAL C。在这里，FPGA 仅仅被用来做数据包转换。这些数据包通过软件在上下游进行检查。这就是规则的有趣之所在：对于每一个规则，都可以找到一个例外。

过程保证就像质量保证一样，其范围更大，包括对硬件供应商和生产转换过程的审查。

过程保证主要有 5 个主要活动，如图 7 - 5 所示。

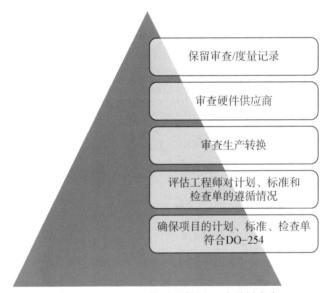

图 7 - 5　DO - 254 的过程保证：5 个关键角色

过程保证不同于软件质量保证，因为硬件过程保证必须审查硬件供应商，并确保后续的系统制造过程是文档化的、可重复和符合计划的。由于硬件的过程保证与软件的质量保证相比有这两个额外的角色，因此被称为"过程保证"。

DO - 254 的范围

DO - 254 适用于大多数的航空电子硬件，但是如前文所述，DO - 254 在近些年的解释和应用主要集中于复杂的电子硬件上。为什么？因为简单硬件是可以通过黑盒需求来定义的，而这些需求（以及所有简单功能）可以在黑盒系统级别进行测试，就像 ARP4754A 已经要求的做法那样。对于简单硬件，DO - 254

规定的详细计划、详细设计和低级验证活动产生了很多额外成本,却仅仅带来了一点附加价值,因此通常不需要对简单硬件采用 DO-254 来表明符合性,除非特定的适航审定当局认为在特定情况下有必要,例如 ARP4754A 不适用的情况下。因此,图 7-6 描述了 DO-254 最常见的应用场景,也说明了 DO-178C 的适用范围。

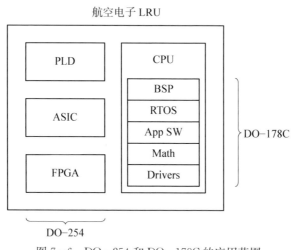

图 7-6　DO-254 和 DO-178C 的应用范围

DO-254 的计划过程

聪明的人知道"计划了什么,完成了什么"。聪明的审定机构人员知道"完整的计划可以更彻底地评估"。因此,DO-254 需要一个详细的计划过程,包括 5 个计划和 4 个标准,如图 7-7 所示,再加上 4 个标准:硬件需求标准、设计标准、存档标准、验证和确认标准。

1. PHAC	2. HPAP	3. HCMP	4. HDP	5. HVVP

图 7-7　DO-254 的 5 个计划

PHAC

硬件合格审定计划(PHAC)是航空电子硬件系统的基础计划文件。PHAC 概述了航空电子系统的硬件、DAL 方面的安全性标准以及计划中的认证活动,如图 7-8 所示。

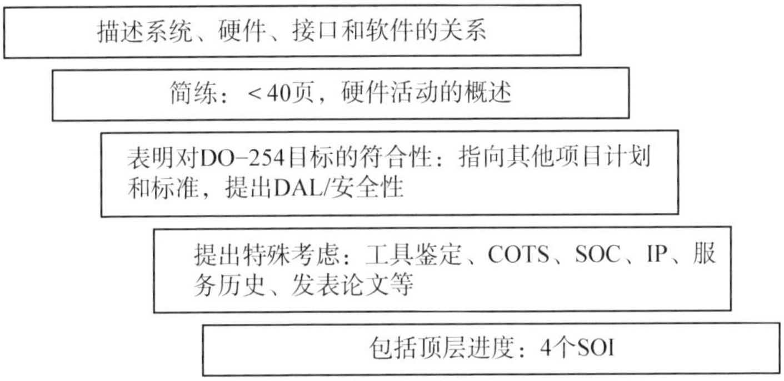

描述系统、硬件、接口和软件的关系

简练：<40页，硬件活动的概述

表明对DO-254目标的符合性：指向其他项目计划和标准，提出DAL/安全性

提出特殊考虑：工具鉴定、COTS、SOC、IP、服务历史、发表论文等

包括顶层进度：4个SOI

图 7 - 8　硬件合格审定计划

HPAP

硬件过程保证计划(HPAP)描述了与计划、审查、阶段转换准则和符合性评审相关的计划过程保证活动。请注意，DO - 178C 具有"质量保证"(QA)，而DO - 254 则将该活动称为"过程保证"(PA)。主要的 PA 活动如图 7 - 9 所示。

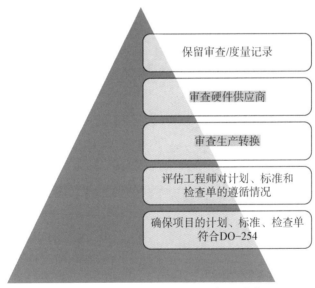

保留审查/度量记录

审查硬件供应商

审查生产转换

评估工程师对计划、标准和检查单的遵循情况

确保项目的计划、标准、检查单符合DO-254

图 7 - 9　DO - 254 的主要过程保证活动

DO - 254 主要过程保证活动

请注意，图 7 - 9 中的两个活动用阴影突出显示，它们是硬件 PA 过程所特有的，而在 DO - 178C 的 QA 过程中并没有正式要求。HPAP 的主要内容总结如图 7 - 10 所示。

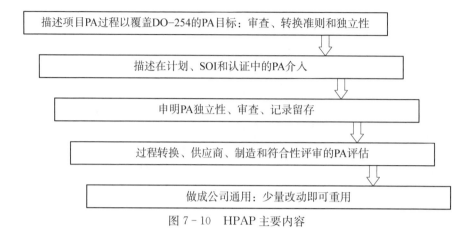

图 7 - 10　HPAP 主要内容

HCMP

硬件配置管理计划（HCMP）描述了配置管理活动的规划，以确保硬件研制的基线和变更管理活动提供了配置的复制/可重复性，如图 7 - 11 所示。

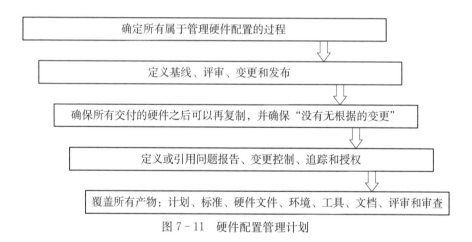

图 7 - 11　硬件配置管理计划

HDP

硬件开发计划（HDP）描述了硬件需求、概要设计、详细设计、实现和集成活动的规划，如图 7 - 12 所示。

HVVP

硬件确认与验证计划（HVVP）描述了适用于评估硬件的硬件需求确认和硬件验证（应用于需求、设计、实现和集成的评审、测试和分析）的规划。请记住：“确认”确保需求是完整和正确的，而“验证”则确保这些需求已经被实现。正式

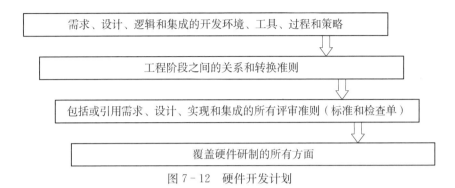

图 7 - 12　硬件开发计划

的验证和确认同样重要，但是作者的观点是确认更为重要。如果需求不正确、不完整，那么它们是否被验证就并不重要！请记住，HVVP 描述了如何对硬件的需求以及最终硬件产品进行验证的方法。硬件开发，特别是硅基的开发，需要大量的工具来设计、仿真、集成并制造芯片和电路板。在使用这些工具时的所有工作都必须被记录和验证。这在很大程度上方便了后续工程师的评估工作和在需要修改缺陷或增加新功能时来对硬件产品进行更改。硬件确认与验证计划描述了这些确认与验证活动，并总结为图 7 - 13 所示。

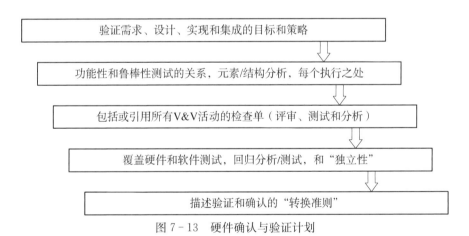

图 7 - 13　硬件确认与验证计划

标准

DO - 254 明智地不对特定的航空电子设备硬件开发标准做规定，因为没有万金油可以适用形式繁多的硬件。取而代之的是，DO - 254 要求硬件开发人员为 4 个关键的工程阶段定义详细的标准，然后评估后续对这些标准的遵守情况。该评估是通过使用保留的可配置的检查单来验证相关的硬件产物的方法开展

的,这些检查单识别了这些标准中包含的准则。4个关键的 DO-254 硬件工程阶段要求的标准如下:

(1) 硬件需求标准:为功能需求和派生需求的识别、分解和追溯提供标准。

(2) 硬件设计标准:提供记录硬件概要设计,以及包括所有内外部接口在内的详细设计的标准。

(3) 硬件验证和确认标准:为确认、评审、测试和分析硬件需求和实现提供技术、范围和准则。

(4) 硬件归档标准:提供了捕获和存储具有足够粒度的硬件产物的标准,以便于在将来能够复现所有此类产物。

理解 DO-254 的 4 个标准的应用的一个很好的方法是考虑 DO-254 本身既涵盖了硬件开发生命周期中更客观(可量化)的方面,又涵盖了某些更主观的方面,它们同样重要。这些主观领域包含了硬件需求、硬件设计、硬件归档和硬件验证和确认。由于每个航空电子项目必须对这些主观领域有自己的过程和评估标准,这 4 份跟项目相关的标准使每个项目在这些"主观"方面都具有执行依据。

虽然大多数航空指南都是独立的,但 DO-254 有其独特性。因为它最初的目的是解决系统所有非软件方面的问题,而且几乎不涉及复杂的硬件逻辑,后面不断增加大量的附件文档以适应不断发展的硬件体系。DO-254 的历史演变如表 7-2 所示。

表 7-2　DO-254 历史演变

文档	年份	基础	主　题
DO-178A	1985	DO-178	过程、测试、组件、4 个安全等级、评审——瀑布式方法
DO-178B	1992	DO-178A	集成、转换准则、多样化的开发方法、数据(而非文档)、工具
DO-254	2000—	DO-178B	将 DO-178B 型过程应用于硬件;没有明确的目标或标准,更主观或多样化,涵盖所有硬件
AC 20-152 CAST-27 EASA SWCEH A(M)C 20-152A	2005—2019	DO-254	对 DO-254 进行解释,要求类 DO-178C 过程,增加了对 HDL/VHDL 的关注,考虑硬件货架产品,在被 ARP4754A 类似过程覆盖时缩小范围,以避免对 LRU/电路-卡-组件等的重复要求

采用 DO - 254 的项目的一个常见问题是"硬件是否像 DO - 178C 软件那样既有高级需求也有低级需求?"总的来说是"不需要。硬件只有一个级别的需求,但有两个级别的设计:概要设计和详细设计"。然而,聪明的开发人员会注意到,在实现软件之前提供低级需求可减少软件缺陷数量。类似地,硬件逻辑开发人员同样需要确保他们的单一级别的硬件需求足够详细。

当将 DO - 254 应用于可编程逻辑器件时,另一个常见的问题是"DO - 254 是否需要类似于 DO - 178C 的软件代码审查的逻辑审查?"直接答案是"需要"。虽然 DO - 254 本身没有明确描述(由于 DO - 254 先于 HDL/VHDL 在芯片/FPGA 中的主流应用),但这些信息通过会议纪要发布文件和咨询通告(AC)添加到 DO - 254 生态系统中。图 7 - 14 描述了对硬件逻辑审查所需的输入和输出。注意从左到右的逻辑评审"转换",它们由工程师执行并由在硬件过程保证中进行审查。

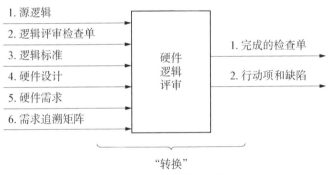

图 7 - 14　硬件逻辑审查所需的输入和输出

整个 DO - 254 的硬件研制过程如图 7 - 15 所示。

图 7 - 15　DO - 254 硬件研制过程

硬件确认和验证

如前章所述,DO - 178C 并不对软件进行确认,因为需要该软件所属的硬件/系统测试完成后才能确保确认所需要的"完整性"。虽然很容易混淆"确认"和"验证"两个术语,但它们完全不同。

(1) 验证:实现是否满足需求。

(2) 确认:需求是否正确?

那么对硬件的确认到底是什么呢? 它实际上非常类似于 ARP4754A 对飞机和系统需求的确认。硬件确认的主要方法在项目的硬件确认和验证计划中规定,并总结如下。

❖ 确认方法:

(1) 双向可追溯性。

(2) 分析。

(3) 建模仿真(请参见下一节)。

(4) 测试。

(5) 相似性。

(6) 工程评审。

(7) 可能需要以上多种方法的组合。

(8) 确认必须同时考虑预期的功能和非预期的功能。

由于硬件 DO‑254 具有参考软件 DO‑178C 的优势,DO‑178C 中的验证原则很大程度上适用于硬件验证过程:与 DO‑254 相关的所有产物的评审、硬件对需求的实现的测试和 DAL A/B 的逻辑覆盖分析,以及在前面的评审和测试组合不能完全确定时进行的附加分析。DO‑254 的测试、评审和分析的验证方案总结如表 7‑3 所示。

表 7‑3　DO‑254 的测试、评审和分析的验证方案

测试	评审	分析
● 基于硬件需求的测试 ● 逻辑测试(A/B)	● 需求 ● 概要和详细设计 ● 逻辑 ● 基于需求的测试结果 ● 低级测试结果评审(A/B)	● 可追溯性分析(A/B/C) ● 需求覆盖率分析(A/B/C) ● 低级测试覆盖率分析(A/B) ● 结构覆盖率范围(A/B) ● 通用系统分析(A/B/C) 　➢ 静态时序 　➢ 设备使用情况 　➢ 热功率 ● 引脚覆盖率分析(A/B/C)

硬件确认和验证计划应包括以下附加建议：

（1）具体指定要评审什么、什么时候评审、根据什么标准（参考检查单）和由谁评审。

（2）具体说明测试什么、何时测试、如何测试，以及由谁测试。

（3）若有，指定将执行的其他分析内容。

（4）指定目的和目标，而不是详细地说明"如何去做"。

（5）参考，但无须包含的标准和检查单。

（6）解决对派生需求的确认问题。

（7）描述不同形式的验证和环境。

（8）使它成为公司的通用要求：在其他项目上做微小变化即可重复使用。

软硬件的可追溯性

另一个典型的问题是关于可追溯性的："DO - 254 是否需要双向可追溯性？它是否类似于软件？"同样，回答为"是的"。图 7 - 16 总结了软硬件的可追溯性。

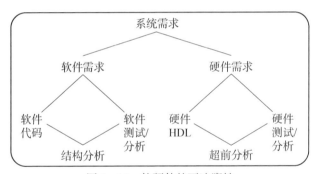

图 7 - 16　软硬件的可追溯性

软硬件的可追溯性

如图 7 - 16 所示，可追溯性总是双向的，包括系统级别的需求、软硬件需求（但不包括概要设计或架构设计）、测试和实现/逻辑。硬件概要设计和软件架构设计不需要明确包含可追溯性。然而，逻辑是一定要通过追溯与需求进行关联的；关键是这样的设计不能混淆可追溯性。

COTS 硬件和 IP 核

航空软件使用商用货架（COTS）软件通常要求完全符合 DO - 178C，而 COTS 硬件在航空中更为普遍，在可认证系统中更容易使用。相对于重新设计符合 DO - 254 的硬件按照 DO - 254 的要求设计硬件，比较普遍的适航当局策略:与其在新的硬件设计中引入新的错误,不如在已经表明了该硬件的良好工程管理之后保留经过验证的电子组件。良好的工程管理可以通过电子组件管理过程计划(ECMP)得以表明。图 7-17 总结了 ECMP 及其使用情况。

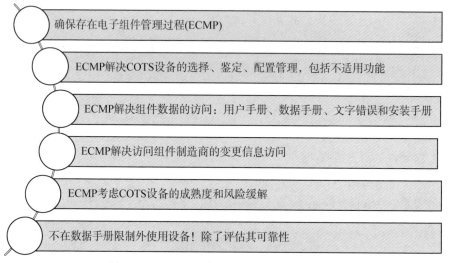

图 7-17　COTS 硬件 ECMP 总结和使用情况

另一个常见的 DO-254 问题涉及 IP 核:"DO-254 对 IP 核有特殊的规定吗,或者可以简单地使用任何 IP 核吗?"对于这个问题,没有一个简单的是或否的答案,因为在 20 世纪 90 年代后期编制 DO-254 时,IP 核在航空中基本不存在。然而,IP 核应用越来越广泛,并展示了许多优势,包括重用性、质量和上市时间,类似于软件库和实时操作系统(RTOS)。IP 核基本上分为硬核、软核和固核,如图 7-18 所示。

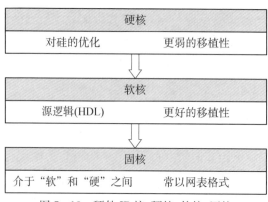

图 7-18　硬件 IP 核:硬核、软核、固核

虽然 COTS IP 核通常进行了现场调试,制造商对产品质量有既得利益,但它们仍然必须开展彻底的基于需求的测试,包括鲁棒性测试。对于 DAL A 和 B,需要制造商提供额外的支持,以确保采用了可证明的内部开发和配置管理过程。

其中,软件开发的发展包括基于模型的开发和面向对象的技术(在本书的后续章节中涉及的主题)。基于高级语言、编译器和链接器开发的基础软件使用起来相当稳定,几乎不需要进行变更,但在航空领域发展非常迅猛的硬件就不是这样了。本书的前几章阐述了关于软件认证方法和过程从 DO‐178 到 DO‐178C 的相当小的变化。显然,DO‐254 可以从更频繁的更新中获益,哪怕只有一次更新,但这样的更新从未发生过。相反,基于 DO‐254 的硬件认证的"应用"通过更频繁的发布备忘录或者咨询通告进行了改变,如在 AC 20‐152、CAST‐27、EASA CM‐SWCEH‐001 和 AMC 20‐152A 对 DO‐254 的应用范围进行了修改,后者于 2019 年起草,并于 2020 年获得批准。这些后续辅助文件和 AMC 20‐152A 的关键关系如图 7‐19 所示。

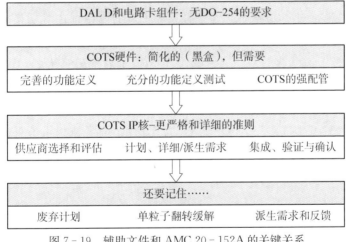

图 7‐19　辅助文件和 AMC 20‐152A 的关键关系

第8章 航空系统、软硬件的需求

好需求是好产品的基础,编写精准的需求是获得优质产品的唯一途径。在航空航天(或航空学)中,需求对产品的各个方面都是至关重要的:硬件、软件、系统、安全和安保。但是,如何"定义"好的需求呢? 航空航天(或航空电子设备)的需求标准应该包含什么内容? 不完备的、合适的、好的以及最终很棒的需求的例子是怎样的? 机载和地面系统的需求或软硬件的需求之间是否存在差异? 航空航天生命至上的原则要求我们必须获得这些问题的答案。

首先,请考虑以下航空需求"测验"。你知道答案吗? 如果你正在开发航空系统,那么你就必须知道答案。这些答案和更多的内容将在本章及下面的章节中进行说明。

(1) T/F[①]:在大多数航空项目中,大多数需求都与安全有关。

(2) T/F:航空需求的开发必须遵循瀑布模式。

(3) T/F:评估航空需求的最佳方法是通过执行测试。

(4) T/F:ARP47XX 和 DO - XXX 为开发和评估需求提供了明确的指导。

(5) T/F:大多数航空电子设备的缺陷是由软件缺陷或制造缺陷导致的。

(6) T/F:当使用基于模型的开发时,需求必须是文本化的,且必须是在模型之外的。

当询问合格审定机构"机载航空电子系统的需求、硬件的需求、软件的需求或地面系统的需求哪一个更重要?"时,事实上,合格审定机构给出的最全面和最有可能的答案是"都重要"。任何其他的答案都可能导致提问者错误地认为他们应该优先考虑其中一个选项而不是另一个。正如许多安全关键发展专家(以及作者的各种书籍和论文)总结的,需求是航空业发展的基础。世界范围内的安全关键专家一致指出,造成安全相关缺陷的首要原因可以追溯到不完备的需求。这种

---

① T/F 即对错题。

不完备的需求意味着要依赖于假设,而不同的工程师会做出不同的假设。如果这些假设不同,就意味着它们之中至少有一个是错误的,或者全部都是错误的。

　　然而,合格审定机构所依赖的所有航空指南对于最佳的需求开发的方法论都是模糊的。虽然许多人错误地认为这是这些指南的一个缺点,但事实上原因有 3 个方面。

　　(1) 航空系统在功能、安全等级和所选择的开发方法上差异很大。因此,一份单一的需求编写指南难以覆盖所有的情况。

　　(2) 需求开发依赖于每个航空项目的必要而详细的需求标准。该标准详细说明了适合该项目具体的需求开发方法和评估这些需求的标准。

　　(3) 有才能的初创设计师相比普通的工程师,更少地依赖详细的需求。然而,大量的航空系统并不是"原始的",而是对先前系统的持续升级和变更。因此,修改不是由初创者进行的,而是由背景知识较少的工程师进行的。这些航空系统的验证者、审核者和合格审定者不具有初创者那样的产品专业知识。因此,所有这些非初创者都强烈依赖于需求来理解和评估航空产品。

　　一个关于 V&V 的对话

　　想象一下,一个非常典型的航空工程师和一个非工程师之间的对话,如表 8-1 所示。

表 8-1　V&V 对话

对象	内　　容
非工程师	你今天做了什么?
工程师	我做了 V&V。
非工程师	什么是 V&V?
工程师	验证和确认,或者也可以是确认与验证。
非工程师	你是做了测试,还是做了校验?
工程师	是的,我做了 V&V。
非工程师	但你是做了确认,还是做了验证?
工程师	嗯,没人知道有什么区别,这就是为什么我们叫它 V&V!
非工程师	工程师很奇怪……
工程师	是的。

V&V 实际上很容易理解。

　　(1) 验证(verification):实现是否满足需求?

　　(2) 确认(validation):需求正确吗?

　　现在,询问合格审定机构确认与验证哪一个更重要,"标准"的答案又是"都重要",因为验证不应该比确认更重要,反之亦然。然而,问一个真正有经验的航空工程师,哪一个更重要,唯一的好答案应该是:"确认,如果需求不好,验证工作做得再好也无济于事!"这是完全正确的,然而什么是"好的需求"呢? 对需求进行确认可确保其正确且完整。对于航空软件,确认是在系统级的硬件上执行,而软件需求是通过评审进行技术确认的(注意,基于 DO‑331 的建模方法可以从客户到系统,再到软硬件的多个层级为需求提供可见性和确认的辅助)。对硬件和系统的需求确认包含评审、仿真、建模、双向可追溯性、分析以及任何其他必要技术的组合,以确保完整性和正确性。

　　随着航空系统复杂性的不断增加,单一级别的需求是不够的。也许早期的航空系统采用单一级别的需求就已经足够,但不断增加的复杂性和规模更大的工程团队意味着更有可能出现错误的假设。请记住前面的几章:航空系统/软硬件缺陷的首要原因是"假设"。最小化假设的最佳方法是改进需求。因此,航空系统有多个层次的需求。

　　图 8‑1 中每一个级别的需求可按照由上往下的顺序持续增加表征的颗粒度。在整个过程中,分解或派生出的额外的安全需求需要进一步阐明其在系统、软硬件方面的必要性。当系统特别复杂时,上述任何一类级别的需求都可以进一步细分为两个或两个以上级别的需求。最终的结果是得到质量更高的多层级需求。使用多层级的需求表述方式,需求间的关系更容易理解,需求也能被更好

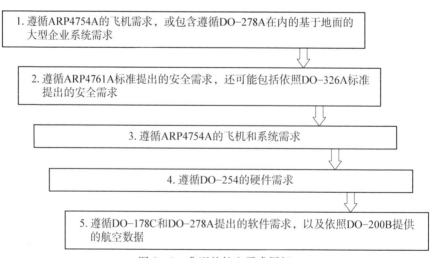

图 8‑1　典型的航空需求层级

地确认和验证。航空需求的开发需要对需求依次进行更详细的分解,并在每个细化的阶段进行需求评审。对于与危险或灾难性故障影响相关的高保证级别需求,需求的确认与验证必须是独立进行的,例如,需求开发人员以外的人员或团队。

由于软件功能复杂性的增加或软件规模越来越大,绝大多数人只能理解一小部分软硬件的逻辑。因此,涉及机载航空电子设备(DO-178C)和基于地面/卫星的通信导航系统/空中交通管理(CNS/ATM, DO-278A)的软件需要默认使用两个需求级别:高级需求(HLR)和低级需求(LLR);遵循 DO-254 的优秀的硬件开发人员通常会应用两个或两个以上级别的需求作为"最佳实践",即使DO-254 中并没有正式要求。

系统需求必须包含完整的诸如安全需求等方面的系统级(黑箱)功能。然后再将系统需求分解并分配到硬件、软件或两者中。软件 HLR 描述软件在软硬件接口级别上做了什么;HLR 不应该涉及软件函数/模块级的细节,这些细节应通过 LLR 指定。需要注意的是,一个"最佳实践"是将这些软硬件接口(HIS)包含在一个单独的 HIS 文档中。采用两个层级来描述需求(HLR 及 LLR)对于开发者而言是很重要的:虽然简单的软件功能可以通过单一层级的需求来充分描述,但航空电子软件是复杂的,而且会变得越来越复杂。因此,当在两个或多个细分的软件生命周期阶段中对需求规格说明书进行开发时,对于需求的描述、实现和验证会更可靠。图 4-18 描述了航空需求的生态系统。请注意,"派生"需求必须包括在内,因为它对于安全因素(差异性、健康监测等)和补充需求是必不可少的。"派生"需求可以确保所有功能是基于需求的,且可以被完整地追溯和验证。这些派生需求不一定可以追溯到父需求,因此需要对安全性进行额外的独立评审。

在早期版本的指南中,如 DO-278 和 DO-178B,与 HLR 和 LLR 需求相关的正式目标特别模糊;没有明确地要求强制"改进需求"。DO-178C 和 DO-278A 则强制要求 LLR 需求必须非常详细地描述逻辑分支层面的需求,当结构覆盖分析表明由于不完备的 LLR 需求导致存在未被覆盖的代码结构时,必须强制进行需求的改进(通常是改进 LLR 的描述)。因此,传统系统,尤其是基于地面的CNS/ATM 系统的作者和雇员普遍发现,其系统中往往包含不完备的 LLR 需求。

需求术语

航空需求有一个独特的分类法,与非航空工业的需求分类略有不同。最主要的航空需求术语和应用的复杂性如图 8-2 所示。

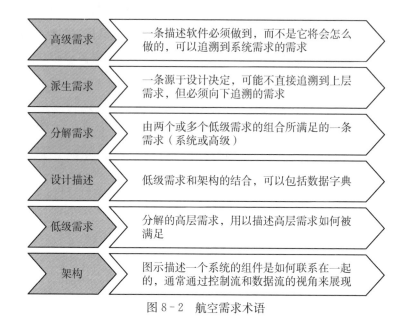

图8-2 航空需求术语

再次通过图8-3强调软件需求阶段与设计之间的关系。

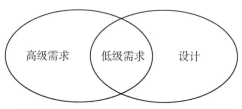

图8-3 软件需求阶段与设计之间的关系

什么是低级需求？

回答：高级需求与设计的重叠部分为低级需求。

航空指南没有提供组成需求的方案，也没有定义HLR和LLR之间，或LLR和设计之间的明确界限。相反，每个项目有必要通过一份正式的需求标准来提供这样一个可验证的"方案"，从而对需求进行评估。但是，最佳实践是在设计之前首先完全定义需求（高级和适当的低级）。无论如何，设计必须考虑所有相关的需求，包括高级和低级。请记住：所有需求都会被测试，但设计不会被测试，而是通过文档记录和评审。由于所有需求，无论是高级或低级需求，都要经过测试，因此高级需求和低级需求之间的明确界限不那么重要。如果你已经将高级需求完全分解为低级需求,并且完全测试了低级需求,那么你还需要测试高级需求吗? 答案是"是的,因为高级和低级需求都是测试评审过程的输入,所以在评审测试相关过程产物时必须同时考虑高级和低级需求。"在现实生活中,不存在完美的需求,测试用例应该在设计和实现软件之前进行开发,以便在需求评审过程中考虑所编写的测试用例,进而促成对需求的改进。

高级需求

HLR 开发遵循系统需求定义,但先于 LLR 开发;在开发相关 LLR 之前,必须对 HLR 进行正式评审(见图 8-4)。图 8-4 解释了对于可能会对飞机安全与安保造成潜在影响的航空系统的软硬件适航审定活动而言,HLR 为何如此关键。

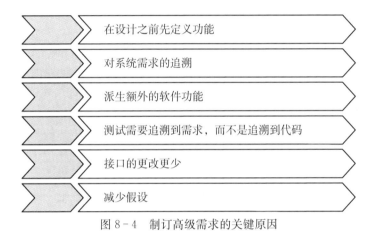

图 8-4　制订高级需求的关键原因

HLR 是系统需求和 LLR 之间的"桥梁"。好的 HLR 应该解决和阐明以下软件要素,如高级需求应立足于图 8-5 所示内容。

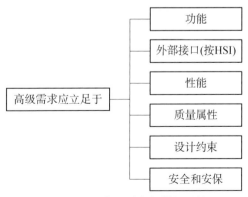

图 8-5　由高级需求提供的属性

通过系统需求或系统架构的分析(或分解)确定的 HLR(和下面的 LLR),因为这种直接的系统关系被称为"非派生"。来自系统级安全相关需求的 HLR通常称为非派生的,这些分解自安全相关系统级需求的 HLR,既有可能是派生需求,也有可能是非派生需求,因为 HLR 继承了"安全"属性,因此必须反馈到安全过程这是"派生"和"安全"需求存在的真实原因(ARP4754A 和 DO-178C,而不是 DO-178B):所有这些被赋予"安全"属性的需求都必须由安全部门独立评审(也必须被软件质量保证过程审计和系统保证过程审计)。来源于安全性评估(而不是安全需求的分析)的 HLR 总是"派生"的需求(没有父级需求),并且还必须为其赋予"安全"属性。

低级需求

LLR 遵循 HLR 的需求定义,并在设计之前或伴随设计开发;在开发相关逻辑之前,必须对 LLR 文件进行正式评审。图 8-6 总结了对于可能会对飞机安全与安保造成潜在影响的航空系统的软硬件适航审定活动而言,LLR 为何如此关键的原因。

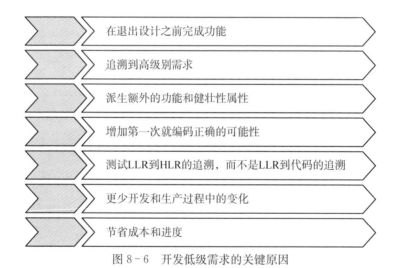

在退出设计之前完成功能

追溯到高级别需求

派生额外的功能和健壮性属性

增加第一次就编码正确的可能性

测试LLR到HLR的追溯,而不是LLR到代码的追溯

更少开发和生产过程中的变化

节省成本和进度

图 8-6　开发低级需求的关键原因

LLR 是 HLR 的需求和设计/实现之间的"桥梁"。好的 LLR 应说明图 8-7中的软件要素。

航空业:修复需求还是修复产品?

航空需求的一个关键是早期确认。确认会评估需求的正确性和完整性。由于确认需要考虑硬件,因此对需求的确认需要包括对系统和硬件的考量。所有

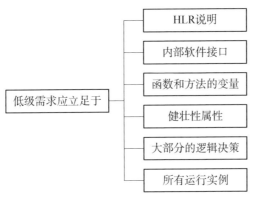

图 8-7 由低级需求提供的属性

需求必须经过验证,验证包括正式评审和测试;如果测试不能下结论,可能还需要额外的分析。显然,最好是在软硬件实现之前改进需求,因为缺陷预防比缺陷纠正更具成本效益。此外,验证提出了这样一个问题:软硬件的实现是否满足需求?所有需求必须经过正式评审,其中"正式"指使用了持续记录的评审标准和缺陷修正并保留了相应记录。例如,一个航空软件或硬件需求评审将会有这样的输入和输出。

如图 8-8 所述,正式需求评审有 5 个输入,所有 5 个输入都必须处于配置管控下,并证明可用于执行实际的评审。正式需求评审的这 5 个输入(包括适用的派生需求)构成了进入准则,而完成的需求评审检查单和行动项目/缺陷记录构成了退出准则。从进入到退出活动的过程构成了一个"转换"。需求验证者执行"转换",质量保证审核"转换"。对评审来说,评审人的数量并不重要(事实上,

需求评审的输入和输出是什么?

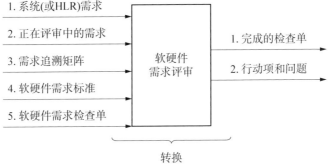

图 8-8 需求评审的输入和输出

作者的经验认为最好的评审是使用较少但更有经验的评审人完成;研制复杂系统的团队规模的产出质量通常与生产力成反比)。需求评审的关键是应用相应的标准和检查单。典型的高质量的安全关键要求标准很详细,达 20 多页;高质量需求评审检查单也同样详细,达 6～8 页或更多。这与非安全关键型产品形成了鲜明的对比,非安全关键型产品往往缺乏需求标准和检查单,或者,即使有需求标准和检查单,也都很轻量。

在早期的航空指南中,需求的必要性和质量得到了承认,但执行力度较小。如今的指南要求不断地细化需求,因此,缺陷和逻辑测试覆盖不全的问题都需要通过提高需求清晰度来改进。DO‐178C 和 DO‐278A 更进了一步,要求测试基于需求确保对软件代码的覆盖(结构覆盖)。这意味着 LLR 必须非常详细,并提供足够的细节用于逻辑决策的代码评审。

派生需求:英语和"航空英语"

多年前,作者为他的 100 多名国际航空工程师员工举办了一次节日派对。他的妻子注意到,工程师说的是一种独特的融合英语,该语言深受航空术语的影响,其中很多术语她都无法理解。他们推测,即使是母语为英语的工程师在工作中也不会说英语,而是"航空英语"(avilish),这成了该公司"航空英语"的行话。在 avilish 中,普通的英语术语具有完全不同的含义。也许航空英语最重要的变化是"派生需求"一词的使用。现在,在普通的英语甚至美式英语中,"派生"的意思是"源自"。例如,"人类的 DNA 源自它的父母",以及"一个最佳的旅行路线可以从查找一张地图中得到"。对于普通英语来说,它的含义就足够了。

在航空领域,术语"派生需求"被定义为"源自安全性评估过程或工程决策的,用于描述特定功能或与任何父需求无关的功能的需求,以填补无法从父需求分解而带来的'功能差距'。"安全关键系统几乎总是包含与安全直接相关的方面或可以间接地提高安全的方面,如冗余、机内测试、健康监测等方面。所有这些与安全性相关的功能可能缺乏描述这些特定安全方面的父需求。一个简单的类比是你的办公楼:你的办公室有烟雾探测器、洒水系统和一个辅助门;这些物品确实会发挥它们各自的功能,它们与安全有关,但使用办公室不需要这些功能。烟雾探测器、自动喷水灭火系统和辅助门可能永远不会被使用;但就像车里有安全带和安全气囊的需求(也是安全需求),它们来自安全评估或是为了满足特定的安全需求,因此被称为航空中的"派生"。因此,在航空业中,这些方面被认为是通过根据上述定义的派生需求来指定的。航空派生需求方面的示例如下:

（1）安全需求，如为复位、停用或切换的健康监测。

（2）系统采样率。

（3）冗余。

（4）故障记录和报告。

（5）架构选择，三重监控还是双监控。

（6）看门狗计时器频率。

（7）非相似。

（8）软硬件输入和输出的定义。

现在，你可以通过简单地添加父需求来提供上述所有"功能需求"。但是，由于安全性相关的需求必须被证明已经反馈到安全性过程中进行正式的（及文档化的）安全性评审，因此将安全性需求指定为功能需求可能会绕过必要的安全评审，所以不要那样做。相反，就像我们称小马为小马驹，而不是马，并给予它适当的养育一样，应给予"派生（安全）需求"应有的评审。

需求＝"做什么"，设计＝"如何做"

每个人都知道，或者应该知道，需求描述了将被实现的可测量的功能是什么，而设计描述了该功能如何实现。但是，考虑设计者和实现者：设计者通过原型来改进他们的设计，而原型就是实现。当实现者更改实现时，他们通常会改变设计。这其中存在二分法：需求和设计之间的界限确实是模糊的，而这种模糊意味着假设的主观性的存在。在航空领域尤其如此：怎样的需求是系统需求，怎样的需求是软硬件需求，怎样的需求是设计决策？

就航空软件而言，无论是机载还是地面软件，相关的合格审定指南 DO－178C 和 DO－278A 都分别要求高级需求在软件设计之前开发。高级需求应始终不包含设计细节。然而，低级需求被认为是软件设计的一部分，其中包括架构和低级需求。整个航空软件工程阶段的进程如图 8－9 所示。

编写好的需求和需求标准

你观察过职业台球运动员吗？对一个不经意的观察者来说，他们似乎很熟练，但通常也很幸运。他们不仅很少击不中球，而且母球会停在完美的位置为下一击做准备。优秀的业余选手会击球，而职业选手实际上会提前计划几次的击球来取得全胜。这就是专业人士和业余爱好者之间的区别。在航空领域，很少涉及运气，除非当你第二天读到关于坠机事故的消息那是坏运气。大多数航空事故不是由飞行员引起的，而是由飞行员没有能力缓解飞机故障而导致的。然而，这是一个单独讨论的主题。就像专业人士会提前计划几步一样，航空工程师

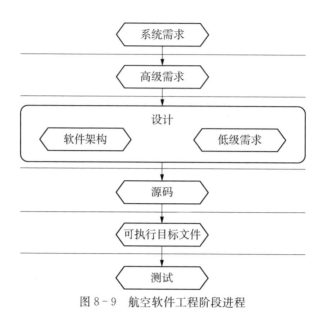

图8-9　航空软件工程阶段进程

　　在开发需求时也必须这样做。航空需求应基于所期望的最终结果。与其一个接一个地思考文本需求(就像业余台球一样),专业人员应该设想最终阶段,例如,怎样才能构成一个成功的航空系统及其所有的交互功能。

　　航空指南提供的关于如何开发需求的宝贵信息很少,因为这种发展技术是非常主观的,因此难以评估。例如,DO-178C指南(机载软件)和DO-278A指南(基于地面/卫星的通信、导航和航空交通管理系统及软件—CNS/ATM)引用了"目标",包括评估需求的目标。它们被称为目标,原因很简单,即评估目标的标准可以被明确地应用。但是,良好的需求也有主观的标准,这些标准没有强制,甚至没有在航空指南中论述。这是主观的,因此不能由指南内的普遍目标进行评估。那么,航空合格审定机构如何确保项目实施过程中包含了这些主观需求评估标准呢? 很简单:这是DO-178C、DO-254和DO-278A的强制项目中必须包含需求标准的目的(强烈推荐使用ARP4754A)。航空指南要求开发人员为更高的保证级别的软硬件创建一个强制性的需求标准,并在项目中强制执行,例如那些可能导致伤害或更严重的故障的系统。

　　现在,回到最终阶段:开发成功的航空系统。虽然航空合格审定指南不要求任何特定的方法论或方法来开发需求,但开发人员需要证明需求的可适航性。因此,航空合格审定指南"要求"在开发需求之前必须展示图8-10中的产物。

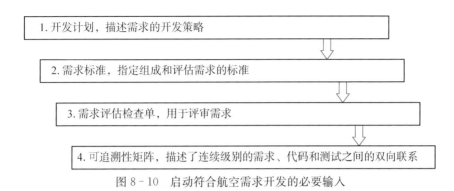

图 8 - 10　启动符合航空需求开发的必要输入

上述 4 个航空需求开发过程的输入需要在开始需求开发之前确定,随后项目团队使用所有 4 个输入对所开发的需求进行评估,以确保所开发的需求遵循是 DO - 178C、DO - 254 和 DO - 278A 等符合指南的过程。在需求开发的"游戏"中,业余人士和专业人士有何区别? 主要在效率、准确性和质量方面。

(1) 效率:尽早阐明需求,并尽量减少迭代次数。

(2) 准确性:确保需求正确、完整。

(3) 质量:确保需求符合所有转换(输入)标准,并保留审核和审核记录。

为了实现需求开发的效率、准确性和质量,有必要像专业人员一样思考,并首先考虑最后阶段。对于业余爱好者来说,航空需求的目标是通过满足客户的需求来满足客户的期望。对于专业人士来说,成功的航空系统的最终阶段或"目标"包含更多:遵守所有合格审定指南,满足安全和功能需求包括客户的需求,与其他系统清晰地交互,并促进可重用性。换句话说,专业需求开发人员需要提前计划几个步骤,并且考虑的不仅仅是满足客户需求。那么,专业的航空需求的属性是什么呢? 图 8 - 11 给出总结。请注意,应尽一切努力促进现有技术的可重用性——航空已经很复杂,不需要更复杂。

不完备的需求

不完备的需求到处都是,但通常不能把原因归结为工程师能力不足或缺乏知识。相反,不完备的需求通常是截然不同的状况的结果:聪明的工程师认为对他们或其他同样聪明的人来说,需求是额外的,或者是他们自己和经理/客户之间低效表达的产物。问题就在这里:事实是,其他工程师为了验证或未来的更改,需要去理解需求,但需求所描述的功能肯定没有包含初始的创建者或实现者所拥有的知识。如果系统相对较小,或者仅仅由异常杰出的工程师来设计(想想

图 8 - 11　良好的航空需求的属性

美国宇航局和早期的太空计划），那么坦率地说，航空需求就不那么重要了。随着系统变得越来越大和越来越复杂，需要更多的工程师，这将使平均技能水平更接近"平均"的定义。这些工程师所实现的系统受不完备的需求的影响最大。说实话，绝大多数的航空发展是建立在对先前飞机和系统的演进之上的；建造全新的飞机或系统是相当罕见的，因此很少有飞机和系统的初始开发者会完全参与派生品的研发，所以不完备的需求会缺失需求初次编写人所拥有的必要知识。

请看如下一条明显很不完备的需求：

作为目标，系统应计算出有足够精度的航向、高度和全球位置。

显然，上面这条需求是不完备的。但是，如果我们逐字检查这个需求，我们会意识到它实际上非常不完备。

（1）"系统"：不充分的。哪个系统？什么版本和配置？

（2）"作为目标"：不充分的。一个目标不是需求的，也不能被评估。

（3）计算：不充分的。如何计算？什么算法？什么时候进行计算？多久计算一次？

（4）"飞机航向"：不充分的。真正的航向还是磁场方向的？精度是多少？

（5）"海拔"：不充分的。是高于海平面还是地形？单位是英尺还是米？颗粒度是多少？

（6）"全球位置"：不充分的。经纬度还是地理坐标系？颗粒度是多少？

（7）"有足够精度"：不充分的。完全是不可忍受的不清晰。

事实上，在上述的需求中只有一个"好"的词：是"应"这个词。保留它，然后修复其他的东西。

需求、目标和主观愿望

安全关键系统的一个常见问题是把系统目标的描述作为需求。目标，就像新年计划一样，都是很棒的想法，每个人都会从中受益。然而，目标不能被客观地评估和保证。以下是经常以需求形式表述的常见的航空目标：

（1）飞机必须是安全的。

（2）严重的事故不能发生。

（3）乘客和机组人员绝不能死亡或受伤。

以上都是真正伟大的目标，但它们并不是需求。在需求中经常看到的另一个问题是通过主观愿望来表达它们。从书写文字开始，人类就把他们的主观愿望注入他们的交流中。距离（"远""短"）、尺寸（"大""小"）和温度（"热""冷"）都是在早期人类语言中有记录的短语。但它们到底是什么意思呢？读者可以想象一个普遍的想法，但这个想法一点儿都不能被谨慎验证。考虑以下主观词汇：

（1）立即。

（2）响应。

（3）短的。

（4）同时的。

（5）模块化。

（6）名义上的。

上述词语通常出现在安全关键需求中，但应该用客观的术语代替。以下需求取自作者在担任世界上最大的航空合格审定服务公司的联合创始人及首席执行官期间收到的航空需求规范；它们不是客观的需求，事实上，它们几乎甚至是很不清晰的目标。

（1）该软件应非常健壮。

（2）硬件在压力下应温和地耗损。

（3）该软件应按照现代编程实践进行开发。

（4）该系统应在所有的操作模式下提供必要的处理程序。

（5）应尽量减少计算机内存的利用率，以适应未来的增长。

（6）软硬件应易于使用。

显然，开发伟大的关于系统功能和性能的需求需要独特地结合科学、艺术、技能、实践和知识（除非是对你的未婚妻，否则不要承诺能够捧星摘月）。然而，它也需要良好的计划、标准、检查单和方法论。航空指南并不要求以下最佳实践

（见图 8-12），因为它们不能进行主观评估，但它们应该体现在需求工程生命周期中。

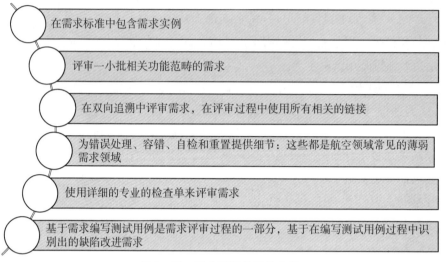

在需求标准中包含需求实例

评审一小批相关功能范畴的需求

在双向追溯中评审需求，在评审过程中使用所有相关的链接

为错误处理、容错、自检和重置提供细节：这些都是航空领域常见的薄弱需求领域

使用详细的专业的检查单来评审需求

基于需求编写测试用例是需求评审过程的一部分，基于在编写测试用例过程中识别出的缺陷改进需求

图 8-12　需求开发的最佳实践

　　虽然上述最佳实践不强制，但如果不考虑以上实践的内容，能够开发出良好的需求纯粹是靠运气。业余爱好者希望好运气，专业人士的成功靠计划。我们都可以很专业。

第 9 章　DO‑200B 航空数据

DO‑200B,"航空数据处理标准"是现代航空领域的基石。虽然 DO‑178 和 DO‑278 更加广为人知,但 DO‑200B 是所有现代飞机直接或间接依赖的基础。为什么这么说呢? 因为 DO‑200B 规定了应当如何准备、更新、使用和维护那些飞机安全运行所需的数据。DO‑178 和 DO‑278 的标题中称其为"考虑事项"(considerations)而不是"标准"(standard),即明确指出并强调两者"指导意见"的地位;与之相反,DO‑200B 如其标题所述实际上是一个最低标准。

试着判断以下说法是否正确,答案和解释将在后文提供。

(1) T/F:DO‑200B 适用于地形数据、导航数据和发动机数据。

(2) T/F:DO‑200B 对 DO‑200A 做了大量重写。

(3) T/F:DO‑200B 的三个基本过程是数据质量需求、数据处理需求和质量管理。

(4) T/F:供应商主要负责确保数据使用的完整性。

(5) T/F:第 1 类接受函(type 1 letter of acceptance)要求在指定的航空电子设备终端上进行测试。

(6) T/F:所有数据处理工具需要取得一类数据处理授权。

如果以上的问题对你来说真的很容易,那么恭喜你已经拥有真正的专业知识。如果对你来说它们只是看起来简单,那么下面这一章的信息就是为你准备的。事实上,在不理解 DO‑200B 中整体数据链①和质量保证各角色作用的情况下回答上面的问题,就像在不理解微积分的情况下去理解傅里叶变换一样:对于一般人来说是不可能的。

简而言之,DO‑200B 为航空业在以下方面提供了指导:

---

① 后文中的"数据链"指由数据各使用方构成的完整链条,如用户 A 接收数据‑使用数据‑分发数据‑用户 B 接收数据……用户 C……

(1) 处理航空数据的最低标准和指南。

(2) "航空数据"——用于导航、飞行计划、地形感知、飞行模拟器等的数据。

(3) 开发、更改和支持航空数据的准则。

(4) 最终为用户提供数据质量的保证。

航空的定义

首先,术语"航空"(aeronautical)的含义是什么?"航空"不仅仅适用于飞机、空中交通管制、飞行员培训和导航这几方面。"航空"一词被选中是因为它是"航空器"的超集。DO-178 和 DO-254 适用于机载软件,而 DO-200B 适用于也许永远不会出现在飞机上但可能以其他方式影响航空安全的数据。这包括飞机操作、模拟、培训、规划等。因此才有了"航空"一词。

DO-200B 的简要概述如图 9-1 所示。

图 9-1 DO-200B 简介

最低标准

DO-200B 是对 DO-200A 进行了适度的升级,增加了对广义航空数据(200A 在某种程度上更关注"导航"领域)、数据安全性、航空数据链的关注,考虑了工具鉴定和 DO-330 适用范围的扩张,并扩充了定义及说明。DO-200B 提供了一种"最低"标准。用户被鼓励而且通常必须做更多的工作,而非仅仅满足 DO-200B 中提供的"最低"指导。

航空数据可以有很多不同的形式,而未来的航空肯定还会引入更多今天无法预期的数据形式。因此,DO-200B 不可能对每一种数据类型提供足够细节的指导。DO-178 描述的软件和 DO-254 描述的硬件也同样存在这样的情况：这些标准几乎适用于所有机载航空电子设备，从盥洗室灯到推力反向器再到导航系统；但各子系统的额外要求并不会被纳入其中。特定于各航空电子设备的附加要求被包含在其他所需的合格审定文件中，如技术标准规定（technical standard order，详情请参阅前面的 TSO 章节）。与那些机载系统不同，少有文件补充对特定航空数据的额外要求[除了众所周知的特例：咨询通告（AC）20-153B"航空数据过程和相关数据库的认可"它可以免费获取并且对所有 DO-200B 使用者来说都是必读内容]。因此 DO-200B 的使用者必须记住"最低"标准对于大多数项目来说几乎肯定是不够的：使用者有责任进一步阐明特定于其数据和过程的附加要求。

图 9-2 总结了 DO-200A 和 DO-200B 之间的主要区别。

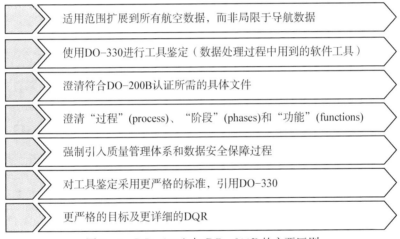

适用范围扩展到所有航空数据，而非局限于导航数据

使用DO-330进行工具鉴定（数据处理过程中用到的软件工具）

澄清符合DO-200B认证所需的具体文件

澄清"过程"（process）、"阶段"（phases）和"功能"（functions）

强制引入质量管理体系和数据安全保障过程

对工具鉴定采用更严格的标准，引用DO-330

更严格的目标及更详细的DQR

图 9-2　DO-200A 与 DO-200B 的主要区别

DO-200B 提供的是"推荐标准"，而非严格要求。该文件由来自世界各地的 245 多人共同开发，主要来自航空产品开发公司，但也包括关键的合格审定机构和军方的人员。与几乎所有以委员会为组织形式的标准委员会一样，DO-200B 的作者必须在互相冲突的利益和开发出让所有人完全满意的完美标准这一共同愿望之间进行协调。因此 DO-200B 的 77 页既适用于大型和小型航空数据集，也适用于不同的关键等级（critical level）和不同的用户。贯彻文件始终的理念是，在涉及航空数据的地方，"可证明的质量体系"比"严格的流程步骤"更重要。

每个用户必须在数据链每一步的过程中询问自己以下几个问题,来仔细考虑并分析他们对项目安全的影响:

(1) 他们在使用数据时是否可能检测不到错误?

(2) 他们在使用数据时是否可能引入错误?

(3) 他们在使用数据时是否可能传播错误?

(4) 考虑到数据开发和使用的生态系统和工具链,上述问题的答案有何变化?

DO-200B 的范围和航空数据链流程如图 9-3 所示。

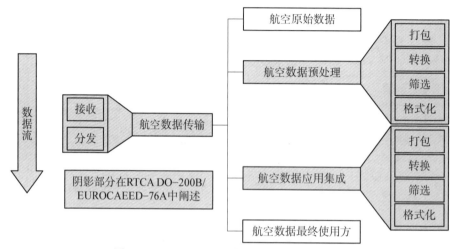

图 9-3　DO-200B 的范围和航空数据链流程

航空数据与航空生态系统

DO-200B 是整体航空发展生态系统的一部分,包括机载和地面软件/系统与形式化的安全过程。图 9-4 描述了这些关系。

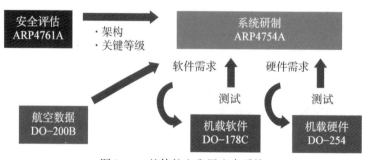

图 9-4　整体航空发展生态系统

DO‐200B 的四大宗旨的总结如图 9‐5 所示。

图 9‐5 DO‐200B 的四大宗旨

DO‐200B 要求计划、数据需求、处理需求和相关过程的证明；这些项必须在数据链的每一环中进行确认和验证，从数据接收开始，到数据传输结束。数据的提供方及使用方对保证数据的完整性负有共同责任。

典型的 DO‐200B 活动所需的文件描述如下：

(1) 符合性计划。

(2) DQR 文档。

(3) 数据处理程序文件。

(4) 工具鉴定文档。

(5) 配置管理文档(计划和记录)。

(6) 能力管理文档。

(7) 质量管理体系文档。

主要的 DO‐200B 计划是符合性计划，该计划涵盖以下方面：

(1) 数据质量需求的定义(DQR)。

(2) 航空数据处理需求的定义。

(3) 质量管理需求的定义。

(4) 确定负责需求符合性的人员。

(5) 声明使用的标准。

(6) 完成符合性矩阵。

航空数据定义

航空业已经有了自己的专业词汇表，如前文已提到的俚语词汇"avilish"意为"航空英语"。DO‐200B 在此基础上更进一步，引入了一些在航空数据领域之外几乎没有上下文意义的关键术语。

航空数据:航空应用(如导航、飞行计划、飞行模拟器、地形感知等)所使用的数据,包括导航数据以及地形和障碍数据。

航空数据库:航空数据库是在支持机载或地面航空应用的系统中以电子方式存储的数据。航空数据库可以定期更新。

汇总:将航空数据(有时来自多个数据供应商)合并或汇编到一个数据库中,并为后续的处理建立基线的过程。汇总阶段包括检查数据,并确保检测到的错误和遗漏得到纠正。

保证等级:数据元素在存储或传输过程中不被破坏的置信度。这可以分为3个等级:1、2和3;其中,1最高,3最低。

正确的数据:符合质量需求的数据。

数据质量:所提供的数据满足用户要求的置信程度或水平。这些要求包括精度、分辨率、保证等级、可追溯性、时效性、完整性和格式。

终端用户:航空数据链中的最后一个用户。航空数据的终端用户通常是飞机运营商、航线规划部门、空中交通服务提供商、飞行模拟提供商、机身制造商、系统集成商、监管机构。通常负责数据质量和对 DO‐200B 标准的符合性。

错误:错误、有缺陷、丢失、错位或不符合规定的质量需求的数据。

提出者:航空数据链中对数据负责的第一组织。例如,一个 RTCA DO‐200B/欧盟 ED‐76 的合规组织。

航空数据质量属性

航空数据有以下质量属性,一般适用于每个数据项或集合,如图 9‐6 所示。

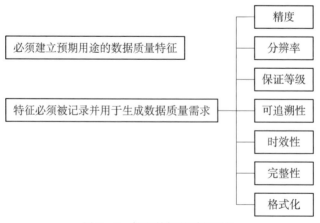

图 9‐6　航空数据的质量属性

数据质量属性总结如下：

（1）数据的精度。

（2）数据的分辨率。

（3）可验证的预防数据在模数转换（ADC）中损坏的措施。

（4）可追溯性——能确定数据的来源并更正缺陷。

（5）数据使用时效性。

（6）数据的完整性。

格式：供应者的格式符合下一级用户的要求（数据链中每一环的输出符合下一环的输入）。

数据精度及与 DO－201 的关系

在应用 DO－200B 之前，了解适用的数据要求和数据来源是很重要的——这就是 DO－201 的目的（"航空信息的行业要求"）。DO－201 确保量化数据的精度、分辨率、关键性、计算和程序。在适用的情况下，必须指定数据精度要求。例如 VOR，每个 VOR 都有一个唯一的标识；该标识只是一个"名称"，名称必须精确（与具有该名称的实际 VOR 相关联）。名称没有精度要求。然而，该 VOR 还有位置和高度，两者都有相应的精度要求，而这些精度要求必须是已知的，可测量并且得到评估的。

数据分辨率

航空数据通常具有相关的分辨率属性。必须基于该数据的预期用途确定所需的分辨率。航空数据的不同编制人员往往不完全了解数据的预期用途，因此必须将预期用途记录在案并使其得到理解。分辨率只适用于可测量的项目。例如，在前面的 VOR 示例中，VOR 名称是一个标识符，没有分辨率属性，而位置/高度属性是可测量的，这些测量必须具有记录在案的分辨率特征。根据 DO－201，数据分辨率应定义在（内置于）输出数据的格式中。但是，如果 DO－201 中没有涉及某种数据，那么用户必须对该数据进行安全评估，以确定适当的分辨率特征并将其记录下来。

保证等级与关键等级

DO－178、DO－254 等使用相应的关键等级，而 DO－200B 使用保证等级 1、2 或 3。对于 25 部（大型）固定翼飞机，保证等级和关键等级之间的关系如图 9－7 所示。

DO－200B 的 3 个保证等级意味着有 3 种不同的数据类别。其中，第 1 级是最严格的。通过使用不同的保证等级，不那么关键的数据可以经历较少的合

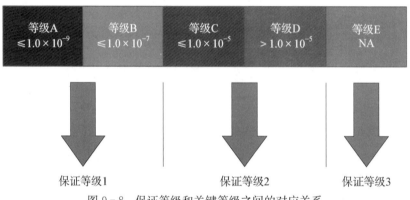

等级A $\leqslant 1.0 \times 10^{-9}$	等级B $\leqslant 1.0 \times 10^{-7}$	等级C $\leqslant 1.0 \times 10^{-5}$	等级D $> 1.0 \times 10^{-5}$	等级E NA

数据处理过程保证 等级（DPAL）	对(ICAO)提供数据 的相关要求
1	关键的
2	重要的
3	常规的

DPAL	发生未知错误 的概率
1	$\leqslant 1.0 \times 10^{-9}$
2	$\leqslant 1.0 \times 10^{-5}$
3	不适用

图 9 - 7　保证等级和关键等级之间的关系及失效概率

格审定步骤；从而减少与处理这些数据相关的时间和预算。额外地，关于 DO -
200B 的保证等级以及它们与航空安全等级的比较，请考虑图 9 - 8 的等效性。

等级A $\leqslant 1.0 \times 10^{-9}$	等级B $\leqslant 1.0 \times 10^{-7}$	等级C $\leqslant 1.0 \times 10^{-5}$	等级D $> 1.0 \times 10^{-5}$	等级E NA

保证等级1　　　　保证等级2　　保证等级3

图 9 - 8　保证等级和关键等级之间的对应关系

　　DO - 200B 的符合性计划过程必须确保对关键数据完整性保证活动进行计
划、执行、评审和记录。要达成 DO - 200B 数据符合性，以下 6 个集成环节必须
在数据开发和发布的全过程中得到贯彻，如图 9 - 9 所示。

DO - 200B 的质量管理体系

　　尽管实时的航空软硬件系统是经过仔细开发的，其中与安全相关的方面均
被单独分析，但航空数据的处理过程几乎总是在商用货架（COTS）数据处理软
硬件基础上构建的。由于这种 COTS 软硬件的开发几乎不可能受到航空级的
内部审查，航空数据符合性更加侧重于专门为 DO - 200B 开发的使用了 COTS
软硬件的数据处理框架。与金融机构和工厂采用的大多数高质量数据处理系统

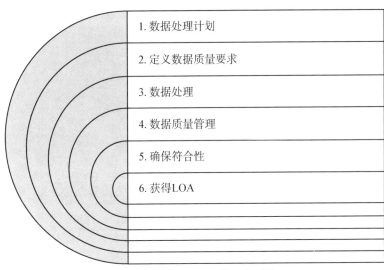

图 9-9　DO-200B 的 6 个环节

一样,质量管理系统(QMS)的使用是强制性的。DO-200B 较少需要对已经良好的 QMS 进行补充,因此任何可证明良好的 QMS 都应该满足 DO-200B 的要求(只需进行小的升级)。关于商业 QMS 已有数百篇文章和许多书籍。图 9-10 对 QMS 的总结基本适用。

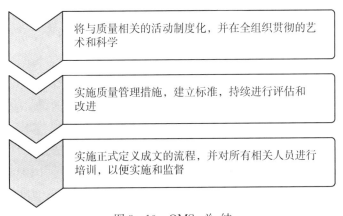

图 9-10　QMS 总结

因此,一个符合 DO-200B 的 QMS 对于所处理数据的最终批准是必要的。大多数航空数据处理者采用来自 ISO 9001、AS9115A 或基于 CMMI 4 级的商业级 QMS。一个好的 QMS,当然也是一个符合 DO-200B 标准的 QMS,应具有如下特征：

（1）能评估实施，而不仅仅是计划。

（2）能证明按流程体系要求执行被（书面）定义的程序。

（3）评估已执行的计划任务与书面规定之间的差异。

（4）评估对各项活动的评审能力（检查单）。

（5）能修改有助于证明符合性的各项程序。

（6）能定义评审检查单。

（7）你能证明你将是无辜的而非有罪。

（8）注意与 CMMI 等级 3－4 和 DO178C 等级 C 的相似之处。每个质量管理体系都应基于 ISO 9001。

航空数据保证等级示例

（1）灾难性的（catastrophic）。

（2）危险的（hazardous）。

（3）重要的（major）。

（4）次要的（minor）。

（5）无影响（no effect）。

根据条件确定为"重大"等级，对应 DO－200B 的 2 级保证等级。

数据的可追溯性

DO－200B 要求能执行数据追溯，并证明其可追溯性。数据的可追溯性意味着确定数据来源的能力。在大多数情况下，航空数据用户并不是他们所使用、操纵或传播的数据的发起者。确定任何数据错误来源的能力是必要的。因此，必须有能力跟踪从任何供应商到下一个用户的数据流动，并确定任何错误的"根本原因"。当数据被纠正后，后续用户必须得到数据错误和纠正的通知。

有效期、完整性和格式

数据必须被验证在相关的有效期，完整性和格式方面是有效的。如果跑道位置/方向等数据的可用周期为 28 天，则该周期必须和数据明确绑定，并确定其有效性，还必须指定数据完整性属性。例如，如果数据只供大型飞机使用，那么就不需要包括小于 3 000 英尺的跑道，没有这种短跑道的数据集也可能是完整的。必须指定数据格式，以确定有效性和用途；格式的制订必须考虑到航空数据链上的下一个用户。例如，如果机场海拔数据包含两个项：①海拔；②指示"高于"或"低于"海平面的标识符，那么必须在格式中定义这种关系，并验证该数据集（海拔和高于/低于海平面标识符）。

DO‐200B 应用实例

通常情况下,航空数据来源于航空数据供应商,该供应商已经使用 DO‐201 航空信息标准对其数据进行了鉴定。航空数据供应商提供的符合 DO‐201 标准的航空数据库通常包括从航空图表中获得的所有数据。然后,DO‐200B 被用于提取特定产品在飞行中执行其预期功能所需要的数据,这通常只是供应商提供的数据的一小部分,并满足上面讨论的"航空数据质量属性"要求。

来自航空数据库供应商的数据通常每 28 天分发一次,每年循环 13 个周期。大部分数据包含有效期限制,以支持按 28 天周期进行变更。DO‐200B 应用程序每 28 天从更大的航空数据库中提取一次数据,并将该数据分发给订阅者,供其产品使用。DO‐200B 提供了关于数据提取工具资质的指导,且提供了关于每次数据提取需要进行的验证的指导。

为了满足这一双重目标,大多数航空电子系统供应商仅在工具发生变化时才对其数据提取工具进行鉴定。数据提取工具本身完成了每 28 天周期提取所需的验证步骤。因此,对数据提取工具的更新和对数据提取工具每次运行(通常是 28 天)所提取数据的维护通常分别处理。由数据提取工具运行所得,每 28 天更新一次的数据必须满足上述指定的航空数据质量属性。

第 10 章　DO－278A CNS/ATM 陆基和星载的系统和软件

对于陆基系统,DO－278A 通常被当作 DO－178 的子集标准。然而,DO－278A 究竟是 DO－178 的子集标准还是 DO－178 在其他系统应用中的扩展?答案可能会让你大吃一惊。

DO－278A 的恰当标题是"通信、导航、监视和空中交通管理(CNS/ATM)系统软件完整性保证指南"。这里的 CNS/ATM 指涉及 CNS/ATM 系统的陆基航空软件。这些系统大多数位于地面上,其中也有一些机上系统,如太空监视系统和预警机。20 世纪 90 年代后期,本文原著作者和他团队的 60 名工程师曾致力于研究 Iridium TM 新一代卫星通信系统,此系统所搭载的广播式自动相关监视(ADSB)设备,便是一种可用于跟踪飞机的机载设备。20 年后,这种基于卫星的 ADSB 设备就通过了 DO－278A 认证,本文原著作者参与了其中的认证工作。

通过上文介绍可以看出,DO－278A 不仅仅是 DO－178C 的一个子集标准。事实上 DO－278A 是 2011 年 12 月由 #205 特别委员会发布的 DO－278 的升级版本。如果你真的了解历史,那么你应该知道除了历史事件发生的日期,世界各地与之同时发生的背景也值得关注。鉴于 SC－205 的原因,我们有必要了解在 DO－278 升版的同时 SC－205 委员会也同步更新了 DO－178B 标准,这导致了用于指导机载软件的 DO－178C 的发布时间几乎与 DO－278A 的发布时间相同。DO－278A 绝大部分(超过 95%)的内容与 DO－178C 是相同的,原因是:CNS/ATM(DO－278A)和航空电子设备(DO－178C)都在不同程度上对航空安全产生潜在的影响,并采用了非常相似的软件工程方法。即谚语所说,"没有理由重新发明轮子"。

这本书是关于航空系统开发的生态的 DO－278A 与 DO－178C 如此相似,本章不再介绍重复的 DO－178C 中的内容,这些内容在两个专门的章节和 DO－

178C 的相应章节中均有介绍,包括工具鉴定、基于模型的开发、面向对象的技术、软件质量保证、软件过程转换、错误和成本等 DO - 178C 相关内容。因此,本章将重点介绍 DO - 278A 的基本原理及其与 DO - 178C 的主要区别。

与机载软件(在飞机上执行或直接影响此类软件执行的软件)一样,显然 CNS/ATM 会显著影响航空安全。事实上,通信、导航、监视和空中交通管理的许多方面都会影响飞机安全,因为一个简单的错误都可能造成可怕的后果。因此,CNS/ATM 必须按照具有图 10 - 1 可证明属性的过程进行研制。

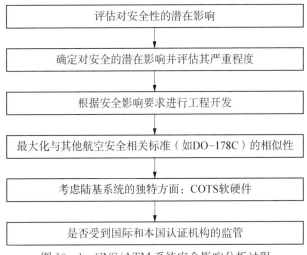

图 10 - 1　CNS/ATM 系统安全影响分析过程

DO - 278A 介绍

那么,DO - 278A 究竟是什么呢? DO - 278A 是 DO - 278 的第二个版本。它也是 DO - 178C 的一个推论,如前文所述,DO - 178C 是一个针对在机上执行,并对飞行安全产生影响的机载软件安全性标准。如果你熟悉 DO - 178C,那么你已经掌握 DO - 278A 95% 的内容,因为两份标准存在诸多相似。虽然 CNS/ATM 设备制造商数量相对较少,发表的 DO - 278A 相关文献也不多,但了解 DO - 278A 和 DO - 178C 是相似的,意味着从业者可以很容易地利用更多 DO - 178C 的文献基础。然而,熟悉 DO - 178C 也为理解 DO - 278A 带来潜在隐患:人的惯性思维会忽略它们之间的细微差别,这导致在应用 DO - 278A 时产生重大误解和错误。本章将为初学者描述 DO - 278A,并阐明其与 DO - 178C 的区别。

DO - 278A 是包含了建议和可评估目标的强有力指南。它旨在用于开发实时陆基或星载系统软件,这些系统软件影响飞机的操作。这些系统大量使用商业现成的 COTS 技术,包括软硬件。DO‐278A 涉及的陆基系统通常比与之配套的机载航空电子系统拥有更庞大、更多样化的软件组件。此外,很多 CNS/ATM 系统是由遵循 DO‐278 要求的先前产品发展而来的,仍然大量使用先前项目的软件代码。因此,在面对这些拥有更大规模、更高多样化的软件组件,以及大量依赖 COTS 技术的系统时,DO‐278A 体现了其关键作用,CNS/ATM 的这些特性构成了 DO‐278A 和 DO‐178C 之间的核心区别。

DO‐278A 和 DO‐178C 的相似之处

正如 DO‐178C 一样,DO‐278A 也依赖于安全性评估过程来确定系统/软件的关键性,在机载领域称为研制保证等级(DAL),而在 CNS/ATM 领域称之为保证等级(AL)。DO‐278A 具有计划、开发和综合 3 个关键过程,如图 10‐2 所示。

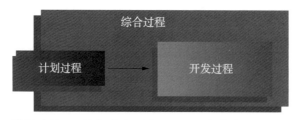

计划过程——最先开展;开发过程——完成计划过程后开展;综合过程——贯穿项目研制全生命周期。

图 10‐2   DO‐278A 的 3 个关键过程

DO‐278A 的 3 个关键过程内容包括上述的计划过程、开发过程和综合过程,它们的关系如图 10‐3 所示。

DO‐278A 的关键点对比 3 个关键过程

如前所述,DO‐278A 与 DO‐178C 有 95% 的相似之处,特别是在以下方面:

(1)持续的安全性评估。

(2)5 份计划、3 份标准及相关检查单。

(3)高级与低级需求。

(4)设计与架构。

(5)双向追溯。

(6)基于需求与结构覆盖率分析的验证。

图 10‐3　DO‐278A 的 3 个关键过程

（7）高安全等级中对评审的独立性要求。

（8）包括问题报告在内的严格的构型管理。

（9）对上述内容的同行评审及质量保证审核。

（10）过程迁移中严格的质量保证。

（11）工具鉴定。

（12）适航联络。

　　然而，DO‐278A 与 DO‐178C 也存在几个关键的区别。首先是 DO‐278A 应用领域的广度。从它的标题来看，显然 DO‐278A 主要集中涉及通信、导航、监视和空中交通管理的实时系统。但是，这就是 DO‐278A 全部的应用领域了吗？并不是，这也是 DO‐278A 被非正式称为陆基系统航空标准的原因。以下领域同样遵循 DO‐278A：

　　（1）无人机地面控制器/地面站，如飞行员站。

　　（2）用于飞行控制的地面 GPS 设备。

　　（3）包含 ADS‐B 功能在内的地面收发设备。

(4) 支持飞机通信、监视和导航的卫星系统。

仅仅因为一个陆基或空间系统与航空相关,就意味着该系统必须遵守 DO - 278A 吗?这不是必然的。许多陆基系统都涉及飞机或航空器,但并不是必须遵守 DO - 278A 标准,类似的系统包括飞行模拟器、飞机库存管理、飞行计划、任务计划、跑道照明设备和计量 CNS/ATM 系统的工具。一个系统是否适用于 DO - 278A 主要取决于以下两方面:

(1) 陆基系统在不直接控制飞机的情况下,是否直接影响飞机的飞行安全?

(2) 系统是否存在未经其他方法验证的输出?

如果上述两个问题的答案都是"是",那么该系统可能属于 DO - 278A 领域。另外,应当注意第一个问题中"不直接控制飞机"的含义是什么?假设一个控制无人机的地面无人机系统,该系统包含通过发送实时命令直接控制飞机的功能,那么该地面无人机系统就像一个飞行员,只是这个"飞行员"在地面上。但这些地面无人机系统对飞机发出的指令就像飞行员在飞机上一样重要——在这种情况下,该无人机地面控制系统软件是需要符合 DO - 178C 目标的。因此,在项目计划阶段的早期与适航审定机构讨论系统的符合性方法很重要。

请考虑以下关于陆基航空系统和 DO - 278A 的陈述,并判断它们是否正确。

(1) 所有陆基航空系统都必须采用 DO - 278A 作为符合性方法。

(2) DO - 278A 与 DO - 178 的相似度约为 50%,但仍有许多重要的区别。

(3) AL - 4 级系统要求定义低级需求,AL - 5 级系统要求定义架构。

(4) AL - 3 级系统要求定义低级需求,AL - 4 级系统要求定义架构。

(5) 仅 AL - 1 级和 AL - 2 级系统有独立性要求。

答案和详细解释详见本章后续内容。

同样,如果你知道上述所有问题的答案,那么恭喜你,你在 DO - 278A 方面的知识已经高于平均水平,你可以通过确认下面的答案来巩固这些知识。

DO - 278A 的 5 份计划文件

前文介绍了 DO - 278A 的 3 个关键过程,首先是计划过程,然后是更庞大的开发过程。此外,验证、配置管理、质量保证和适航联络过程组成了庞大的、持续开展的综合过程。和 DO - 178C 一样,质量保证过程的一个关键作用是确保计划完整并符合 DO - 278A,然后评估工程实践与计划的符合性。此外,质量保证过程评估各必要活动之间的迁移准则,以确保每个活动按时进行、输入/输出符合计划的要求。DO - 278A 的 5 份计划文件如下。

（1）PSAA:软件方面的批准计划。

（2）SQAP:软件质量保证计划。

（3）SCMP:软件配置管理计划。

（4）SWDP:软件开发计划。

（5）SWVP:软件验证计划。

（外加 3 份 DO－278A 标准:需求标准、设计标准及编码标准）

DO－278A 与 DO－178C 的区别

DO－178C 与 DO－278A 的第一个主要区别在于 DO－278A 对 COTS 系统的强调和允许。尽管 DO－178C 对 COTS 软件和定制开发软件制定了相同的要求,但 DO－278A 中认为,陆基系统会更广泛地使用 COTS 技术,因此必须做出针对性的调整,DO－278A 需要更好地适配 COTS 软件。操作系统、图形库、数据库和通信协议广泛应用了 DO－287A,远远超过这些技术在符合 DO－178C 的机载航空电子设备中的应用。此外,在功能上陆基系统比机载系统丰富很多,因此软件规模要大得多。通常来说,陆基系统的软件规模超出机载软件几个数量级。由于 COTS 软件通常不与特定行业相关,这些软件在开发过程中并不会考虑对 DO－278A 的符合性,因此,通过逆向工程使其符合 DO－278A 的要求并没有什么价值,反而会额外增加巨大的成本。鉴于上述情况,DO－278A 实用地表明,在提供以下信息后,可以使用 COTS 软件。

（1）获取策略及规则定义。

（2）对可验证性的识别与分析。

（3）集成验证与功能验证。

（4）严格的配置管理。

（5）根据所使用的 COTS 技术的等级符合相应的 DO－278A 要求,或采用其他符合性方法表明符合性。

需要注意的是,DO－178C 的合格审定计划称为 PSAC。PSAC 是针对某个特定项目的,但如果该项目也针对特定型号飞机,那么通过 DO－178C 来表明符合性的软件既是针对特定项目的,也是针对特定型号的。只有当该系统针对的特定项目和/或特定飞机获得合格审定时,该系统才被视为"获得合格审定"。然而,CNS/ATM 系统不同:相较于飞机,CNS/ATM 系统的软件更新和新增软件功能是持续不断的。此外,CNS/ATM 系统主要由 COTS 软硬件组成,因此,CNS/ATM 系统是获得"批准"(approved)而不是"合格审定"(certified)。另外,不像机载电子硬件是基于特定的硬件测试来通过 DO－254 的合格审定,CNS/

ATM 硬件依赖于系统级测试。

关于 DO‐278A 中 PSAA 的编制,此处总结了以下一些常见的错误:

(1) 未能给出 AL 和所参考的安全性评估的合理性。

(2) 未能描述所提议的系统及软件架构。

(3) 未能正确描述要使用的工具、是否需要工具鉴定及工具鉴定策略。

(4) 不符合 DO‐278A、ED‐153 及安全性要求。

(5) 提交 PSAA 后未获得合格审定机构的批准。

DO‐278A 之所以如此关注与 COTS 相关的过程,是由于 COTS 技术在 CNS/ATM 中非常常见(几乎是强制性的),合格审定机构希望确保保有一个可验证的质量过程。COTS 质量过程要考虑 COTS 技术能够全部或部分满足哪些系统需求。首先,有必要对陆基系统进行足够细化的定义,以便针对所有需求开展关于自研还是购买的权衡分析。那些被分为"购买"的需求成为 COTS 软硬件的指定需求。因此,DO‐278A 要求考虑 COTS 产品的生命周期数据,保证如何提供足够的细节来支持评估。其次,定义 COTS 产品的派生需求,可以确保额外的或经过改良的功能一定能被识别,这些派生需求也是分配给 COTS 软硬件的需求。最后,必须考虑 COTS 技术与目标软硬件的兼容性。为了解决上述问题,必须对关于 COTS 技术的信息进行充分了解。

由于 COTS 技术的广泛运用,从业者需要考虑 COTS 技术相关的安全性。DO‐278A 的另一重点是考虑 COTS 技术的同时考虑相关的安全性。因此需要建立故障识别、故障检测、故障缓解的机制,从技术和开发程序两个方面限制故障包容的边界。通过安全性过程来识别故障可能的来源,然后通过技术方法消除故障,并证明它们已经被消除。特别要注意的是:在合格审定中的"无罪证明"意味着必须完成以图 10‐4 中的工作并保存相应的记录,才能够证明所做的事情可以消除故障。

在 DO‐278A 中一个常见的误解是,由于陆基系统是大型的、复杂的、使用 COTS 软件并且必须产生收益,那么代价高昂的低层设计/编码过程可以被忽略。这是不正确的! DO‐278A 之所以要求较高保证等级的软件开发低层需求、详细设计,并进行代码评审和软件结构覆盖分析,是因为这些活动已经被证明是提高软件可靠性和安全性的必要手段。

设计保证(关键性)等级

DO‐278A 根据不同的软件保证等级(AL)会有不同的特定目标。保证等级较高的软件必须比等级较低的软件满足更多的 DO‐278A 目标。在确定软

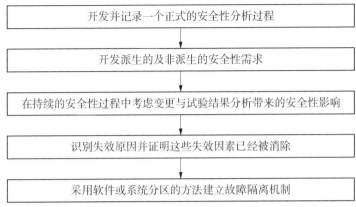

图 10 - 4　COTS 技术安全性分析及解决过程

件保证等级之后,需要查阅 DO - 278A,以确定软件必须满足哪些目标,为计划过程做好准备。这就是 DO - 278A 与建造房屋的相似之处:首先要进行地质分析,以确定需要什么样的地基——即"安全性评估"。然后依次开展计划过程和开发过程。同时进行的综合过程会贯穿计划过程和开发过程。因此,符合 DO - 278A 的航空电子软件工程就像建造房子一样,遵循同样的 3 个过程。

　　首先,从业者需要了解作为 DO - 278A 要求研制的系统和软件的保证等级(AL)。"关键性等级"应用于软件的计划过程、开发过程和综合过程并与 AL 直接相关。关键性等级共有 6 个级别,从等级最低的 AL - 6 到最严格的等级 AL - 1,严格程度不断增加,如图 10 - 5 所示。应当注意的是,"独立性"仅代表验证过程中的独立性要求,而不是质量保证过程中的独立性要求,因为后者总是具有独立性。

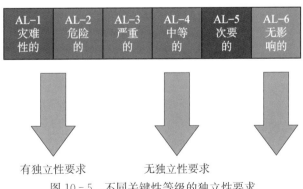

图 10 - 5　不同关键性等级的独立性要求

图 10-5 中提到的"独立性"指工程上的独立性,而不是质量保证的独立性,因为质量保证过程总是独立的。简单来说,工程独立性意味着一个软件功能的验证活动由非开发该功能的工程师来执行。其实,只需要记住验证包含评审、测试和分析。

现在,将上述方法与比 DO-278A 更知名的 DO-178C 进行对比,在 DO-278A 的 6 个保证等级中,其中 5 个与 DO-178C 中提到的 5 个保证等级非常相似,不同之处在于 AL-4,它们的对应关系如图 10-6 所示。

DO-278A/ED-109 保证等级	DO-178/ED-12 软件等级
AL-1	A
AL-2	B
AL-3	C
AL-4	无等效等级
AL-5	D
AL-6	E

图 10-6　DO-178 与 DO-278A 保证等级对应关系

从图 10-6 可以看出,DO-278A 有一个特殊的等级——AL-4,它介于 DO-178 的 C 级和 D 级之间。C-还是 D+水平,可以参考 DO-178B 的 C 级和 D 级之间的区别。DO-178B 的 D 级软件需要符合 28 个目标,而 C 级要严格得多,需要符合 57 个目标。这意味着如果软件的 DAL 等级为 D 级,则不需要关心软件是如何设计或者实现的,只需要关心软件是否完成了系统级分配给软件的功能。而 DO-278A 的 AL-4 级软件恰好处于中间位置——AL-4 保留了适度的软件开发的验证要求,需要进行数据耦合、控制耦合分析,但不需要对软件进行任何 AL-3 所要求的结构覆盖分析或代码鲁棒性测试。

DO-278 中之所以会有这个特殊的中间等级 AL-4,是经过考虑的。设想一下,大多数 CNS/ATM 系统用于支持飞机的安全飞行,但不像机载系统那样直接涉及飞行安全。例如,如果 CNS/ATM 系统的缺陷无意中产生了让飞机撞山的指令,飞机的机载系统和飞行员很有可能会发现这是个错误指令,并违背这个错误指令不予以执行以避免撞击。因此,大多数 CNS/ATM 软件都属于 AL-3～AL-5 等级,很少是 AL-1～AL-2 等级的软件。根据作者的经验,40%～50%的 CNS/ATM 软件是 AL-4 等级的软件,AL-4 等级的软件可以大量地使用 COTS 软件,因为 AL‐4 仅要求在应用程序接口(API)层对软件进行验证,而不是需要对软件内部源代码和数据结构层进行验证。因此,AL‐4 软件比 AL‐3 更容易获得合格审定。表 10‐1 展示了 DO‐278A 对不同保证等级软件需要满足的目标和独立性的要求。

表 10‐1　DO‐278A 对不同保证等级软件需要满足的目标和独立性的要求

保证等级	需要满足的目标/个	具有独立性要求的目标/个
AL‐1	71	30
AL‐2	69	18
AL‐3	62	5
AL‐4	46	5
AL‐5	26	2
AL‐6	无	无

DO‐278A 的需求体系

正如前文所述,CNS/ATM 的基础也是需求。ARP4754A/4761A 是专门针对飞机和机载系统而发布的,而它们在 CNS/ATM 系统上的应用则是辅助性的。尽管截至本书撰写之日,ARP4754A 和 ARP4761 在欧洲逐步被接受用于 CNS/ATM 系统研制过程。非欧洲国家已经基本放弃了 ED‐153。在欧洲,CNS/ATM 系统的制造商和 EASA 仍然对使用 ED153,ANS 软件安全性保证指南作为符合性方法有点偏好。ED‐153 在实际应用中的挑战之一在于,它有着许多约定俗成的准则,这些准则的评定标准较为主观,难以评估。但是本书作者也认为,即使没有强制性的要求,任何从事 CNS/ATM 系统安全性活动的工程师都应该阅读 ED‐153,这有助于进行 CNS/ATM 安全性评估实践,如图 10‐7 所示。

先前研制的 CNS/ATM 系统,服役历史及 DO‐278A

CNS/ATM 系统通常采用了大量未经过合格审定的先前开发软硬件,这些软硬件的研制早于 DO‐278A 的颁布。对于这样的软硬件,可以应用“服役历史”的概念,而不是从头开始重新研制这些系统。因为这可能会提高引入新错误的可能性。请注意,“历史”一词是最重要的,这意味着必须有充足的证据标明这些软硬件在先前系统中持续地服役。合格审定机构软件团队(CAST)的 1 号备忘录概括了采用服务历史表明符合性时需要考虑的方面,下面描述了这些从 CAST‐1 中摘取的考虑方面。虽然 CAST‐1(以及许多其他 CAST 文件)已从

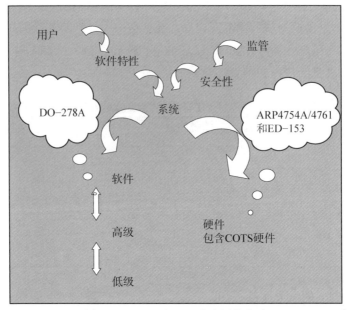

图 10-7   CNS/ATM 安全评估实践

FAA 和 EASA 网站上删除,但 CAST-1 仍被非正式地应用于一些 CNS/ATM 系统的适航工作。需要注意的是,很少有系统能够达到 CAST-1 如表 10-2 所示全部考虑方面为"可接受"的要求,因此软件合格审定计划(DO-278A 的审定计划)必须提供关于每个考虑方面的详细信息。实际的 CAST-1 如表 10-2 所示。

表 10-2   产品服役历史特征的可接受性

产品服役历史特征	不可接受	←——→		可接受
服役时长	短	←→	中等	←→ 长
服役期间变更控制	无	←→	不足	←→ 完全
期望使用方法与实际使用方法	不同	←→	相似	←→ 一致
期望环境与实际环境	不同	←→	相似	←→ 一致
服役期间的重要补丁	大量	←→	少许	←→ 无
服役期间的软件补丁	大量	←→	少许	←→ 无
服役期间的硬件补丁	大量	←→	少许	←→ 无
错误检测能力	无	←→	一些	←→ 全部
错误报告能力	无	←→	一些	←→ 全部
服役期间故障数	大量	←→	一些	←→ 无

（续表）

产品服役历史特征	不可接受 ←——→ 可接受		
可提供的且经过评审的服役历史数据的数量/质量	无/低质量 ←——→	一些/一般 ←——→	多/高质量
图例　　无可信度	极少可信度	工程评估可提供一些可信度	工程评估可提供大量可信度　　完全可信

与机载系统相比,CNS/ATM 系统更依赖 COTS 和先前开发软件。机载软件通常是依据 DO-178C 通过合格审定,人们使用 DO-178C 来评估所有机载软件的符合性,包括操作系统、图形库、板级支持包(BSP)等。然而,CNS/ATM 系统研制人员和合格审定机构的观念则不同,即重用虽然未按照 DO-278A 研制但已经被证明可靠的软件,比重新开发可以通过 DO-278A 合格审定的新软件更好。理由很简单,陆基系统大量使用了 COTS 软硬件产品,这些软硬件产品在 DO-278 出现之前就已经服役并且代码规模巨大。因此,DO-278A 明确规定了可能被用到的"替代方法",随后这些方法就成了获得合格审定的符合性替代手段(AMC)。DO-278A 的术语表中定义了一个差异分析过程,以确定拟采用的非 DO-278A 规定的符合性方法与 DO-278A 规定的方法之间的差距,识别并分析该 AMC 是否可以被运用于实际系统研制,以上这些信息需要在 CNS/ATM 系统软件批准计划(PSAA)中详细说明,供后续合格审定机构进行审查和批准。但目前 DO-278A 还没有正式的或经认可的 AMC,但是,根据作者的经验和观点,可接受的 AMC 包括图 10-8 中的 6 种范畴。

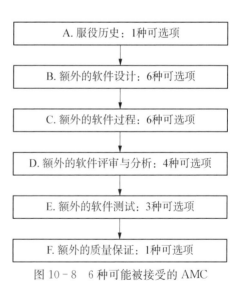

图 10-8　6 种可能被接受的 AMC

服役历史被公认是 DO-278A 的首要可替代符合性方法,也是最重要的替代性方法。然而,服务历史举证难度很高,并且相关准则较多,如服役时长、变更控制、缺陷密度、使用和变更的历史(包括服役历史期间及适配新平台的变更)。以上这些符合性准则往往使采用服役历史表明符合性变得十分困难。

第11章 DO-331基于模型的开发方法

DO-331,即《DO-178C 和 DO-278A 的基于模型的开发与验证补充》,这份 125 页的指导性文件,规定了基于模型的开发方法(MBD)在机载软件和地基航空软件中的应用。由于 MBD 技术对于航空软件行业较为新颖,DO-331 的作者面临很大的挑战:如何为不熟悉基于模型开发的人提供有意义的指导? DO-331 巧妙地解决了这个问题。DO-331 通过将可行的"指南"与高层次的 MBD 教程相结合,为 MBD 的理论和应用奠定了基础,并以此巧妙地解决了这个问题。

询问任何软件开发人员(以及他们的经理):软件开发的终极目标是什么? 都会得到一个共同的答案:模型自动生成软件,且 100% 可重用。但是,很少有软件是 100% 自动生成并完全可重用的。航空业软件广泛重用,几乎没人否认航空软件的重用度在整个安全关键嵌入式软件行业中是最高的。民航局的运作基于一个前提,即没有软件是完美的,所有的软件最终都可能发生故障。这一事实毋庸置疑,航空软件的"应对之策"为探测和减轻此类故障。现代软件开发的实践引领 MBD 成为从业者眼中的"下一个伟大的希望",让我们更接近那个目标:完美且可 100% 重用的软件。

DO-331 可能很直观而简单。DO-178C、DO-254 和 DO-278A 的目标涵盖了整个航空软硬件工程领域,并与其他安全关键标准保持一致,然而 DO-331 是一个"补充"。就像营养补充剂一样,DO-331 是对 DO-178C 和 DO-278A 系列的补充,而不是取代。DO-XXX 的主要补充如下。

(1) DO-330:工具鉴定。

(2) DO-331:基于模型的开发(MDB)。

(3) DO-332:面向对象的技术(OOT)。

(4) DO-333:形式化方法(FM)。

当使用上述 4 种技术中的任何一种开发航空软件时,通常强制要求应用相应的补充。正常情况下航空领域是按照下面的顺序使用上述技术的,因此本书也将按照以下顺序列出上述"补充"的细节。

(1) DO‐331:基于模型的开发(MBD)。

(2) DO‐332:面向对象技术(OOT)。

(3) DO‐330:工具鉴定。

在深入研究 DO‐331 的 MBD 细节之前,首先需要考虑为什么这些补充是必须的,审定机构已经通过相关文件非正式地声明了这些补充的必要性。

图 11‐1 可视化地描述了软件技术的发展是如何推动的。

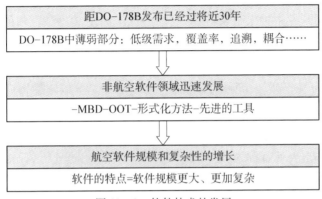

图 11‐1　软件技术的发展

为什么对发展的软件技术进行补充?

DO‐331 涵盖了基于模型的软件开发教程和指南,包括开发和验证两方面。虽然比较直观,但 DO‐331 的真正价值在于巧妙地为 MBD 的确定性提供了可证明依据。因此,请思考如表 11‐1 所示的"简单的"DO‐331 MBD 测试问题。

表 11‐1　DO‐331 MBD 测试问题

序号	问　　题	答案
1.	如果你使用建模方式,但不使用自动代码生成(如你手动写代码),是否依旧需要软件建模标准和模型覆盖分析?	(是、否或可能)
2.	当验证模型时,是否应该在测试执行之前确定预期结果?	(是、否或可能)
3.	如果不将系统需求分解为软件高级需求,能否以系统需求开发模型设计?	(是或否)
4.	进行模型设计之前,是否必须先将系统需求分解为软件高级别需求?	(是或否)

（续表）

序号	问　　题	答案
5.	如果模型设计来源于系统需求,这些系统需求是否被视为高级需求,设计模型是否因此包含了低级需求?	(是、否或可能)

以上问题的答案将在本章中说明。

为什么建模?

软件建模几乎和软件开发一样古老,在 NASA 早期的探月计划中,模型被大量地用于协助工程师研发。今天,建模指的是一种常规的活动,将对象的结构和行为从逻辑开发中抽象出来,在更高的层次上去定义。"模型"的常规使用方法是,先对软件或硬件的结构和行为建模,再对其具体的逻辑进行建模(注意:在航空电子领域,术语"硬件"包括嵌入硅片中的逻辑,以前称为"固件",现在根据 DO-254 称为"复杂电子硬件")。然而,建模实际上可以与逻辑开发过程同步进行;对许多遗留代码库进行建模,可以为这些代码库后续的理解、验证、改进或重用提供帮助;特别是在航空电子设备领域,大多数系统都部分重用了之前的类似系统。这一过程通常称为"逆向工程"。

2011 年 12 月 DO-331 的发布印证了为什么建模对航空电子设备越来越重要。主要原因包括以下几点,如图 11-2 所示。

如图 11-2 所示,对复杂系统和软件进行建模有很多好处。在其他软件领域,如电信行业,建模已经应用很多年了;近些年来,航空电子领域也在逐渐接受这种技术。虽然航空电子软件审定指南中通常不考虑成本和进度,但也没有人希望航空电子设备开发商破产。之前到底是什么影响了建模在航空电子设备开发中的大规模普及呢?

航空电子开发人员部分或完全不使用建模方式的原因包含以下几点。

(1) 对 DO-331 的理解不够清晰或过度保守。

(2) 建模工具的购买成本。

(3) 建模工具的学习成本。

(4) 根据 DO-330 对建模工具进行工具鉴定较为困难。

(5) 传统工程师倾向于使用文本,不习惯使用任何建模工具或输入。

(6) 害怕接受新方法。

(7) 对模型生成的源代码质量缺乏信任。

(8) 担忧对模型生成的源代码失去控制。

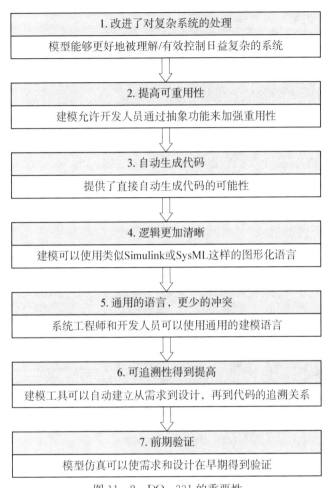

图 11-2　DO-331 的重要性

前面提到的回避建模的原因是否确实存在？对某些人来说，答案也许是主观臆断的"可能"。但随着工程师的理解更为充分，认知可能会改变。

第一，DO-331 提供了一个框架，允许在规定的标准和验证体系下建模。就像传统的软件需求和软件设计一样，必须通过验证表明其符合标准，航空电子设备模型设计也是如此。

第二，考虑到通过提高工程生产率所节约的成本，购买建模工具的成本真的没有那么高；而一些建模工具如 IBM 的 Rhapsody™ 和 Magic Draw，在提供必要的关键功能的同时也相当实惠。

第三，就像购买成本一样，建模工具的学习通常在几周或最多几个月的时间内就能攻克;考虑到大多数航空电子系统研制都需要持续数年,这个学习时间相对较短。

第四,对建模工具的鉴定不是必需的,虽然鉴定的好处也是显著的(如消除了对手写代码的同行评审、自动生成代码,以及模型级验证),但无论建模工具是否合格,前面提到的建模收益也都适用。

第五,所有的工程师都有能力学习新技术,而且大多数工程师实际上都乐于接受这种能够让自己简历更优秀的知识及能力提升。

此外,诸如 Simulink、IBM 的 Rhapsody 和 Ansys 的 SCADE 等工具已经有 20 多年的历史了,在生成代码的质量和控制、自定义代码生成等方面都相当成熟。综上所述,使用建模的收益远大于其缺点带来的影响。根据 DO-331 进行建模需要注意图 11-3 中总结的关键特性,这些特性将在本章中进一步讨论。

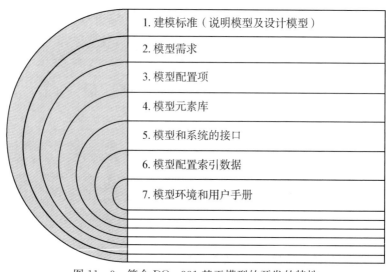

1. 建模标准(说明模型及设计模型)
2. 模型需求
3. 模型配置项
4. 模型元素库
5. 模型和系统的接口
6. 模型配置索引数据
7. 模型环境和用户手册

图 11-3　符合 DO-331 基于模型的开发的特性

遵守建模标准以及评估遵守的程度特别重要。与第 10 章 DO-178C 中提到的 MISRAC 等软件编码标准不同,DO-331 没有提及具体的建模标准。符合 DO-331 的建模标准必须包含以下可评估的准则,如图 11-4 所示。

建模术语

建模领域有自己专业的术语,常见的建模术语归纳如图 11-5 所示。

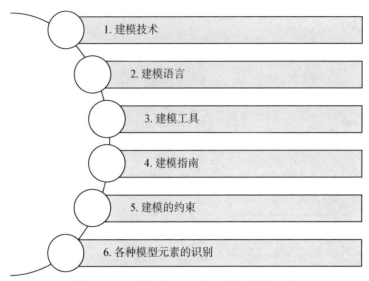

图 11-4   建模标准中涉及的关键 MBD 内容

说明模型与设计模型

值得注意的是 DO-178C 的基本原则是逐步细化：系统需求必须先于高级需求（HLR）开发，而 HLR 必须先于低级需求（LLR）开发。工程师必须避免直接从 HLR 开发代码。建模提供了在模型中直接表达 HLR 和/或 LLR 的能力。DO-331 建模的一个关键方面是"说明模型"和"设计模型"之间的区别，如图 11-6 所示。

HLR 和 LLR 可能存在于同一份需求规范中，设计模型和说明模型也可能存在于同一模型中。但是当这两个模型都存在时，说明模型的开发需要先于设计模型。由于说明模型和设计模型的目的不同，它们各自必须使用不同的建模标准，如图 11-7 所示。

在 UML 中，说明模型通常使用用例来描述需求，然后使用各种 UML 元素（状态机、场景建模和活动建模）来保证需求的质量并消除歧义。设计模型描述 LLR，以符合细化的需求和说明模型。"trace"关系支持需求、说明模型和设计模型之间的可追溯性。

DO-178C 或 DO-331 并未规定模型开发的过程，但这些标准规定了这些过程必须遵守的目标和相应的证据。Harmony 嵌入式软件开发过程［参见 Bruce Powell Douglass 编写的 *Real-Time Agility* 或者 *Real-Time UML Workshop*

Code Generation	从设计模型生成特定的软件源代码（如C、C++）
Design Model	定义软件设计的模型，如底层需求、软件架构、算法、组件内部的数据结构、数据流和控制流，用于生成代码的模型是设计模型
Model	系统一组属性的抽象表示，用于分析、验证、模拟及代码生成等目的，无论层次如何，建模总是应当无歧义
Model-Based Development and Verification	一种有模型代表软件需求和/或软件设计的描述，用于支持软件的开发过程和验证过程
Model-Based Test	使用建模语言和工具创建测试用例，用于验证模型和/或生成的代码
Model Checking	模型格式规则的检查，确保模型语法的正确性，如模型某种状态的可达性及建模语言的元素是否合适
Model Coverage Analysis	分析模型中是否包含未经验证的需求，目的是确保模型中没有非期望的功能
Model Element Library	用来构建模型的基本元素
Model Simulation	使用模型模拟器执行模型并演示其行为
Modeling Technique	一种建模语言和使用该语言方法的集合，它所表示抽象信息的级别取决于模型和建模工具
Report Generation	出于特定目的基于模板从模型生成标准化格式文档
Reverse Engineering	从源代码创建模型
Specification Model	代表高级需求的模型，提供软件功能、性能、接口或安全特性的抽象表示，不包括内部数据结构、内部数据流或内部控制流等设计细节
Symbology	建模元素的图形外观，部分建模环境能够使用自定义符号
SysML	系统建模语言，使用UML的特定变体，用于系统建模
UML	Unified modeling language，目前最常用的软件建模语言，UML的语言元素规定了软件的结构、行为、功能和它们之间的联系

图 11-5 常见建模术语

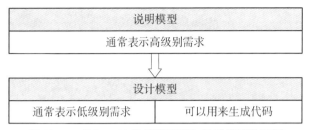

图 11 - 6　*DO - 331* 的说明模型与设计模型的区别

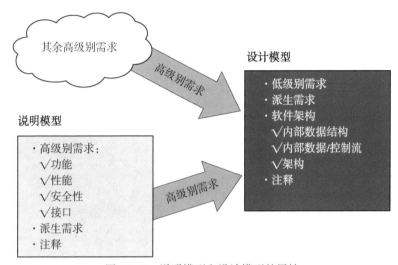

图 11 - 7　说明模型和设计模型的属性

for Embedded Systems(*Second Edition*)〕,如图 11 - 8 所示①。

用例使用示例图(此图已经获取 IBM 的 Dr. Bruce Douglass 许可)。

类示意图如图 11 - 9 所示(此图已经获取 IBM 的 Dr. Bruce Douglass 许可)。

状态示例图如图 11 - 10 所示(此图已经获取 IBM 的 Dr. Bruce Douglass 许可)。

Simulink 模型示例图如图 11 - 11 所示(此图已经获取 Simulink 认证经理 Eric Dillaber 许可)。

---

① 示意图/示例图描述地是建模方法的过程,这些过程使用英文能更清晰地表达用意,因此保留英文。
全书统一说明。

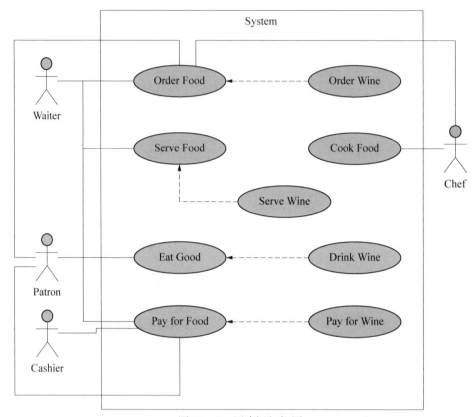

图 11-8 用例示意图

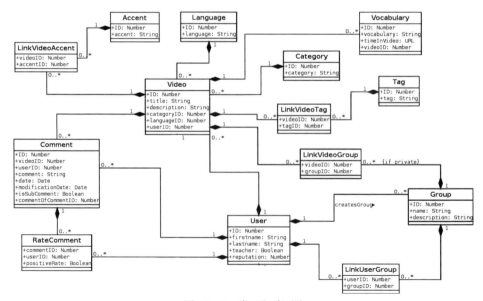

图 11-9 类示意图

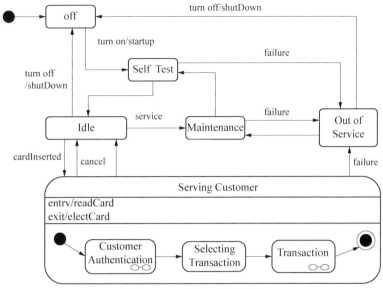

图 11-10　状态示例图

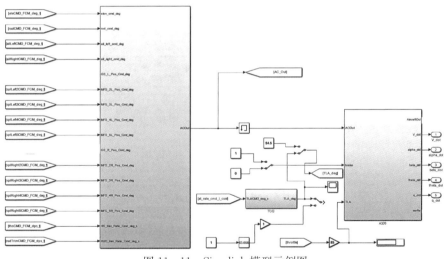

图 11-11　Simulink 模型示例图

建模策略的选择

就像艺术、音乐和美食一样,建模对不同的人意味着不同的事情,实现建模的方法也大有不同。为了提高建模一致性,DO-331 描述了 5 种不同的建模选项,并建议用户采用其中的一种。表 11-2 描述了 MB1 到 MB5 这 5 个推荐建模选项。

表 11 - 2　MB1 到 MB5 建模选项

生成生命周期过程	MB1	MB2	MB3	MB4	MB5
系统需求和系统设计过程	系统需求	系统需求	系统需求	系统需求/HLR	系统需求/HLR
软件需求和软件设计过程	HLR	说明模型（HLR）	说明模型（HLR）	设计模型（LLR）	设计模型（LLR）
	设计模型（LLR）	设计模型（LLR）	LLR		
软件编码过程	源代码	源代码	源代码	源代码	源代码

就像生活中的大多数决定一样，不同的人有不同的角度，需要有多种选择。但是，当考虑你来自哪里，你现在在哪里，以及你要去哪里时，可以更容易确定一个首选方案。图 11 - 12 总结了每个建模选项的优缺点。

MB1　只使用设计模型的传统工程
- 优点：将建模引入软件开发；启用自动代码生成
- 缺点：分离系统和软件工程；HLR独立于模型

MB2　具有说明和设计模型的传统工程
- 优点：良好地使用规范模型和设计模型；支持自动代码生成
- 缺点：仍然保持系统和软件工程的分离

MB3　只使用说明模型的传统工程
- 优点：引入HLR的建模
- 缺点：不使用自动生成代码，会抑制模型维护的动力

MB4　HLR与系统需求合并，软件工程师开发设计模型
- 优点：促进系统对软件需求的关注和对软件需求的贡献
- 缺点：不使用规范模型，某些复杂的系统可能会错过模型的逐步细化过程

MB5　HLR与系统需求合并，系统工程师开发设计模型
- 优点：有力地促进以系统为中心的开发和提高对高级别需求和模型的控制，减少模糊性
- 缺点：不使用说明模型，在需求和代码之间可能有较大的差异

图 11 - 12　建模选项优缺点对比图

建模的输入：验证模型

在某些软件开发领域，设计人员会从一片空白或概念开始，然后逐步开发出相应的软件模型。在航空领域通常是"有罪推定"的思维模式：工程活动只有经

过验证或鉴定才会被信任，因此，模型必须被验证。但模型仅通过检查来验证是不够的，需要综合考虑多个因素，如图 11 - 13 所示。

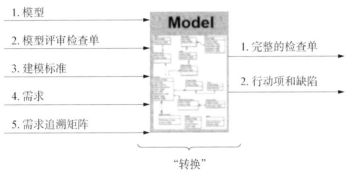

图 11 - 13　模型验证输入因素

以上都是模型评审所必需的输入，并且都必须进行配置管理。这意味着它们都具有唯一的标识，在未来可以被准确检索，以还原当时的评审细节。需求验证是建模中的一大挑战，所以模型必须有需求输入，这些需求在模型评审期间用来评估模型的正确性和完整性。

通过测试进行验证

除了评估模型是否符合建模标准和系统/软件需求之外，模型本身也通过测试进行验证。UML 为测试定义了一种标准的方式，指导测试用例的规范、架构、执行和分析。这种方法可以通过手动创建测试元素，并使用模型仿真、执行来确保结果符合预期。也可以使用一些像 IBM Rhapsody 的附加组件 Test Conductor 这样的工具，将这些步骤中的一部分自动化。

通过形式化方法进行验证（DO - 333）

形式化方法是验证模型的另一个关键手段，尤其是系统模型的子集。一些工程师试图通过形式化方法来验证整个系统模型，虽然 DO - 333 字面上允许，但“最佳实践”则是将形式化方法用于模型中的一部分特定的算法，以提高可证明性（更多信息请参见形式化方法）。

模型仿真

建模的另一个优点是仿真：可以在研发早期阶段对模型进行仿真。模型仿真可以被用来辅助验证模型的以下方面：

（1）是否符合系统需求（说明模型）。

（2）是否符合高级需求（设计模型）。

（3）准确性和一致性。

（4）可验证性。

（5）算法的准确性。

但是，模型仿真并不是为了验证以下内容：

（1）与目标计算机的兼容性。

（2）对标准的符合性。

（3）可追溯性。

（4）分区的完整性。

模型和代码的验证

UML 测试概要文件（www. omg. org）提供了一个标准的方法，用 UML 语言定义、执行和分析测试用例。IBM Rhapsody 工具附加组件"Test Conductor"实现了该标准，并附带了 DO－178 的认证包。该工具实现了测试用例生成、执行和分析的自动化，并可以提供模型覆盖的详细统计信息（参见下一节），当与代码验证工具结合时，还可以提供代码级别的覆盖率统计信息。

模型覆盖分析和可追溯性

由于模型是由工程师开发的，而在开发过程中，工程师难以避免对模型细节的遗漏。因此，必须对模型进行覆盖率分析。模型覆盖率分析可以确定哪些模型元素可能没有被完全验证，它还可以检测到模型中无用的功能，或未验证的元素。模型覆盖分析可以通过仿真或形式化方法来完成，而软件结构覆盖则是通过实际测试来完成的。模型覆盖的要素如图 11－14 所示。

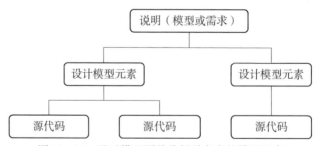

图 11－14　通过模型覆盖分析需考虑的模型元素

模型的可追溯性也是必要的，以证明每个模型元素的存在是有源头的。模型的每个部分都应该被追溯到：

（1）它所实现的需求。

（2）实现它的源代码。

可以用手动方式进行模型追溯，但是很多建模工具也在不断增加内置功能，以支持使用工具进行追溯。

结论

建模是一种强大的能力，越来越多地应用于航空电子设备。DO - 331 提供了一个框架来理解建模、驾驭建模、验证模型。

下面提供了对本章前面提出的问题的回答，如表 11 - 3 所示。

表 11 - 3　DO - 331 问题答案

序号	问　　题	答案
1.	如果你使用建模方式，但不使用自动代码生成（如你手动写代码），是否依旧需要软件建模标准和模型覆盖分析？	是
2.	当验证模型时，是否应该在测试执行之前确定预期结果？	是
3.	如果不将系统需求分解为软件高级需求，能否以系统需求开展模型设计？	是
4.	进行模型设计之前，是否必须先将系统需求分解为软件高级别需求？	否
5.	如果模型设计来源于系统需求，这些系统需求是否被视为高级需求，设计模型是否因此包含了低级需求？	是

第 12 章　DO‑332 面向对象的技术

DO‑332/OOT 的介绍

DO‑332 是一份指南文件,它是对 DO‑178C 和 DO‑278A 文件中面向对象技术的补充。这份指南用于指导航空领域机载软件和地面软件在研制过程中如何使用面向对象技术。OOT 对航空软件的研制来说是比较新颖的技术(尽管 Ada95 技术在 1995 年就存在了),DO‑332 的作者在编制这份指南时就面临着一个巨大的挑战:如何为不熟悉面向对象软件的人提供具有实践意义的指导? DO‑332 通过将 OOT 技术的介绍与实践"指南"相结合的方式巧妙地解决这个问题。通过这种方式,DO‑332 不仅解释了 OOT 的术语,还为 OOT 技术在航空软件的应用和认证奠定了基础。

软件开发的方法有很多,数以百计的出版书籍中各有各的方法论。但是,正如所有颜色都源于基本的红绿蓝三原色,软件开发有两种最基本的"原色":功能结构化实现和面向对象实现。与色彩不同的是,软件的这些"颜色"不能很好地融合。许多软件设计元素被认为是"结构化实现的",或者是"面向对象实现的",但不能两者兼有。传统的结构化设计方法,是通过构造一个周期内计算机的动作序列来实现的。相反,面向对象软件的设计方法首先要梳理这些软件对象可执行的行为,然后将这些对象及其行为封装、组合事件。当然,结构化实现方法可能会使用一些对象,面向对象的设计也会涵盖一些结构化的行为。但结构化设计和面向对象设计依然被认为是两种截然不同的方法,很难相互融合。

DO‑332 发布之前,安全关键软件的开发人员在应用 OOT 技术方面几乎没有准则可遵循。虽然在这个阶段,MISRA C＋＋等编程标准已被广泛应用,并且市面上已经出现了一系列商用静态代码分析工具,用于优化 C＋＋源代码,但对于如何使用 OOT 技术进行设计和验证还未形成特别明确的指导文件。

在结构化软件设计中,控制流和数据流是预先设定的,并且需要同步考虑。一个典型的结构化程序的序列如图 12‑1 所示。

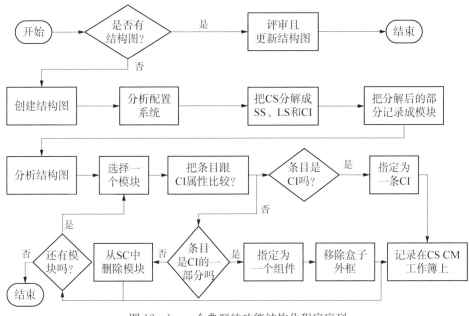

图 12-1　一个典型的功能结构化程序序列

　　在面向对象的软件设计中,独立的数据流和控制流是通过 OOT 类图中的对象进行封装的,如图 12-2 所示①。需要注意的是,使用面向对象方式描述软件低层数据流和控制流,不如使用结构化方法清晰。

　　包括航空业在内的安全关键领域都会尽力避免风险,新技术在其安全性得到证实之前都会受到质疑。在安全关键软件中,确定性和可验证性是至关重要的。传统理论认为结构化设计比面向对象设计更具确定性。首先结构化设计的软件,其执行序列是确定的且可重复的,其次由于源代码部分可以直接追溯到相关的软件低级需求(LLR),并且可以按照执行序列进行测试,功能结构化软件更容易被验证。因此,结构化方法论可以轻易达到确定性和可验证性目标,数十年来一直备受信赖。既然有了成功并可靠的方法论,为什么还要大费周章地使用面向对象技术呢? 实际上,这是技术演变和进步的必然。

　　根据达尔文理论,在自然界中,生物为了更好地适应生存环境而不断进化。同样地,对于技术而言,为了谋求商业上的生存,获得更好的经济性,也需要进行不断的演变。软件从结构化设计发展到面向对象设计的原因很简单:①可以更

---

①　面向对象是编程的一种方式,编程语言采用英文表达。为更方便理解这些软件设计,故保留英文。

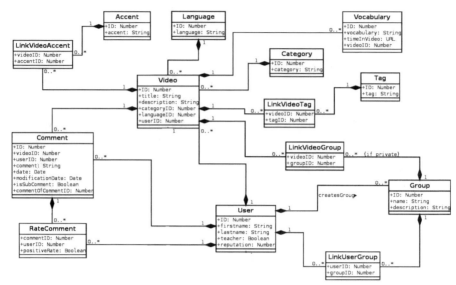

图 12-2   OOT 类图示例

好地管理日益复杂的软件;②具有更好的可重用性。

　　航空软件跟所有的软件一样,当功能很简单时,结构化设计表现良好,甚至优于面向对象。但随着计算机性能呈指数爬升,软件安全性功能不断增加,伴随而来复杂性和成本也急剧增大,面向对象技术的优势逐渐显现。

　　在最近一项针对航空客户的研究中,作者分析了各种飞机类型的航空电子软件的规模和成本,评估结果的总结如表 12-1 所示(注意这些数据是非正式的且无法证实的,因为制造商不会透露财务细节,且该研究的大部分分析和执行是在保密协议下进行的)。

表 12-1   一份航空客户研究案例

飞机类型	软件和逻辑的估计总行数	平均每行软件和逻辑的费用/美元	软件开发费用/美元
活塞动力通用航空,6+座位	100 k~1.5 M	260	26~390 M
湾流 G550	4.0 M	330	1.32 B
波音 777(1995)	4 M	260	1.04 B
波音 787(2012)	7 M	370	2.59 B
JSF-35(联合攻击战斗机,截至2016)	15 M	520	7.8 B(机载)

不同种类飞机的单机成本

图 12－3［由 COCOMO 软件估算模型的作者巴里·贝姆(Barry Boehm)博士绘制,他是南加州大学(USC)的教授,作者曾在该校获得其中一个硕士学位］以代码行数作为项目规模的度量标准,绘制了项目规模与开发工作量的关系。此图横轴选取范围是 50 K～1 M LOC,正是机载系统中超 90％的软件项目的规模。

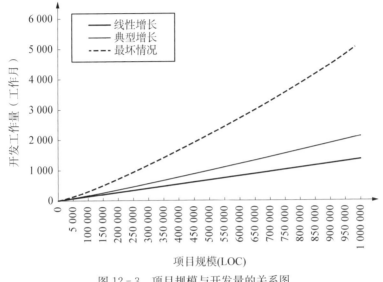

图 12－3　项目规模与开发量的关系图

计算能力的提升带来了航空软件规模、复杂性和成本的增加,与此同时,越发复杂的系统功能越需要软件重用技术。而结构化设计的可重用性较弱:看似微小的逻辑更改可能需要大量的分析和返工工作,以确保被修改软件可正确运行,结构化设计带来的确定性和可验证性这两个优点,也随着系统复杂性的增加而逐渐淡化。商业非安全关键领域在很久以前就已经意识到面向对象技术能够提升产品的可重用性,当开发规模日益庞大的复杂系统时,面向对象技术比结构化设计方法更具有优势。面向对象技术中的"对象"包含了各种属性,这些属性由于继承、重载等机制,会显著影响确定性,为验证工作带来挑战,因此,人们对面向对象技术提出了质疑。由于 DO－178B 和 DO－278 颁布于面向对象技术被广泛使用之前,这两份行业指南对面向对象技术几乎没有提供什么指导(但像 Ada95 这样的软件语言体现了一些面向对象的特性,确实是超前于这个时代的)。总结来说,面向对象技术可以提高软件的可管理性和可重用性,但带来了不确定性和可验证性的挑战,而 DO-332 正是面对这些挑战应运而生的。在安全关键系统中如何应用面向对象技术并通过 DO-332 达成适航符合性目标的过程中所存在的挑战,首先需要简要了解面向对象技术本身。

面向对象技术背景

在计算机的铁器时代(25～50 年前),软件是通过构建实现功能所需的序列指令来手动编写的。当软件需要密切操作硬件时,汇编语言适合用于更直接的 CPU 层级控制,而其他高级语言如 FORTRAN、Ada 或 C 语言通常用于科学编程。航空软件在 20 世纪 70 年代和 80 年代飞速发展,这意味着 Ada 和 C 语言成了首选的编程语言。在这种环境下提高软件的可重用性和可管理性变得越发重要,因此聪明的开发人员为实现这些目标应用了各种技术:封装、硬件抽象、包装器,以及构建接口既通用又鲁棒的软件组件库。这些技术虽然改善了软件的可重用性和可管理性,但从商业和经济方面来看,需要有更加具有革命性的改变:重新思考顺序指令编程,取而代之应用面向对象编程语言,最终形成了面向对象(OO)的编程技术。尽管面向对象对安全关键软件的验证和适航审定有一些挑战,但大家在逐渐面对并解决这些问题。

要理解为什么面向对象存在这样的挑战,首先需要了解面向对象。面向对象开发人员通常以对象的角度来进行程序设计,而不是顺序地构思和编写计算机程序。一个对象由封装的数据和程序组成,是一个包含数据的数据结构,计算机指令("代码")通过对象中的程序("方法")实现,而对象中的接口则描述了该对象如何在程序中交互。开发人员不按照指令谁先执行谁后执行的思路编程,而是在更高的层面上,通过定义对象间的交互逻辑进行编程。面向对象的方法可以访问或更新该对象中数据。对象形式多种多样,如图 12-4 所示。

每种形式的对象中均需具有以下属性:

(1) 现实世界概念或事物的抽象化。

(2) 有明确的边界。

(3) 具有独特的身份。

(4) 拥有唯一标识。

(5) 可能对自身进行操作。

(6) 可能与其他对象进行交互。

正如人、职业甚至飞机一样,对象的功能、能力和复杂度也可能存在巨大差异,其中有 3 种基本的对象类型,如图 12-5 所示。

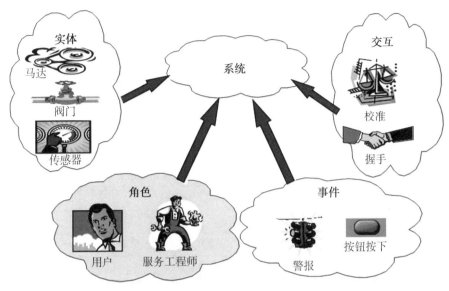

图 12 - 4　对象形式多样性图示

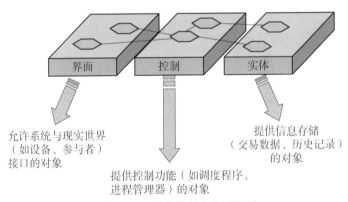

图 12 - 5　对象的基本类型图示

　　我们可以看到,对象具有一定的功能,但若只论对象自身,则并不能使其发挥作用。就像飞机发动机,只有与飞机结构、机翼和控制系统结合时,发动机才会发挥作用。类似地,当对象在面向对象编程(OOP)的上下文中被使用时,对象才能体现其价值。面向对象编程的基本理念是将程序设计与编程语言相结合,航空领域和许多安全关键系统都会使用 C++。面向对象技术的特性总结如图 12 - 6 所示。

图 12-6　面向对象软件的特性总结

航空领域中 OOT 需要什么？

　　DO-332 大部分内容更像一份教程，为了确保适航过程中的一致性，需要搭建整体框架，并对其进行定义。尽管 DO-332 并没有提供完整的面向对象教程，但是它解决了面向对象在可靠性验证方面的常见问题。与 DO-178C 类似，DO-332 定义了一套软件工程过程，将面向对象相关方面融入已有的生命周期活动中。

（1）计划和标准。

（2）软件需求。

（3）软件设计。

（4）软件编码。

（5）软件集成。

（6）软件验证。

（7）配置管理。

（8）质量保证。

（9）合格审定。

安全关键系统中的面向对象技术的使用必须缓解或解决其固有的潜在风险。这些潜在风险主要是哪些方面呢？简单地说，就是对 DO‑178C 所要求的可追溯性、一致性、确定性、评审、结构覆盖和测试产生的负面影响。

为了解决潜在的面向对象"漏洞"，DO‑332 需要对每个项目具体的面向对象使用情况制订评估、预防和缓解方案。首先需要确定应用了多少面向对象技术，然后执行面向对象的漏洞分析活动。项目通过以下途径定义面向对象考虑因素：

（1）软件计划（PSAC、SQAP、SCMP、SDP 和/或 SVP）。

（2）软件标准（需求、设计和/或编码标准）。

（3）工程和质量保证检查单。

每个项目的计划、标准和检查单都必须符合 DO‑332，必须反映该项目具体的"漏洞"分析结果。因此，必须考虑和识别在项目的生命周期过程，以及开发环境中使用面向对象而出现的潜在"漏洞"。

对于可能存在的"漏洞"，必须定义一种"先缓解后验证"的策略，并确保该策略可执行。DO‑332 描述了许多常见的面向对象漏洞及主要缓解步骤，总结如图 12‑7 所示。

面向对象之所以最初在航空领域未被广泛使用，很大程度上与上面总结的"漏洞"有关。DO‑332 通过约束部分面向对象功能，然后通过审查需求、设计和代码来验证与这些约束的符合性，进而缓解这些"漏洞"带来的影响。实际上，这些约束不可能完全消除漏洞，下面将展开描述。

安全关键软件中的面向对象问题和"漏洞"

安全关键软件必须被证明满足所定义的目标。首先根据软件对飞机安全的潜在影响，给软件分配一个保证等级。对于高保证等级（软件的 DAL A～DAL

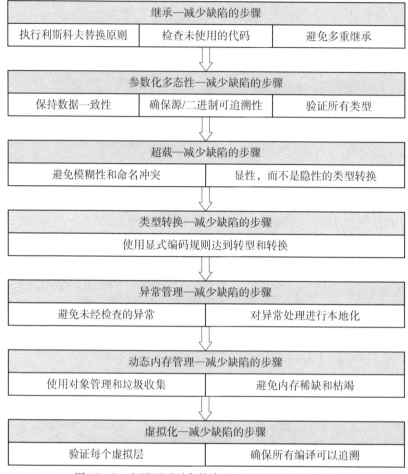

图 12-7 主要面对对象技术方面和相关的缺陷考量

C,复杂电子硬件的 DAL A～DAL B,以及 CNS/ATM 的 AL 1～AL 3)的软件, 这些目标需要对实际的逻辑设计和软件实现进行评估。这种评估必须能看到盒子内部的设计和实现,被称为"白盒"评估。相反,保证等级较低的软件只需要黑盒子评估。图 12-8 总结了黑盒子和白盒子的概念。

在黑盒层面,面向对象和结构化软件之间差异很小。然而,在白盒层面,它们之间的差异需要额外考虑以下方面,DO-332 引用了特定的活动来解决这些问题,如图 12-9 所示。

DO-332 面向对象技术总结

面向对象技术在日益复杂和不断发展的航空电子系统中提供了许多优势,

黑盒子与白盒子
的区别是什么?

黑盒子:
　—无视执行
　—无法"看到盒子内部"
　—基于需求的测试用例

白盒子:
　—实现依赖/使用实现
　—必须评估/使用实现
　—必须"看到盒子内部"
　—来自实现的测试用例

图 12-8 黑盒子与白盒子验证的对比

可追溯性	·必须考虑所有类和子类的继承 ·需要保持模型的可追溯性,特别是设计模型 ·对于DALA来说,必须考虑所有OOT原始的源代码/对象相关性,包括构造器、析构器、类转换和编译器生成的目标代码
结构覆盖	·通过基于需求的测试,评估软件覆盖率 ·展示每个类的所有继承和显示方法的覆盖率 ·在OOT的设计和代码层级处理控制耦合和数据耦合问题
基于组件的 开发	·软件开发的终极目标是"可重用组件";必须确保每个重用组件都经过充分的验证,包括追溯及非激活代码 ·证明集成系统中每个组件经过控制耦合分析 ·验证目标系统中的异常管理和资源管理
资源分析	·验证堆栈使用情况:验证动态内存分配和回收 ·确认最坏执行时间,并充分验证 ·确认所有的内存操作是确定的 ·确认每个对象的引用都是唯一的,并且所有操作都具有原子性

图 12-9 面对对象技术的考量

极大地提高了软件可重用性,这是航空领域的"终极目标"。当完全使用先前认证的软件组件时,只需要重新测试和对测试重新进行评审,面向对象技术让这种构想成为可能。也许软件重用的最大障碍是政策上的,而不是技术上的:每个人都知道,构建可重用的软件组件可以为未来的项目节省大量经费,但也会增加初始开发成本。只有睿智的公司才会更重视可重用性及其长期成本效益,面向对象是实现这一目标的秘诀。面向对象虽然有益,但也存在潜在风险,这与人类的健康类似:大家可以通过有氧运动获得健康,但是如果不能科学锻炼,也会因此影响健康。所以医生会建议执行严格的训练方案来最终产生更好、更安全的结果。对于面向对象,推荐的最佳实践总结如下。

(1) 确保每个组件、子类和接口都有自己的:

a. 需求。

b. 可追溯性。

c. 测试(功能、鲁棒性、结构覆盖率)。

(2) 对象模板应当对每种类型的参数都进行实例化并进行测试,等价类除外。

(3) A、B 和 C 级禁止嵌套模板和友元类。

(4) 确保使用了 C++的 A/B/C 等级软件进行了数据和控制耦合分析。

(5) 即使不打算向正式的认证机构进行可重用软件组件(RSC)分类,也要阅读咨询通告(AC)20-148 将其软件重用实践运用于工程中。

为了确保软件安全,必须透彻理解面向对象技术的约束。在开始面向对象培训前,要全面阅读 DO-332,因为它本身也是一份安全开发的优秀教程。

第 13 章　DO‑330 工具鉴定

航空工程"工具"——概览

（航空）系统、软硬件中的"工具"是指帮助工程师创建、分析、验证、追溯、修改、产生或配置正在开发的应用软件的电脑程序。这类工具和程序几乎在计算机科学诞生之初就得到了运用。有许多更"物理"的工具被用于工程之中，比如示波器和技术人员实体工具箱中的各类物件；这些确实都是实实在在的工具，但它们不是航空工程场景中的"工具"。DO‑330 将航空系统工程开发或验证中使用的软件或逻辑程序定义为"工具"。

将烦琐、复杂的操作通过工具自动化，可以提高开发过程的效率和效果。但是工具能够被信任吗？在一些场景下，工具一定要被正式鉴定吗？这几个问题的答案和工具鉴定细节请见下文。

如今高可靠性产品在各种安全关键应用中使用了开发和验证工具，如果没有这些工具，几乎不可能完成工程的研制。这些工具可能会消除、减少、自动化那些确保安全关键应用正确性的过程。航空、医疗、铁路、航天、汽车和军工系统在开发工具的帮助下进行开发，这些工具可能出现故障，进而导致应用程序出现恶意行为。例如：开发环境可能会影响产品的设计和行为；验证工具的结果也可能是不正确的，进而导致产品内部的错误未被发现。

在航空业中工程工具对航空电子系统的潜在负面影响必须得到缓解，并且通过 RTCA/DO‑178C/ED‑12C（软件）和 RTCA/DO‑254/ED‑80（硬件）分别对软硬件开发进行监管。针对 CNS/ATM（通信导航系统/空中交通管理系统）的地面工具也有相似的鉴定需求。这些航空相关系统的共同特点是都遵循 DO‑330 的指导来进行工具鉴定。根据 DO‑330，只有在一个工具的输出未经其他手段验证时，才需要对该工具进行鉴定。图 13‑1 总结了 DO‑330 的工具鉴定的背景，相关的细节在本章的余下内容中进行描述。

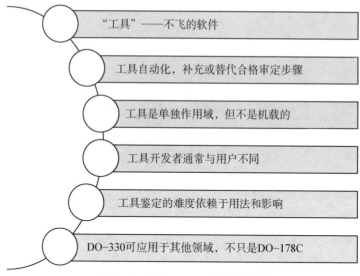

图13-1 DO-330工具鉴定背景

工具的定义

韦氏字典将工具定义为一种设备,包括任何用于达到目的的手段,任何用于执行操作的东西,被视为完成工作或职业所必需的东西,或者被另一个人使用或操纵的人。RTCA/DO-178C、RTCA/DO-254和FAA指令8110.49将工具定义为用于开发、测试、分析、产生和修改另一个程序或其文档的计算机程序。所以在航空电子领域,整个生命周期中所应用的软件被定义为工具。请思考图13-2所示的通用工具类型是否需要鉴定(答案见下节)?

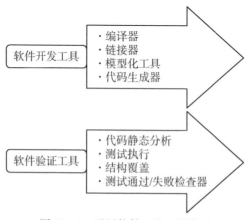

图13-2 通用软件工程工具类型

图 13－2 中的每个工具在航空电子工程中都扮演了关键角色,且都是商用货架产品(COTS)。在 DO－178B 中,工具被简单地分为开发工具和验证工具。但是,随着技术进步,一些混合型工具可以在进行验证的同时减少相应的开发活动,所以 DO－178C 不再做这种简单的划分了,后面将通过工具"准则"来解释这个情况。

工程中的工具用于项目的所有阶段:需求规范、软件设计、编码、集成、配置管理、验证等。随着电子系统和现代航空电子设备越发复杂、规模越发庞大,只使用实现工具(编译器、汇编器和链接器)开发航空电子软件,越来越不现实。

工具鉴定的时机

除非工具的输出物得到了验证,否则使用工具消除、减少或自动化 RTCA/DO－178C 或 RTCA/DO－254 所描述的设计保证过程时,就需要进行工具鉴定。工具输出物的验证过程必须遵守 RTCA/DO－178C 第 6 章所定义的验证过程。在航空电子软件研制中,"验证"一词有特定的含义(图 13－3 展示的是作者提出的"DO－XXX 验证方程",并不是 FAA/EASA 的官方策略)。

DO－330 在结构上模仿了 DO－178C,包括计划、开发和综合等 3 个主要过程,如图 13－4 所示。

1. 介绍
2. 工具鉴定的目的
3. 工具鉴定的特征

| 4. 工具鉴定计划过程 | 计划 |
| 5. 工具开发过程 | 开发 |

6. 工具验证过程
7. 工具配置管理
8. 工具质量保证　　　　　　综合过程/正确性
9. 工具鉴定联络
10. 工具鉴定数据
11. 额外考虑
A. 工具鉴定目标表 T-0 到 T-10

图 13－3　DO－XXX 验证方程　　　　图 13－4　DO－330 组织结构描述

工具鉴定:DO－178B 和 DO－178C

在 DO－178B(已被 DO－178C 取代)中,工具鉴定只是简单地在 DO－178B 中进行了阐述,并通过广泛使用的 FAA 指令 8110.49 进行了澄清。

工具简单地被归为下述两类中之一：

（1）开发工具：能在可操作的机载软件中引入错误。

（2）验证工具：不能引入错误，但有可能导致无法检测到机载软件中原有的错误。

DO‐178B 在 1992 年发布，那时还没有与复杂电子硬件（DO‐254）和 CNS/ATM（DO‐278A）相关的指南。DO‐178B 中不足 4 页的工具鉴定指南仅仅是概述性的，不足以指导实际工作。因此，需要新的航空电子软件工具鉴定指南，原因如图 13‐5 所示。

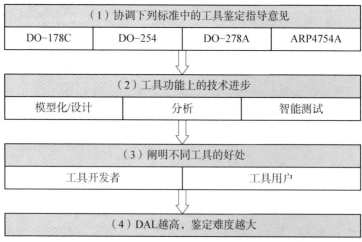

图 13‐5　将 DO‐330 作为全新独立的工具鉴定准则的理由

如图 13‐5 所示，DO‐330"软件工具鉴定考虑"出现的原因有 4 个关键点，这个文档提供了必要的补充工具鉴定信息。无论工具类别如何，可通过回答以下 3 个问题来评估工具是否需要鉴定。

（1）在工具预期使用范围内，该工具是否可能向机载软硬件中引入错误，或导致无法检测机载软硬件中原有的错误？

（2）工具的输出物是否未被 DO‐178C 第 6 节的验证活动所验证或确认？

（3）工具的输出物会否被用于满足或替代 RTCA/DO‐178C、DO‐254、DO‐278A 等标准中的任意目标？

如果上述 3 个问题的答案都为"是"，那这个工具就极有可能需要被鉴定。图 13‐6 通过一个典型的流程图展示了这 3 个问题。需要注意的是第 1 个和第 3 个问题的答案几乎总是"是"，因此工具鉴定必要与否只取决于第 2 个问题：

"工具的输出物会不会被验证?"如果答案是"否",那就几乎可以确定需要工具鉴定。实际上,大部分工具要么会引入错误,要么会导致错误漏检,另外大部分工具都会消除、减少或自动化航空电子(产品的)开发或验证过程。因此,在判断一个工具是否需要被鉴定时,真正需要回答的问题是"工具的输出物是否通过其他方式验证了?"如果一个 DO - 178C、DO - 254、DO - 278A 工具的输出物没被验证,那该工具就需要鉴定。一旦确定了工具需要被鉴定,那就需要确定这个工具的 TQL,并且按照 DO - 330 的目标进行工具鉴定。

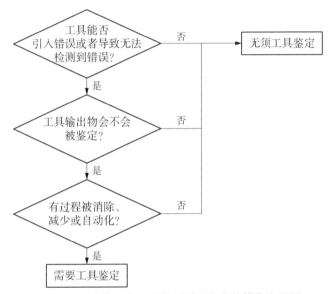

图 13 - 6　决定一个工具是否需要鉴定的简化流程图

工具鉴定的原因

　　机载软硬件和系统需要经过"合格审定"。在开发和/或验证过程中通常会使用工具,虽然工具通常不会在飞机飞行过程中运行,但会用来产生满足合格审定目标的证据。因此,必须证明工具为消除、减少或自动化审定过程提供了等效保障。工具鉴定过程建立了工具的可靠性和置信度。

　　一个工具是否需要鉴定应当尽早和审定机构一起确认,并在审定计划文件中说明。在开发和验证之前,应该在项目的计划阶段对工具进行评估和评价。如果发现一个工具不需要鉴定,应当尽早达成协议,避免在项目后期出现问题。在工具鉴定活动全部完成之前可以先行开发工具,但是考虑到鉴定的可行性,应该确保在需要时能够进行鉴定。作者在过去的几十年中遇见许多项目一开始

"假定"工具不需要被鉴定,当后来发现该工具的输出无法满足鉴定要求时,结果非常惨痛。

DO-330规定工具鉴定活动应与潜在工具影响直接相关,这种影响基于工具类别和所属机载的设计保证级别(DAL)。因此,DO-330基于3个审定准则引入了5级工具鉴定等级(TQL),如表13-1所示。

表 13-1 工具鉴定等级:基于 DAL 的工具审定准则

软件 DAL (重要等级)	工具审定准则		
	1	2	3
A 级	TQL-1	TQL-4	TQL-5
B 级	TQL-2	TQL-4	TQL-5
C 级	TQL-3	TQL-5	TQL-5
D 级	TQL-4	TQL-5	TQL-5

按照这3个准则,工具可以分为对应的三类。

(1)审定准则1:工具的输出物是机载软件的一部分,因此能够引入错误。例如,从模型自动生成源代码的代码生成工具。

(2)审定准则2:工具自动化了验证过程,可能错误漏检,且工具输出物表明消除或减少以下过程。

a. 除了该工具自动化的验证过程之外的验证过程。

b. 可能对机载软件有影响的开发过程。

例如,验证完整性和覆盖率的模型检查工具。

(3)审定准则3:该工具在其预期的使用范围内,可能无法检测出错误。

例如,检查代码覆盖率的结构覆盖工具。

根据表13-1可以确定工具鉴定等级。如果工具的输出(如代码生成器)包含 DAL B 软件,那它符合审定准则1,所以它的 TQL 是2。另如,如果工具只进行结构覆盖率的验证,它都符合审定准则3,与软件的 DAL 无关,因此它的 TQL 为5。

工具鉴定的范围

并不是所有工具都需要鉴定。通过前面的3个判据,可以相对简单地确认哪些工具需要鉴定。典型的需求管理、配置/数据管理和质量管理类工具通常不需要工具鉴定。原因是这种工具的输出物通常不会去满足或替代(DO-178C)附录中的任何目标,又或者工具的输出物会被其后续验证活动所覆盖。所以一定要通过工具的完整评估来确认工具是否需要被鉴定。通常需要鉴定的工具能够很清楚地被判断适用于哪条审定准则。尽早确定工具是否需要被鉴定以及相应的 TQL 非常重要。作者建议即便工具评估认为工具无须鉴定，也要在审定计划文件中引用该工具并说明无须鉴定的理由。

编译器、汇编器和链接器是典型的 1 类审定准则工具，但它们输出物经常被其他活动验证（如评审或测试）。因此，它们往往不需要工具鉴定。符合 1 类审定准则且需要鉴定的例子有生成源代码的设计工具（代码生成器），生成可执行目标码的工具，代码表示或仿真工具，还有像交叉编译器和格式生成器这种二进制转换工具。

符合 2 类和 3 类审定准则的工具如下：自动化代码评审和设计评审的工具，从需求生成测试用例和/或测试规程的工具，确定测试结果通过与否的工具，各类追踪和报告结构覆盖率结果的工具，确定需求覆盖结果的工具。

航空电子系统代码本身、编译器的库和实时操作系统不被当作工具，因为它们是实际可执行软硬件的一部分。它们通过设计保障过程来验证，不需要工具鉴定但需要经历 DO‑178C 中面向机载软件的全套审定过程。

工具鉴定的生命周期

真正的产品质量依赖于高质量的规划，按照计划的实施和对实施的评估以及支持流程。工具鉴定的典型流程如图 13‑7 所示。

1. 决定工具是否需要鉴定
2. 决定采用哪个工具鉴定审定准则
3. 决定工具采用的工具鉴定等级（TQL）
4. 根据 TQL 确定能够采用的目标和生命周期数据
5. 执行工具生命周期过程
    a. 计划过程
    b. 需求过程
    c. 设计过程
    d. 编码过程
    e. 操作集成过程
    f. 验证过程
    g. 配置管理过程
    h. 质量保证过程
    i. 审定联络过程

图 13‑7　典型的工具鉴定流程

就像 DO‑178C 要求航空电子软件经历全生命周期过程一样，DO‑330 也为工具制定了生命周期，如图 13‑8 所示。

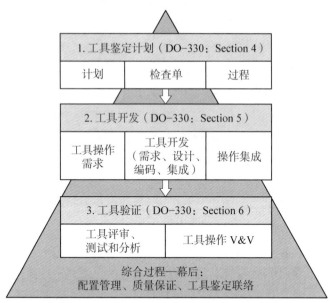

图 13-8　DO-330 中鉴定工具的生命周期

工具鉴定生命周期由 3 个关键活动构成。

（1）工具计划。

（2）工具开发。

（3）工具验证。

这些活动必须顺序执行。而综合过程则在这些活动进行过程中持续开展，即工具配置管理过程、工具质量保证过程和工具鉴定联络过程。

选定 TQL：工具鉴定等级

当一个目标由多个工具来满足时，掌握工具生命周期过程及其与 DO-178C/DO-254 目标的映射至关重要。工具鉴定过程中需要执行的工作完全依赖于工具的 TQL。TQL 分为 5 级是因为不同等级的工具造成的潜在不利影响差别很大，通常 TQL-1 工具发生问题所造成的危险性远大于 TQL-5 工具。因此鉴定 TQL-1 工具需要解决更多难题，需要更多技巧，而 TQL-5 只需要最低程度的文档。如果工具被作为 TQL-3，是否可以按照更好的等级来进行鉴定？如 TQL-2 或 TQL-1？当预算和进度都充裕时当然可以。但通常不会这么做，除非该工具在后续的项目中会被要求更高的 TQL。那是否可以把工具鉴定成更低等级的呢？绝对不行，更低等级（TQL 后的数字越大，等级越低）的工具需要的鉴定目标更少。由于航空电子系统的开发已经极其昂贵和耗时,应当避免额外的工作,按最低 TQL 来鉴定工具,除非会在其他项目中复用它,而且届时会要求一个更高的 TQL。

工具鉴定计划过程

工具鉴定所需要满足的目标详述于 DO-330 后附录 A 的 10 张表中。这些目标和 TQL 关联,如图 13-9 所总结:工具鉴定的目标是随着 TQL 等级提升(从最不严格的 TQL-5 到最严格的 TQL-1)累计增加。

图 13-9　基于 TQL 的工具鉴定关键目标和数据

软件工具鉴定计划的第一步是确定工具鉴定的必要性。首先,最重要的是按照工具的 TQL 确定需要满足的目标。DO-330 列出了基于 TQL 的所有目标,图 13-9 则指出了各级别的关键目标。TQL 等级可能会变化,如果有充足理由认为工具在后续研制过程中可能会被要求更高的级别,需要重点考虑"独立性"相关的要求。独立性涉及验证过程(评审、测试、分析)并且如果验证中没有保证独立性,那当更高的 TQL 要求独立性时,验证就需要重做了。作者建议:即便没有正式要求,验证时也要保证独立性。安排一个独立的验证工程师会产生额外成本,但验证结果的质量会更高。

表 13 - 2 总结了每个 TQL 的目标数量,以此概括了所需的工具鉴定要求的严格程度。

表 13 - 2　基于 TQL 的工具鉴定目标梗概

		TQL-1	TQL-2	TQL-3	TQL-4	TQL-5
T-0	工具操作过程	7	7	7	7	6
	● 计划过程	1	1	1	1	1
	● 工具操作需求过程	1	1	1	1	1
	● 工具操作集成过程	1	1	1	1	1
	● 工具操作确认和验证过程	4	4	4	4	3
T-1	工具计划过程	7	7	7	2	0
T-2	工具开发过程	8	8	8	5	0
T-3	工具需求过程验证	9	9	9	8	0
T-4	工具设计过程验证	11	11	9	1	0
T-5	工具代码和集成过程验证	7	7	6	0	0
T-6	集成过程测试	4	4	4	2	0
T-7	工具测试验证	9	7	6	2	0
T-8	工具配管过程	5	5	5	5	2
T-9	工具质量保证过程	5	5	5	2	2
T-10	工具鉴定联络过程	4	4	4	4	4
	总计	76	74	70	38	14

工具鉴定的追溯

和其他 DO - XXX 指南一样。AFuzion 公司的培训魔咒"有罪推定"也适用于 DO - 330。图 13 - 10 总结了不同的 TQL 工具的鉴定需求,以及在工具鉴定过程中需要提供的各类证据和可追溯性关系(Jon Lynch 提供,AFuzion 公司 DER/工程师)。

工具鉴定所需的信息和数据

所需提交和提供审核的工具鉴定数据包和形式依赖于被鉴定工具的类型和 TQL。TQL - 1 需要的最多而 TQL - 5 需要的最少。表 13 - 2 中按 TQL 划分了工具鉴定需提交的数据和时机。需要注意的是,审查方更关注工具鉴定的质量而不是"打包方式"。因此,可以将工具软件文档合并入几份文档中。

然而,在工程实践中应当谨慎地去减少文件数量,因为工具可能会在其他项目上重用或者进行更新,因此将工具鉴定数据放在不同的文档中,简化了将来的复用和重新鉴定的工作。图 13 - 10 中每个数据项所需包含的数据量取决于

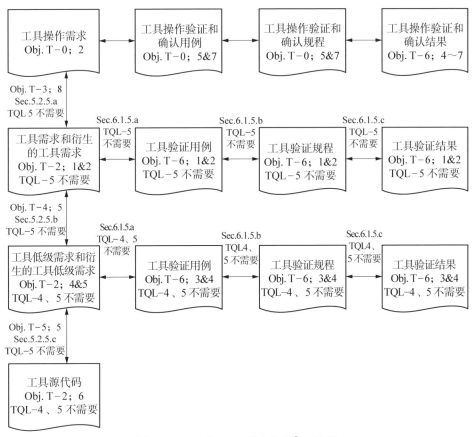

图 13-10　DO-330 需求和 V&V 追溯

TQL，因此，需要确保所需数据没有遗漏，并避免在较低级别的 TQL 中收集和记录不需要的数据。

表 13-2 中的一些数据项被标为"M"（意味"可能"）的原因，是因为在该 TQL 的最低要求下，某些数据可能不需要或可以放在其他文档中。例如，TQL-5 工具的工具鉴定计划中可以简单地囊括在 PSAC 中，这样就不必单独准备一份 TQP 了。计划者需要考虑为每个工具制订一份 TQP 还是为所有工具做一份大 TQP。在最新的项目中，一些团队选择后者，以展示如何将所有工具集成到生命周期过程中。

很多工具供应商不会严格按照工具鉴定计划执行工具鉴定，也不会给出一个完美的鉴定产物集。取而代之的是提供工具鉴定支持数据包，你得想办法获得所有权，然后按需裁剪以产生鉴定过程中的各种产物。尽早获取工具鉴定包

十分关键。典型的工具鉴定数据如表 13 - 3 所示,包含如下内容:

表 13 - 3　基于 TQL 的工具计划

数据项	阶段			可接受 TQL				
	联络和综合过程	工具开发	工具操作集成	TQL-1	TQL-2	TQL-3	TQL-4	TQL-5
PSAC 中关于工具的信息	□			□	□	□	□	□
工具鉴定计划(TQP)	□			□	□	□	□	M
工具开发计划	□			□	□	□	□	M
工具验证计划	□			□	□	□	□	M
工具配置管理计划	□			□	□	□	□	M
工具质量保证计划	□			□	□	□	□	M
工具标准(需求、设计、代码)	□			□	□	□		
工具配置索引	□			□	□	□	□	M
工具生命周期配置索引	□			□	□	□	□	□
工具问题报告	□			□	□	□	□	□
工具配置管理记录	□			□	□	□	□	□
工具质量保证记录	□			□	□	□	□	□
工具完成综述	□			□	□	□	□	M
软件完成综述(SAS)中的工具信息	□			□	□	□	□	□
工具需求		□		□	□	□	□	□
工具设计		□		□	□	□	M	
工具源代码		□		□	□	□	□	□
工具可执行码		□		□	□	□	□	□
工具验证用例和结果		□		□	□	□	□	□
追踪数据		□		□	□	□	□	□
工具操作需求			□	□	□	□	□	□
工具安装报告			□	□	□	□	□	□
工具操作确认和验证用例及规程			□	□	□	□	□	□
工具操作确认和验证结果			□	□	□	□	□	□

注:□表示该数据项一般是需要的;
　　M 表示依赖于对审定准则进一步诠释,该数据项可能需要;
　　空白表示该数据一般是不需要的。

(1) 工具鉴定计划模板。

(2)“缺省的”工具操作需求。

(3) 工具验证计划。

（4）工具鉴定规程和测试用例。

（5）支持测试用例执行的源代码文件或模型文件。

（6）预制的工具完成综述。

在一些情况下,工具供应商会在模板文件中嵌入裁剪指南,也有供应商会提供一份整体描述文档。评审和评估裁剪指南十分重要。由于团队可能会具有裁剪工具功能,因此还需要评估从工具供应商需要获取的支持。

要注意工具供应商通常不提供工具安装报告,但掌握好它对团队来说又是很关键的。

工具计划、开发和验证

根据上述介绍,工具鉴定有 3 个关键活动:

（1）工具鉴定计划。

（2）工具开发。

（3）工具验证。

图 13-11 介绍了这 3 个工具鉴定活动。首先,需要考虑工具鉴定中的各个利益攸关方:工具用户和工具开发者,在图 13-11 中对它们进行了总结。

（1）工具开发者。

a. 负责开发、验证、文档化和产品化工具。

b. 开发工具以将工具产品交付给工具用户。有时可能定义额外的利益攸关方(如工具集成者和工具验证者)。

工具集成者/工具验证者执行以下任务:

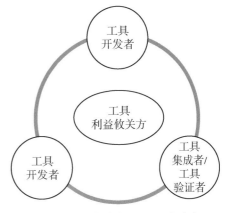

图 13-11　益攸关方:工具开发者与工具用户比较

（a）满足工具的安装和操作目标。

（b）负责根据鉴定准则在软件生命周期过程中鉴定工具。

（2）工具用户。

a. 在软件生命周期过程中负责选择、使用和鉴定工具。

b. 满足工具安装和操作目标。

（3）利益攸关方。

a. 包含工具用户和工具开发者。

b. 也可以包含工具集成者和工具验证者。

c. 应当在计划(PSAC&TQP)中定义利益攸关方及其责任。

工具鉴定计划和数据

需要鉴定的工具和航空电子系统本身在工程上十分相似:"计划""根据计划实现",然后"验证",同时还需要遵循计划、开发和贯穿全生命周期的 CM、QA 以及适航联络过程等综合过程。工具鉴定计划包含了大量的目标。

(1) 确定并定义工具全生命周期中各生命周期过程间的互相关系,在 PSAC 中进行总结(或在 TQP 中,亦可以在两处都保留)。

(2) 提前定义工具开发和验证环境及相关细节。

(3) 为需求、设计和代码制定标准,注意这些可能会和航空电子软件的标准十分相似(乃至一致)。

(4) 确认所有适用的 DO - 330 目标,并定义如何实现每个目标。

工具鉴定过程输出物中的数据如下:

(1) PSAC 中关于工具的信息。

(2) 工具鉴定计划(TQP)。

(3) 工具开发计划。

(4) 工具验证计划。

(5) 工具配置管理计划。

(6) 工具质量保证计划。

(7) 工具标准(需求、设计、代码)。

工具开发和数据

在工具鉴定计划数据文档化和评审后,根据这些计划开始工具研制工作(或对已经存在的工具的逆向工程)。按照顺序依次开发工具需求、设计和代码,并确认满足阶段转换要求、符合综合审定准则(包括可追溯性)。这些工作非常重要:如果要鉴定一个工具,就必须对其需求进行测试,拥有更严格 TQL 的工具会要求额外的源代码鲁棒性和结构覆盖率测试。但不能只靠测试来确保工具质量。就像造一个摩天大楼,在建成后测试其抗震性是不够的,在建筑结构中就要加入对地震的耐受性考虑,并贯穿地基、墙体和地板的建造过程。对工具来说也一样:质量条款必须贯穿并体现在开发生命周期中。因此,DO - 330 对于各个过程:工具需求/设计/编码标准、集成、转阶段审定准则和可追溯性都有目标。

工具鉴定和数据

和审定的航空软件一样,工具鉴定需要通过满足验证过程特定的目标,工具鉴定的验证包含以下几个过程：

（1）工具验证过程。

（2）工具操作验证和确认过程。

上述"（2）"是工具独有的：航空电子软件（DO‐178C）和硬件（DO‐254）不需要操作验证和确认，因为这些机载软硬件的操作是系统级需求的一部分，它们在系统层面已经被确认和验证了。但是，工具没有系统级需求，因此通过 DO‐330 鉴定的工具必须有一个额外的过程来保证工具能够按照预想被正确操作（"验证"），并且对应的工具操作需求是正确的（"确认"）。

被鉴定的工具需要工具需求和工具操作需求："工具需求"指定了工具的功能，"工具操作需求"指定了工具的预想用途。工具有两种不同类型的需求是因为工具用户通常不是工具开发者。工具开发者的工作是确保工具的功能符合工具需求，而工具用户的工作是确保工具的用途符合工具操作需求。工具可以做什么和工具如何被操作之间存在一定的联系，但工具需求确实不同于工具操作需求。

最后，请周全考虑所有的工具是否需要鉴定。作者推荐在审定计划文件中列举所有被用到的工具，并从中确定哪些需要鉴定，尽早在工具分类、工具鉴定的必要性和工具鉴定方法等问题上与局方达成一致。

第 14 章　DO-326A 航空网络安保

航空网络安保介绍

最糟的敌人——航空网络威胁

你是否会有这样一个潜在的噩梦：一个乘客带着笔记本计算机乘坐商业航班，骇入飞机网络，使飞机越飞越高。在 2015 年有人宣称实现了这个场景，但好消息是，这个人是一个"白帽子"黑客，所以飞机当时是"安全"的。这群人旨在证明网络安保有待加强。

这个黑客也因此被所有航空公司终身拒载。其实并不需要通过类似的事件来驱使 RTCA 和 EUROCAE 关注飞机网络安保问题，因为近十年他们一直在积极制定解决方案。第一个完整可行的解决方案最终在 2018 年 6 月发布，即 DO-326/ED202 文件集，但是在此之前，FAA 和 EASA 都要求强制执行他们发布的各个网络安保相关文件。随着 DO-236/ED-202"文件集"在 2018 年年中的发布，这份文件集已经被 FAA 认可为"可接受的符合性方法"（ACM）。

"数字化飞机"已经和飞机本身一样常见了——就像飞机机翼和引擎那样自然，某种程度上，现代飞机可以被认为是长着翅膀并具有动力的电子设备。

在世纪之交，我们见证了下一代航空数字奇观——"互联飞机"：飞机上所有设备都是相互连通的。这个形态不是一种创新，早在几十年前，像数字无线电系统、GPS、ACARS、ADS-B 这些设备就被作为客机的组件集成在一起了。过去的飞机通过包含了几百个处理器的封闭系统就能满足功能需要，但如今的新型飞机包含了上千个处理器来执行独立又错综复杂的交联功能，所以飞机的结构和连通性必须更加地开放。同时，商用软硬件性能的提升也驱使设备间的连通性的提升。由于之前有许多未考虑的因素，导致"连通性"在提升飞机效能的同时也增加了网络安保风险。为应对这样的改变，RTCA（美国）和 EUROCASE（欧洲）协调航空业联合编撰了 DO-326/ED-202 监管文档"文件集"，以期在整体不影响民用航空安全性的前提下，既能保留连通性带来的重要优势，又能为可能出现的安全问题提供专门的适航考量。适航审定部分过程已经强制执行了该"文件集"的要求,且更多的适航过程会很快跟进,这使得适航的工作者必须尽快熟悉这些文件。

DO－326/ED－202"文件集"包含了多份百页级文档。因此,从业者必须深刻理解整个生态的本质、强制点和潜在权衡点,才能处理好适航过程中涉及的网络安保问题。在遵循 DO－326/ED－202 文件集解决项目中的网络安保问题前,需要思考如下问题。

(1) 什么是网络威胁/网络安保?

(2) 它和航空/飞机的关联是什么?

(3) 当下存在哪些网络安保指导/标准?

(4) 现行标准在航空/飞机上的适配性如何?

(5) 什么是"DO－326/ED－202"? 为什么不采用"ARP4754/DO－178"?

(6) 什么是"DO－326/ED－202"文件集?

(7) "DO－326/ED－202 文件集"强制到何种程度?

(8) "DO－326/ED－202""指导/建议"的范围是什么?

(9) 如何满足"DO－326/ED－202"的"指导/建议"?

(10) 如何高效地满足"DO－326/ED－202 文件集"的"指导/建议"?

网络威胁/网络安全安保的定义

美国国土安全局在其 2010 隐私影响评估报告中,将"网络威胁"定义为"未经合法授权地获取、窃取、操作或者损害数据、应用程序或者交联系统的完整性、保密性、安全性或可用性的行为"。

很不幸,在 21 世纪"数字威胁"已侵入每个人的生活中:自从第一个"实验室病毒"诞生以来,计算机病毒、蠕虫程序、特洛伊木马,或者其他形式的恶意软件不停地损害着计算机。下面快速回顾下不断进化的数字威胁。

阶段 1——"史前"(前 www 时代)。

(1) [1971]"爬行者":第一个计算机病毒,由 BBN 技术公司的罗伯特·H. 托马斯开发。

(2) [1982]"麋鹿克隆人":第一个使用了攻击载体的恶意软件,最初用于打击苹果 Ⅱ 系统上的盗版。

(3) [1988]"莫里斯蠕虫":用流量轰炸计算机,可以多次感染计算机,摧毁了约 6000 个系统,在 1986 年,莫里斯成为被美国计算机欺诈和滥用法案审判和定罪的第一人。

(4) ［1991］"米开朗琪罗"，一种"弦"病毒：每年 3 月 6 日爆发（米开朗琪罗的生日），会清空本地硬盘和软盘的前 100 个扇区。

阶段 2——"早期"（www 时代）。

(1) ［2000］"情书"蠕虫：一封标题为"我爱你"的电子邮件并附有"给你的情书"的 txt 文件，10 天内感染了约 5 000 万台计算机，造成了数十亿美元的损失。

(2) ［2007］"宙斯"木马：一个包含了各种"流行"恶意软件程序的"大包"，为了网络行窃而设计。美国联邦调查局在东欧逮捕了 100 多名涉嫌使用此病毒进行银行诈骗的黑客，涉案金额达到 7 000 万美元。

阶段 3——"逐渐专业"。

(1) ［2009］"极光行动"：大规模网络攻击—黑客试图闯入和篡改信息安防厂商的源代码库。受影响的公司包括谷歌、赛门铁克等。

(2) ［2010］"震网"病毒和网络攻击：黑客第一次对工业级系统实现有效监视和篡改。

阶段 4——"全球威胁"。

(1) ［2013］"加密锁定"勒索软件：通过钓鱼邮件散播攻击，并通过"宙斯"木马传播增殖。一旦下载了病毒，勒索软件就会加密硬盘文件，只有在支付赎金后才会"释放"它们。

(2) ［2016—2017］针对航空业的特定攻击：通常针对机场和/或航空公司，主要受害者有越南和乌克兰。

(3) ［2017］"想哭"勒索软件攻击：全球范围的同步攻击，造成约 40 亿美元的损失，包括很多机构，其中包括波音公司、LATAM 航空集团等。

这个简明的历史从原始的、"试验性质"的恶意软件开始，到如今专业的、有充足资金支持的全球性网络犯罪，表明现在的生活中从私人计算机到整个国家战略机构的方方面面都存在网络安保风险。

面临逐步升级的网络威胁，网络安保技术也随之进步。网络安保的发展非常像网络威胁：网络安保以循序渐进的方式发展，从一开始的简单响应，到后来越来越专业、合作性更强，最后像网络威胁一样，变得既专业又全球化。

在个人、家庭层面，首先出现的是简单的安保措施："反病毒""反间谍软件"，即广义的"反恶意软件"产品，用来探测和根除所有的"病毒""蠕虫""木马"和广义的"恶意软件"。不久之后，预防性措施首次亮相，通常被称为"防火墙"，目的是以先发制人的方法控制入口并阻断所有的攻击。另外一种应对措施是复原和恢复，它们是间接的安保手段，如保证计算机等设备被攻击后也能部分运行或降级运行的工具,复原和恢复工具会备份系统并能在系统被损坏时进行恢复。这些现代且复杂的安保措施,至今仍是大多数安保工具的核心。

然而,个人家庭级的安保技术满足不了大型组织和机构的安保需要,所以随着时间发展,网络安保的整体解决方案不单纯依赖"技术上的安保措施",还需要其他方面的支持。虽然各个领域的整体解决方案存在差异,但基本原则相同:从企业战略的高度明确角色和责任、明确代码和标准、实施自上而下的安保架构,最终从技术、组织和其他方面落地安保措施。

网络安保与航空/飞机的关联

早期安保技术尚不成熟的时候,信息技术(IT)领域普遍轻视网络威胁,认为网络威胁"仅仅会造成困扰,但不会对安全造成任何真正的威胁"。渐渐地,攻击者越来越大胆,恶意软件从静态的"野兽"演变成更复杂的形态,通过调整其机制不断增强危害能力,就像本章之前所述,网络威胁造成的累积损失以指数级增长。然而,这种趋势迫使 IT 领域迅速制定了确保网络安全的方法和手段。但在传统重工业领域(包括航空业)中,这种趋势发展得非常缓慢,一直延续到 21 世纪初才有所改变。但是,为什么会这样呢?

长期以来导致传统重工业面对新兴网络威胁不以为然的原因主要有以下两点:

(1) IT 系统和工业信息系统有本质区别。

(2) 从业者先入为主地认为,只有"国家队"才有可能向工业级机构实施复杂的网络攻击,即便是流氓政权,也通常被认为不会做出如此出格之事。

因此,这意味着这些行业的从业者认为在这种毁灭性攻击场景里,存在着"自然互威慑",但这两个想法最终被证明都是过度自信的。

首先工业信息系统确实和传统 IT 系统存在很大区别,它们只面向少数几个"场景",比如 OT(运营技术)、ICAS(工控和自动化系统)、SCADA(监控和数据采集)、CPS(信息物理系统)等。典型的 CPS 采用专有技术与外界网络环境保持隔离,甚至会和"标准"的 IT 系统物理隔离(这种隔离被称为"气隙隔绝"),这两个特征使得"主流"黑客几乎不可能攻破这种系统。但是在 21 世纪初,"货架商品"形式的软硬件逐步进入这个原本封闭的领域,"互联飞机"也因此几乎消除了"气隙隔绝"。随着信息和网络技术的爆发式发展与其成本的指数级下降,前文所述"需要国家级实力才能对重工业领域开展网络攻击"这一前提就突然不成立了。在 21 世纪初期,任何黑客都能获取(或开发)攻击工具并在"咫尺之遥"窥探航空业领域。这使得基于国家信誉假设,认为"有计划、大规模的攻击不可能发生"这一观点就站不住脚了。因为世界秩序发生动摇、恐怖组织和犯罪组织兴起，有的国家甚至走向了"黑暗面"，丧失了这一国家信誉。

作为上述两点所导致的结果，21 世纪的第 2 个 10 年，人们见证了黑客对机场（主要是越南和乌克兰）和航空机构（波音、LATAM 和其他公司）的网络攻击，本章开头提到的故事也直接印证了网络安全之脆弱。

所幸的是，罗伯特先生是一个"白帽子黑客"，所以没有造成直接损失，但这个警告信号振聋发聩，成为一个"引爆点"，促使航空从业者网络安保观念发生了改变，进而促成了如今新的网络安保指南。

现有网络安保指导/标准

早在 20 世纪 70 年代，指导各类组织合理开展网络安保工作的指南和标准就已问世，但通过阅读当时问世的那些指南和标准，可以感受到当时人们的信息安全危机感还很薄弱。经过几十年的发展，从业者逐渐意识到网络安全的重要性，编撰了上百种网络安保标准、指导和最佳实践，其中接受度最高的是 3 个主要民用标准"族"和一个军用标准"族"。

（1）通用准则（CC）/通用方法（CM），又名 ISO/IEC 15408。该系列最初的源头有 3 个：起源于美国 20 世纪 70 年代的 TCSEC 即 DoD 5200.28 规范，加拿大 1993 年发布的 CTCPEC，欧洲 20 世纪 90 年代发布的 ITSEC。CC/CM 是一种通用系列文档，主要标准化了网络安保所用的术语和方法，为系统和组织提供了网络安全的保障。这个系列的文档没有给出任何具体的、推荐的方法或者解决方案。

（2）ISO/IEC 27000 系列（即"ISO27K"）文件集。这个"信息安保管理系统（ISMS）标准族"是一个系统化、涉及面广、由许多专用标准构成的集合，该标准族想要覆盖网络安保的方方面面，并希望能成为世界范围内的强制标准。其中最值得注意的标准如下：27000 -总览和专用词汇、27001 -需求、27002 -实践代码、27005 -风险管理。ISO27K 源于 1990 年的英国标准 BS7799——荷兰-壳牌集团在 20 世纪 80 年代晚期至 90 年代早期开发的信息安保策略手册。

（3）NIST SP-800 系列。从 20 世纪 90 年代起，美国国家标准和技术研究所（NIST）发布了 SP-800 系列，囊括了计算机安保领域的相关信息，包含指导、建议、技术规格和关于 NIST 网络安保的年度报告，该系列已成为大多数其他网络安全标准（包括其他重要的"系列"）的基准，并被广泛用作事实上被执行和参考的标准，尤其是对其他标准尚未（或尚不完全）覆盖的方面。除了 SP-800 外，NIST 还发布了一些在世界范围内被广泛使用的重要指导文件，如"NIST 网络安保框架"、奠定了 SP - 800 在网络安保领域基石地位的 FIPS - 200"联邦信息和信息系统的最小安全需求"等。

(4) DOD8500 系列。美国国防部的指令和命令集合,用于"任务保障",尤其是"信息保障",其中"网络安保"是保障军事任务的一种工具。

在全世界范围内,这一系列文件作为标准和/或最佳实践都被应用于网络安保领域。

现有的标准在航空领域的适用程度

尽管主要的网络安保标准"族"可以作为航空网络安保标准的参考,但回到2015 年,在航空网络安保标准化蓄势待发、航空安全遇到危机之时,所有这些标准族都暴露了短板和诸多问题。

所有暴露的问题和这些标准所保护的"资产"相关,即"商业飞机上的乘客",因此这些问题也和飞机的重要系统相关:

(1) IT 对比 OT:几乎所有机载系统,以及许多航空控制和地面支持系统都是基于信息物理系统(CPS)/运营技术(OT)的,并非纯粹的 IT 系统。这意味着前文所述的主要网络安保标准族都不适用。

OT/CPS 网络安保起步较晚,在 2002 年,国际自动化协会(ISA)和美国国家标准研究所(ANSI)成立了 ANSI/ISA - 99 标准委员会,启动"工业自动化和控制系统安全"标准集的编制工作。该文件集主要参考了 NIST SO - 800 - 82 "工业控制系统(ICS)安全指导",这是当时唯一切实可行的 OT 网络安保标准。ANSI/ISA - 99 历经数次更名,成为现在的 ISA/IEC - 62443。

航空领域网络安保标准缺失的问题并没有因此完美解决。主要有两个原因:航空领域基于 OT/CPS,也包含了通用的 IT 系统,由于存在很多额外考量,通用的标准集无法匹配所有场景。更大的问题是,在 2005 年世界航空业准备为网络安保制定标准时,ANSI/ISA - 99 还未准备好。截至 2020 年,这个集合的13 个计划文件也只有 8 个被发布。

(2) 军用和民用:军用类网络安保标准(如 DOD8500 系列)不适用于民航业的原因——军用标准的目标是"确保任务完成",然而民用标准关注的是公共安全,因而民用标准对性能要求较为宽松。甚至 DOD8500 的标题都是"任务保障",所以对于民航业的网络安保领域,DOD8500 从来不是一个真正的选项。

(3) 其他领域:很多特定领域的网络安保标准参考了通用网络安保标准,航空业考虑将相似领域的网络安保标准纳入开发与参考的基准,但在 2005 年这样的标准尚未出现。最接近的是 2016 年出版的 SAE 的 J3061"车载信息物理网络安保指导书",在 2020 年 ISO 和 SAE 基于该标准正在联合编制新标准:"ISO/SAE 21434 道路车辆-网络安保工程"。

(4) 现存的航空标准:ICAO 的"附录 17"是一份安全指南,但直到 2011 网络威胁才被加入该指南的开篇文字中。在 2008 年,美国航空(ATA)即如今的美国航空协会(A4A)发布了"规范 42:数字化信息安全航空业标准",该标准包含 400 页航空技术加密指南。

在 2005 年 ARINC 发布了"664 规范第 5 部:飞机数据网络",这是(至今仍是)一份极具价值的飞机安保网络规范文件。同年,ARINC 发布了技术报告 811"商用飞机运营中的信息安保概念和过程框架",该技术报告关注的是航空公司和运营,并给出了一个重要建议:

"鼓励将现有的飞机设计制造保障工作(如 RTCA DO‐160D 和 DO178B)和安保保障工作/标准(如 NIST FIPS‐140 和通用准则)融合起来的开篇文字,给航司和监管者一个通用平台以评估飞机信息安保解决方案(如评估货架商品的安保解决方案)。"

DO‐326/ED‐202 的由来

在 2005 年,欧洲和美国航空业与 EASA 和 FAA 协商启动标准编制工作,当时并没有"现成"的网络安保标准。所以在 2006 年,EUROCAE 成立了 72 号工作组(WG‐72),在 2007 年 RTCA 成立了 216 号特殊委员会(SC‐216),它们都冠以"航空系统安保"之名,DO‐326/ED‐202 及其生态中配套文件的编制工作就此展开。

第一个成果是 2010 年欧洲发布的 ED‐202 和美国发布的 DO‐326,这两份文件都被命名为"适航安保过程规范"。最初 DO‐326/ED‐202 旨在形成一个"大一统"的指导方案,涵盖飞机信息安保研制阶段,从项目初期到审定和部署。该文档是"第一个面向航空系统安保的系列文件,旨在解决与地面系统和环境等相关的机载系统的信息安保问题",但这个目标至今仍未达成。

DO‐326/ED‐202 非常依赖于当时已经发布的 ISO27K 族中的 ISO/IEC 27005 和行业标准 SAE ARP4754——"高集成或复杂飞机系统的审定考虑",并以一种相对无缝的方式将它们做了整合。

在 ARP4754 和/或 DO‐178("机载系统和设备审定的软件考虑")正好需要进行大更新之时,对其有所了解的人都会思考"为什么要为网络安保单独编写一份完整的标准规范?""为什么不能简单地将信息安保作为 ARP4754 或者 DO‐178 的一部分(或者两个文件里都涉及)?"

对于这些问题,几年后发布的 DO‑326/ED‑202 的配套文件给出了确切的理由:"适航中的安保问题需要独特的专业知识、分析技术和保证考虑"。另外一个考虑是:信息安保不全是涉及软件的,它还涉及航空领域的其他方面。因此,ARP4754 和 DO‑178 必须考虑网络安保问题,但它们也必须与网络安保保持界限。

"将信息安保整合到 ARP4754 和/或 DO‑178"的终极障碍是相关文件的"合法性来源",FAA/EASA AC/AMC 25.1309"系统设计和分析"中通过对"事件"的定义,将信息安保排除在这两份文件之外:"事件:由飞机以外的来源触发,比如大气状况(如强风、温度变化、结冰和雷击)、跑道状况、通信/导航/监视状况、鸟撞、客舱和行李火灾,但这个词并不涵盖人为的蓄意破坏"。对 FAA/EASA 正式文件的任何更改都有可能导致网络安保文件编制进度延迟 10 年左右,出于需要立刻填补缺失信息安保监管的漏洞,WG‑72 和 SC‑216 都鼓励开发独立并且紧密贴合 ARP4754 及 DO‑178 的文件。

尽管 DO‑326/ED‑202 标准集还在开发中,SAE 已经在开发与之匹配的"生态系统"了。例如正在开发的 JA7496 和 JA6678,旨在为 DO‑326/ED‑202 提供技术相关内容,这两份文件同样也适用于汽车网络安保标准,如图 14‑1 所示。

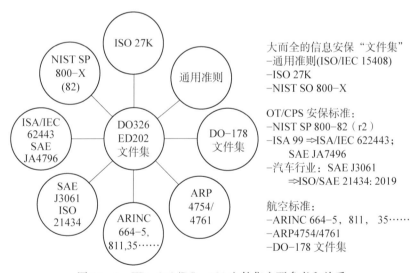

图 14‑1　ED‑202/DO‑326 文件集主要参考和关系

DO‑326/ED‑202 的介绍

DO‑326/ED‑202 的初衷是成为飞机设计制造信息系统安保领域中的第

一个系列文件,在 2010 年初版之后的几年,WG-72/SC-216 继续推进此"系列"的编制工作。

尽管 WG-72 和 SC-216 是紧密合作的,很多成员同属于两个委员会,但两者之间仍有一些区别,它们的基础哲学存在差异:美国的 SC-216 追求快速产出成果,几乎只聚焦飞机信息安保("飞机系统安保的文件指南");欧洲的 WG-72 倾向全盘考虑,想要囊括更多的航空信息安保考虑,将安保相关的话题贯穿整个产品生命周期,WG-72 为编制中的整个系列分配了 ED-20X 编号段,而 SC-216 只是简单地顺序使用 DO 系列的序列编号。

两个组织在 DO-326 和 ED-202 发布后的初期阶段,对后续系列文件的编制理念几乎一致。

(1) DO-326/ED-202 的"核心"保持纯粹,只涵盖了审定过程"是什么"。其修订版本 DO-326A/ED-202A 在 2014 年发布。

(2) WG-72 和 SC-216 在 2014 年发布了 DO-355/ED-204——"信息安全持续适航指南",涵盖了飞机后期生产和在役阶段,作为 DO-326/ED-202 衍生文件的一部分。

(3) WG-72 和 SC-216 发布了 DO-356/ED-203"适航安全方法和考虑",说明如何进行适航审定,旨在成为"安保领域的 DO-178",把 DO-326/ED-202 塑造成"安全领域的 ARP4754"。然而,后续发布的 DO/ED 文件体系并未继续对标 ARP4754/DO-178 模式,这两份文件都同时包含了 ARP4754 和 DO-178 的部分内容。

在 DO-356/ED-203 发布时,WG-72 和 SC-216 对于网络安保的不同理念最终对文件的编制产生了影响,导致 2014 年发布的 DO-356 和 2015 年发布的 ED-203 编制思路出现区别,不像系列中的其他文件一样相互绑定。另外,WG-72 基于全盘考虑的理念,在没有 SC-216 对应文件的情况下,在 2015 年单方面发布了 ED201,"飞机设计制造信息系统安全(AISS)框架指导",旨在形成一份战略性的顶层文件。它基于两个背调报告:2015 年的 ER-013"飞机设计制造信息系统安全词汇"和 2018 年的 ER-017"国际飞机设计制造信息安全活动地图摘要"。

在这个阶段,FAA 规则制定委员会协调 EASA、ANAC(巴西)和 TCCA(加拿大)共同协商适航领域网络安保的待解决问题,与 EUROCAE 和 RTCA 委员会共同修订了 DO-356 和 ED-203,并在 2018 年发布了 DO-356A/ED-203A,对相关技术内容进行了统一。由于 SC-216 认为 ED-201 不是"工作文件"而是"方向性文件",所以没有为其匹配相对应的 DO 标准。

此外,WG-72 发布新文件的脚步也未停下,在 2019 年又单方面发布了 ED-205,"空中交通管理/空中导航服务(ATM/ANS)安全审定/声明",在此之前 SC-216 也没有发布过对应的文件,直至 2020 年 12 月,RTCA 才决定发布自己版本的文件,如图 14-2 所示。

航空安保监管:ED-202/DO-326 文件集

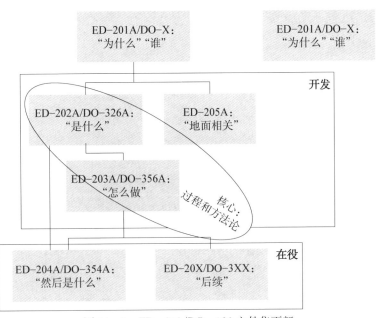

图 14-2　ED-202/DO-326 文件集更新

综上,截至 2021 年,DO-326/ED-202 集合包含了如下内容:

(1)"核心"指导和考虑,DO-326A/ED-202A 和 DO-356A/ED-203A。

(2)"在役"指导,DO-355/ED-204,基于"核心"的指导文件。

(3)"顶层"文件,ED-201,ER-013,ER-017,作为"理念性指导"。

(4)地面系统标准,ED-205,主要在欧洲使用。

在接下去的几年中,WG-72/SC-216 计划编制:

(1)为支撑 DO-355/ED-204,编制"信息安全事件管理"方面的配套文件。

(2)修订已发布的 DO-355/ED-204 到 A 版,将欧美的正式监管机构纳入进来。

（3）修订 ED‐201 到 A 版并发布一个和 ED‐201A 对应的 DO 标准。

（4）修订 ED‐205 到 A 版并发布一个和 ED‐205A 对应的 DO 标准。

修订 ER‐013 到 A 版并发布一个和 ER‐13A 对应的 DO 标准。

DO‐326/ED‐202 文件集的监管范围

2020 年 6 月 1 日 EASA 在欧洲发布了"ED 决议 2020/006/R"，对 2019 年颁布的"修正案通告（NPA），2019‐01"进行了小幅修正，该修正案通告在 2021 年 1 月 1 日生效。

ED 决议 2020/006/R 修正了 CS‐25、CS‐27、CS‐29、CS‐APU、CS‐E、CS‐ETSO、CS‐P，以及相关的可接受符合性方法（AMC）和指导材料（GM），诸如 AMC‐20、CS‐23 的 AMC/GM、21 部的 AMC/GM。

在对 AMC‐20 的修改中，WG‐72 添加了 AMC 20‐42"适航信息安全风险评估"，落地了 ED‐202（及其等效物 DO‐326）的核心文件，将其作为网络安保方面适航审定的唯一符合项方法。

EASA 提出对 RMT.0720（航空系统网络安保）进行修改，NPA 2019‐07 针对整个航空部门，完善了上述的适航规章，有望在 2021—2022 年进行修订，并使 ED‐201 和 ED‐205 也成为"可接受的符合性方法"。

FAA 规则制定委员会——FAA 航空规则制定咨询委员会（ARAC）飞机系统信息安全/保护（ASISP）工作组（WG），在 2015‐2016 年检查了整个信息安保监管体系，加速了正式强制性法规的建立进度。该工作组据此明确向 FAA 建议"新型大型运输机获取型号合格证或者发生重大变更，或者申请人自愿选择下述标准作为审定基础时，考虑将 RTCA 标准 DO‐326、DO‐356 和 DO‐355 及欧洲标准 ED‐201、ED‐202、ED‐203、ED‐204 作为符合安全准则 25.13XX 的可接受指导材料"，这是使用监管用语向 FAA 喊话"请立刻强制执行"。随着 EASA（欧洲）、ANAC（巴西）和 TCCA（加拿大）积极配合 FAA ARAC ASISP WG 推动 DO‐326/ED‐202 成为航空网络安全的强制标准，不久后，全世界都采纳了该方案。这个提议与 2020 年 EASA RMT.0648 工作组编制的"产品设计审定规范"以及 RMT.0720 工作组编制的"组织和服务提供商风险管理准则"十分契合，这两个"横向"指导文件都把 DO‐326/ED‐202 纳入了体系。

ARAC ASISP WG 的另一个重要建议是追溯现存的 CNS/ATM TSO 及其标准，进行桌面评审，并为货架商品（COTS）和先前审定的产品建立指导。

ARAC ASISP WG 还建议无论是发动机类还是螺旋桨类的飞机，都应该采纳 DO‐326/ED‐202 为审定基础，统一飞机类型对这些新准则和法规的理解。

航空业的从业者都应该尽快为 DO－326/ED－202 彻底成为强制执行标准做好准备。

DO－326/ED－202 中的部分内容已经被要求强制执行。

（1）FAA 在 2017 年发布了官方声明 PS－AIR－21.16－02 Rev.2"建立针对飞机系统信息安保的特殊考虑"。"首次型号合格审定（TC）、补充型号合格审定（STC）、TC 修正、STC 修正的过程中，将要增加对飞机系统应用连接到非受信服务（如非政府的）和网络的特殊考量"，以上信息安保的特殊考虑适用于所有类型的飞机：25 部运输类飞机、23 部轻型支线飞机、27 部多引擎普通旋翼飞机和 29 部运输类旋翼飞机。ARAC ASISP WG 将 DO－326/ED－202 第二版推荐为 AMC，成为所有类型飞机的合格审定标准。

（2）FAA 在 2015 年发布的咨询通告 AC 119－1"飞机网络安保程序适航与运营授权（ANSP）"，借鉴了网络安保标准系列中 DO－326、DO－356 和现行 DO－355 的部分内容。

（3）FAA 在 2015 年发布了咨询通告 AC 20－140C"基于飞机数据链通信系统的空中交通服务（ATS）设计批准指导"，借鉴了"核心"文档及其文档集：DO－326、DO－356 和 DO－355。

（4）FAA 在 2017 年发布了咨询通告 AC 120－76D"电子飞行包使用授权"，包含一个新的"安保程序"章节，其中使用了 AC 20－140C，该文件依赖于整个 DO－326 系列。

由于强制执行的标准越来越多，所以从业者应当越发重视 DO－326/ED－202。

DO－326/ED－202 的指导/建议

DO－326/ED－202 的指导和建议分散在整个系列的文件中，其中的适航部分集中在两部分中：①DO－326/ED－202 和 DO－356/DO－203，"核心"内容是研制过程中如何处理信息安保；②DO－355/DO－204，阐述了飞机"在役"阶段涉及的信息安保的持续适航相关内容。为了正确地满足这个集合的要求，申请人应当将这些内容视作一个集合，一份针对产品研制、一份针对产品服役，或者两者兼备的文件。

整个文件集没有要求采用任何具体的安保措施、技术或方法，所以从业者没法将 DO－326/ED－202 当作"烹饪大全"使用，DO－326/ED－202 是一份从顶层战略到具体战术"指导"，在实际应用时，需要参考远超出信息安保标准范围的资料，有的文件中甚至会明确推荐参考物，如 ISO 27K 系列。

DO－326/ED－202 标准集中囊括的指导和推荐的文件如图 14－3 所示。

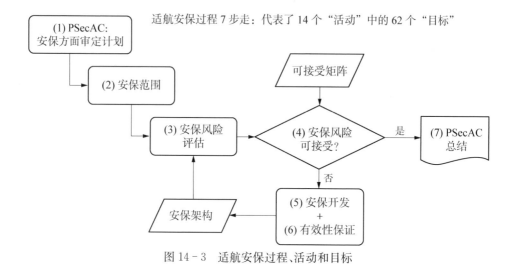

图 14－3　适航安保过程、活动和目标

（1）详述于 DO－326A/ED－202A 的"适航安保过程"（AWSP），列出了包括主要步骤、活动和安全安保认证适航目标。

a. AWSP 包含 7 步：安保审定计划、安保范围定义、安保风险评估、风险可接受度判定、安保开发、安保有效性保证和证据沟通。

b. 这 7 步可以细化到 14 个活动中：安保审定计划（PSecAC）、安保审定计划综述（PSecAC）、飞机安保范围定义（ASSD）、飞机安保风险初步评估（PASRA）、飞机安保风险评估（ASRA）、系统安保范围定义（SSSD）、系统安保风险初步评估（PSSRA）、系统安保风险评估（SSRA）、飞机安保架构和度量（ASAM）、飞机安保维护指南（ASOG）、飞机安保验证（ASV）、系统安保架构和度量（SSAM）、系统安保集成指导（SSIG）、系统安保验证（SSV）。

c. 这 14 个活动中有 62 个目标（合并后）需要被满足。

d. DO－356A/ED－203A 提供了细化的"可接受的符合性方法"（AMC），大部分由 DO－356A/ED－203A 提供。

（2）"持续适航指导"内容大部分由 DO－355/ED－204 提供，有一些部分内容则来自文件集的"核心"（DO－326/ED－202）。整个指导涵盖了以下 11 个方面：机载软件管理、机载元件管理、机载网络接入点、地面支持设备（GSE）、地面支持信息系统（GSIS）、数字化认证、飞机信息安保事故管理、运维人员飞机信息安保程序、运维人员组织风险评估、运维人员角色和职责、运维人员训练。

　　AWSP 和持续适航指导结合起来看作一个整体的话,就囊括包含了一个完整的信息安保 AMC 集合,涵盖了整个飞机生命周期的适航资格获取和维护,如图 14 - 4 所示。

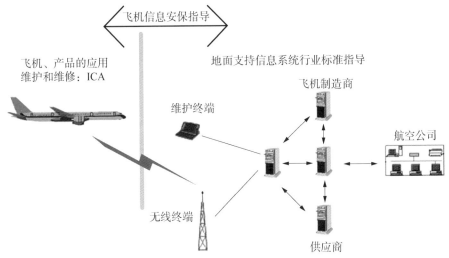

图 14 - 4　地面支持信息系统行业标准指导

DO - 326/ED - 202 的符合性证据

　　DO - 326A/ED - 202A 明确了信息安保适航过程的顶层需求,DO - 355/ED - 204 关注持续适航,重点解决正向研制过程和伴随的其他各种问题,遵循一系列其他更详细的信息安全通用标准,明确定义了各设计批准攸关方(DAH)——通常是设备开发者和设备运营商。

　　DO - 356A/ED - 203A 说明了大部分的适航审定过程。这份长达 370 页的文件详细说明了航空电子系统审定安保方面的 3 个关键子过程:计划过程(包括安保范围)、开发过程和综合过程(包括风险评估和安保有效性保证)。这 3 个关键子过程是许多 DO - XXX 文件的专题,包括 DO - 178、DO - 254、DO - 278 等,如图 14 - 5 所述。

1. 计划/安保范围——率先开始
2. 开发过程——跟在计划之后
3. 风险评估/有效性保证——持续贯穿整个项目

图 14 - 5　航空电子系统审定关键子过程安保方面规范

信息安保研制过程应当按如下划分：

(1) 安保范围和风险评估过程。

(2) 安保开发过程。

(3) 参考顶层审定计划的安保有效性保证过程。

这 3 个子过程的更多细节在 DO‐356A/ED‐203A(部分在 DO‐326A/ED‐202A)中进行了详细的描述。

(1) 安保范围和风险评估：

a. 安保范围定义。

b. 威胁条件定义和评估。

c. 威胁场景特征。

d. 威胁评估等级。

(2) 安保功能开发：

a. 飞机安保功能架构和度量开发。

b. 系统安保架构功能和度量开发，可以更进一步分解到子系统层、项目层等。

c. 系统安保功能集成方指导开发。

d. 飞机安保运维方指导开发。

(3) 安保有效性保证——118 项活动，分为 39 个目标，包含在 13 个章节中，表 14‐1 有两种类型：

表 14‐1 DO‐356A/ED‐203A 安保保证：39 个目标→118 个活动

安保专用保证： 15 个目标→ 62 个活动	1	● (5 个目标→28 个活动)安保风险评估
	2	● (2 个目标→11 个活动)缺陷识别
	3	● (3 个目标→6 个活动)安保评估
	4	● (1 个目标→10 个活动)安保实施
	5	● (4 个目标→7 个活动)可持续的安保有效性
安保开发保证： 24 个目标→ 56 个活动	6	● (5 个目标→9 个活动)需求
	7	● (3 个目标→7 个活动)设计
	8	● (3 个目标→6 个活动)实现
	9	● (3 个目标→10 个活动)安保验证
	10	● (2 个目标→9 个活动)安保计划
	11	● (4 个目标→8 个活动)安保配置管理
	12	● (2 个目标→5 个活动)安保审定联络
	13	● (2 个目标→2 个活动)工具安保

  a. 安保专用保证——包含 62 个活动,分为 15 个目标,包含在 5 个章节中。

  b. 安保开发保证——包含 56 个活动,分为 24 个目标,包含在 8 个章节中。

信息安保的一个关键点是"时间":安全类的过程不仅仅是一个单向的过程,不仅仅是到了一个终点后就变成只做检查了,它是一个不断和潜在攻击及潜在攻击者抗争的过程,即便飞机系统没有因而发生任何的变化,其所面对的信息安保环境也在不断变化。也就是说,任何的功能变更、增加、移除甚至修改都应该根据 DO-326/ED-202 文件集重走相应的过程,以评估这些变化带来的影响。更甚之,只是过了段时间,系统和其功能没有任何修改,对网络环境整体没产生任何变化,根据 DO-326/ED-202 文件集也会需要进行周期性的风险分析以评估系统是否仍然和最初设想的一样安全。飞机信息安保需要遵守 DO-326/ED-202 及 DO-356/DO-203 的"核心"开发阶段文件,还有 DO-355/ED-204"持续适航"阶段文件。

如何高效地去满足"326/202 文件集""指导/建议"?

当然了,即便项目做到了最好也不能保证成功落地所有信息安保过程。此外,还没将项目的经济性问题纳入考虑。事实上,DO-326A/ED-202A 很明确地表明"经济性这个概念,被定义获得的结果和投入的资源之间的关系,不在本标准考虑范围之内",似乎有些不负责任。

所以,申请人应该保证如何合理地在这个过程中投入时间和金钱。

对于安保经济性保证,DO-356A/ED-203A 为必要的投入指出了两种途径。

(1) 高达约 25% 的保证活动不是"安保特定"的,所以申请人已经采用的那些"常规"安全开发保证活动所提供的证据就可以满足信息安保的要求了,如 ED-79A/ARP4754A、DO-178C/ED-12C,DO-254/ED-80 等。

(2) 安保措施要求根据系统风险等级而变化,航空系统会被赋予不同的保证等级。SAL——合适的安保措施保证等级:安保保证等级的思想和 DAL/IDAL 类似。SAL 3 是最高保证等级,SAL 0 意味着没有保证——只是标记了。因此,对系统/项目进行合理的风险分析并指定合适的保障等级的意义在于,减少 SAL 3 以下等级项目的信息安保投入。安保等级在图 14-6 中总结。

风险评估和安保开发有很多不同的技术,如仅 DO-356A/ED-203A 就为风险评估提供了 4 个可接受的、不同的选项。DO-326/ED-202 的总方针是"可能存在多种可接受的符合性方法(AMC)",所以申请人应该根据具体情况仔细确定使用的 AMC。更甚之,DO-326/ED-202 文档集认为信息安保适航技

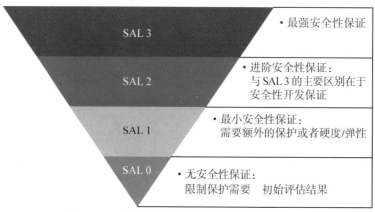

图 14 - 6   安全性措施的安全性保证等级(SAL)

术是"正在发展中"的,所以新兴的方法、技术、标准,甚至方法论都可以被引入信息安保过程工作流之中。

最后一个能够显著影响安保过程适航效率的因素是信息安保适航过程和与之对应的安全性适航过程的耦合程度。这两者相似点是它们的各个过程非常相似,所以信息安保适航过程可以参考安全性适航过程的输入和经验,这样就可以减少对前者的投入。另一个必须考虑的问题是这两个过程的结合程度。DO - 326/ED - 202 文档集采用的策略是"随机应变":信息安保与安全性两者紧密耦合有好处,例如减少了工作重复和集成工作量,但是这种紧耦合也有代价。例如,配置更改后,安全性过程需要尽可能少地更改,而信息安保过程却需要非常频繁地变更以适应不断变化的威胁。因此,如果将两者在一个项目上进行考量,它们可能会互相矛盾。

综述和总结:小心驶得万年船

一个乘客带着笔记本计算机乘坐商业航班,骇入飞机网络,使飞机越飞越高:当你使用 DO - 326/ED - 202 文档集时,这事就极不可能发生了。主要的措施如下。

(1) 航空网络安保:

a. 适航自有门道,需要独一无二的专业知识、独有的分析技术和保证考虑。

b. 涉及许多利益攸关方,包括申请人组织的内部和外部,需要与他们建立全面的可信关系而不是"装模作样"。

c. 是一个"永不结束的故事",由于网络威胁随时间不停发展,所以需要以一个持续过程的形式,贯穿所有被审定的飞机和设备全生命周期,来实现信息安保适航。

(2) DO－326/ED－202 文档集:

a. 已经是实际发挥作用的文档集合,先在欧美,然后在全世界迅速地被接受为航空网络安保的可接受符合性方法(AMC)。

b. 应被当作整体来处理,而不是"一份份独立的文件"。

c. 从很多值得信赖的网络安保领域和航空安全领域参考资料中汲取了内容,从而创建了一整个"生态系统"。在某种程度上,有些 DO－326/ED－202 文档集的方法和解决方案是直接从这些参考资料中引申出来的。所以 DO－326/ED－202 文档集提供了多种专业化的选项,可被用以特定组织、项目或者系统。

d. 仍在逐步"发展中"的,所以不应该指责其没有"固化"任何特定的解决方案。

(3) 信息安保适航过程(AWSP):

a. 是 DO－326A/ED－202 文件集合的核心过程,该文件集中的其他文档阐述对象都是信息安保过程。

b. 包含了 7 个步骤、14 个活动、62 个目标,所以信息安保过程不应该被认为是"适航审定后才要去考虑"的。

c. 非常依赖于适航审定中的综合过程,即"安保有效性保证",在 39 个活动中包含了 118 个目标,基于一些输入的功能来使用,主要由"安保保证级别"决定所考虑要素需要的安保防御级别。

d. 与安全性适航过程在本质上十分相似,都使用了危险/风险评估、失效/威胁的严重程度、风险缓释类需求和类似的保证技术,这种相似性为这两种过程提供了很多双赢的机会,比如安保开发保证过程中高达约 25% 的证据可以在安全保证过程中复用。

e. 但是,通过两个过程的耦合来节约成本,所能达到的效果大都依赖于一些特定输入、组织、设备类型等,所以最好基于"一事一议"的原则来决策。

既然已经有了 12 个要点,我觉得有必要再加 1 个,正好凑到 13 个要点,用 Malwarebytes 公司技术副总裁佩德罗·布斯塔曼特先生的建议来总结这个观点就非常恰如其分,可以说这可能是最重要的一个观点:

"淹死的都是会游泳的,小心驶得万年船。"

第15章 工 程 转 换

当安全至关重要时,安全关键系统必须确保其工程活动是有序且规范地进行,并保持对细节的关注。每个工程活动都有准入和准出准则,必须提前定义,并作为一个相应的产品和过程准则的集合(会被合格审定机构使用),和记录,以便于被获取并确保被遵守。例如,在实现软件逻辑之前(即编码),安全关键系统必须在正式的构型控制下具有各种预定义的、正式的评审材料,包括安全性需求、系统需求、软件需求、设计数据和软件编码标准,这样代码才能够被验证。工程活动的顺序依据"转换过程"的规定,在开发团队进入下一个阶段前,"转换"必须经过 QA 评估并且有的时候需要经过合格审定机构(FAA、EASE、CAAC 等)的批准。

这些工程转换过程可以定义在一个单独的软件转换计划(software transition plan, STP)中,STP 作为额外的过程文件,定义计划、开发、确认验证过程中所执行的各种工程生命周期转换步骤。尽管所定义的转换过程需要依据各种航空工程指南如 DO‐178(机载软件)、DO‐254(机载硬件)、DO‐278[地基/空基通信导航系统/空中交通管理(CNS/ATM)],但许多公司将它们嵌入软件开发计划(SDP)和软件验证计划(SVP)之中,而不是放在一个单独的 STP 文档之中。另外,由于质量保证/过程保证(QA/PA)通常负责审查和评估转换准则被遵守的情况,所以软件质量保证计划也应当对这些审查进行详述。

转换计划必须展示工程转换中存在预定义的准入和准出准则,并且这些准入/准出准则必须被遵守并得到审查。例如,在启动软件的高级设计前,(系统的)软件需求必须被评审并基线化。在相关的软件需求评审前,必须展示下列条目(表明符合性),即所谓的"准入准则",如图 15‐1 所示。

只有所述 7 项都达成了,才能启动相关联的软件需求评审。完成软件需求评审后,"准出准则"才会被完成,如图 15‐2 所示。

再列举一个正式的代码或硬件逻辑评审作为额外例子,对于一个需要符合

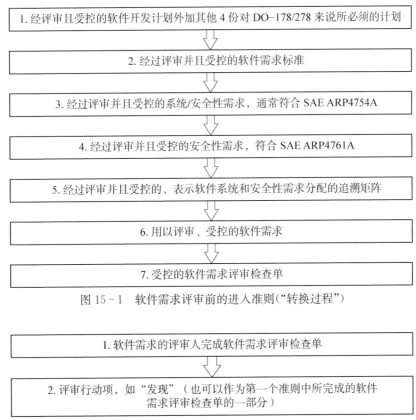

图 15-1 软件需求评审前的进入准则("转换过程")

图 15-2 软件需求评审后的退出准则("转换过程")

DO-178 或 DO-278 的代码评审来说,图 15-3 展示了其进入和退出评审过程时的产物,且所有这些产物都必须接受配置管理。

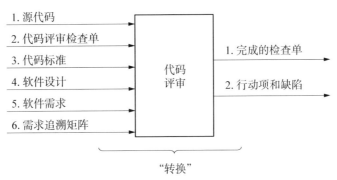

图 15-3 代码评审输入输出产物("转换过程")

上述准入和准出时的产物就构成了一个"转换过程"。在所有 DO‐178/278 的工程过程中会重复这样的"转换过程",只不过每个转换过程都定义了不同的准入和准出准则。现在我们来考虑 DO‐178/278 最优工程路径中的各种转换过程,如图 15‐4 所示。图 15‐4 中的每个箭头构成了一次"转换"。

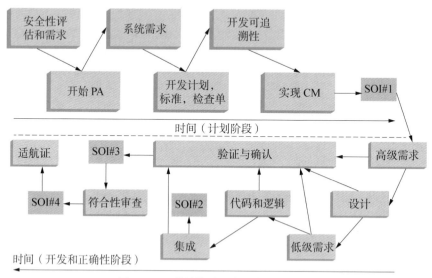

图 15‐4　带转换过程的最优工程路径

在图 15‐4 中,每个方框表示一个关键工程活动,每个连接方框首尾的箭头表示过程的"转换"。每个箭头都是独一无二的,有各自预定义的准入准则、验证和准出准则,这些准则必须被满足,这样各个活动才能被认为是正确开展的。但遵循了这些过程并且满足了转换准则,就能证明产品是完美的吗?确实不能证明。而且这也不是基于过程的转换准则的目的。转换评估是关于"过程"的:确保提前考虑并且正式定义准入/准出准则,然后评估实际工程在多大程度上遵循了这些准则。请记住:验证工程师应当在开展验证活动时使用准入/准出转换过程时的产物;然后质量/过程保证人员通过其中的证据,来评估工程师确实遵守了这些转换准则。即便在航空领域,也没有一款产品在任何一刻都是完美的,只是整个安全性评估生态系统保证了这些缺陷相关的风险因素是可接受的。其次,工程评审是为了评估产品的技术指标,而 QA 执行转换过程评估是为了向审查方提供独立的目标满足证据,即在过程上满足如 DO‐178、DO‐254、DO‐278 等的航空指南文件。

阶段介入"SOI",在图 15-4 中,注意到有 4 个 SOI,即通常应用于航空工程中的。这些 SOI 包含 4 个主要的"门",用以评估顶层的转换达成情况。SOI 是基于过程的,且通常由 QA/PA 来引领。每个 SOI 的目的如图 15-5 所示。

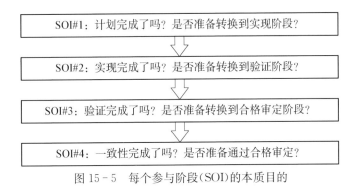

图 15-5 每个参与阶段(SOI)的本质目的

图 15-6 总结了每个 SOI 相关的关键活动,能够了解到各 SOI 的细节。

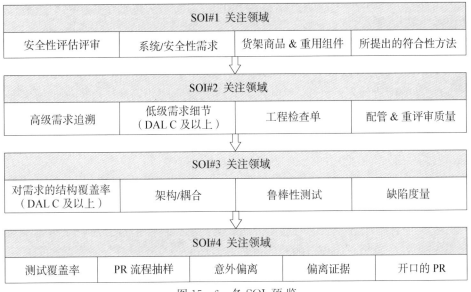

SOI#1 关注领域			
安全性评估评审	系统/安全性需求	货架商品 & 重用组件	所提出的符合性方法

SOI#2 关注领域			
高级需求追溯	低级需求细节 (DAL C 及以上)	工程检查单	配管 & 重评审质量

SOI#3 关注领域			
对需求的结构覆盖率 (DAL C 及以上)	架构/耦合	鲁棒性测试	缺陷度量

SOI#4 关注领域				
测试覆盖率	PR 流程抽样	意外偏离	偏离证据	开口的 PR

图 15-6 各 SOI 预览

SOI♯1 细节

SOI♯1 就像在地震断层带附近建造办公楼之前对建筑计划的审查:你是否正确评估了安全性考虑确保遵循计划来建造的建筑是安全的。在航空领域,

SOI♯1 包含了下述关键问题并确保这些问题的答案是清晰且可验证的。

（1）是否已经启动功能性危险评估、初步系统（或飞机）安全性评估（PSSA/PASA）和共因分析，以定义风险并确认所提出的开发保证等级（DAL）是合理的？

（2）初步飞机/系统需求中是否已经确认了飞机或者系统对 ARP4754A 的符合方法，以及安全性对 ARP4761A 的符合方法？

（3）所必需的计划和标准是否在符合所规定的条件下完成的？

（4）是否已经定义了飞机或系统架构，其中包含了所用的货架商品和重用项？

（5）是否提出了其他可替代的符合性方法（AMC）？ 采纳这些方法是否合理？

（6）计划使用什么工程类工具？ 是否需要鉴定？

（7）如果 SOI♯1 被批准，那遵循这些计划来启动飞机/系统的开发，其安全性是不是可接受的？

SOI♯1 按照此方式向开发过程进行"转换"，随着 SOI♯2 的到来达到"顶峰"。

SOI♯2 细节

SOI♯2 就像在建筑的主要部分完工后进行检查：施工是否满足之前（SOI♯1）批准的建造计划？ SOI♯2 包含了下述关键问题并确保这些问题的答案是清晰且可验证的。

（1）检查过的验证证据是否表明了需求？ 设计及代码/逻辑的开发是否遵循了之前（SOI♯1）批准的计划、标准和转换准则？

（2）需求（系统/安全性需求、软件高级和低级需求、硬件需求）是否具有双向可追溯性，且需求的验证记录表明了基于过程的需求分解和改进？

（3）现有的评审和审查记录是否能表明需求、设计和代码/逻辑是根据早先在评审检查单中为它们预定的转换过程开发的？

（4）是否有配置管理（CM）记录表明了产物被正确受控，确保了转换过程的所有输入/输出物被捕获，所有的变更在首次评审后都有再评审记录？

（5）QA/PA 活动是否独立执行，安全等级为 A 级和 B 级的产物对应的验证活动是否按照要求独立执行？

SOI♯2 按照此方式向验证过程进行"转换"，随着 SOI♯3 的到来达到"顶峰"。

SOI♯3 细节

SOI♯3 建立在根据计划和标准完成了确认和验证活动的前提之上。SOI♯3 包含了下述关键问题并确保这些问题的答案是清晰且可验证的。

(1) 是否已经根据软件保证等级(DAL),对所有的软件进行了评审和测试?包括可追溯性、转换准则及面向 DAL C、B、A 的代码结构和需求覆盖率评估。

(2) 在经过基于需求的测试、数据/控制流评估和耦合覆盖分析后,架构/设计是否具有确定性?

(3) 是否进行了充分的鲁棒性测试和评审?

(4) 验证过程中发现的缺陷是否已被处理?

(5) 可选:是否已通过分析缺陷的度量指标来确认相关过程的充分性?

SOI♯3 就以此方式向符合性阶段进行"转换",随着 SOI♯4 的到来达到"顶峰"。

SOI♯4 细节

SOI♯4 建立在如下前提:前序过程(SOI♯1、2、3)在工程生命周期中的执行是符合所规定的准则并且根据计划和标准已完成了确认和验证活动。SOI♯4 包含了下述关键问题并确保这些问题的答案是清晰且可验证的。

(1) 所有计划/标准/检查单的变更,包括那些不符合最新修订版文件项的理由,是否已被批准并记录在册?

(2) 所有的变更是否都是依据指定的配置管理过程来执行的?

(3) 所有未被解决的问题是否都经过了安全性分析以识别潜在安全性影响和操作限制?

(4) 那些必要的质量/过程保证审查中是否有充足的证据证明不符合项的解决?

(5) 是否有完整的配置索引,以便开展未来的工件评估、变更、再验证,包括在一个可识别项的生命周期内对其进行重新改造?

(6) 在完成综述中是否有对于所采用的标准/指南的符合性陈述?

工程转换活动就这样成了航空研制合格审定的基石。尽管对工程过程中详尽的转换活动进行计划和文档化是最重要的,但通过质量保证和持续记录去独立地评估工程转换也是同等重要的。航空领域中有很多很好的项目但未通过合格审定方的转换评估,以至于不得不花费超出预期的资源去重做整个流程。

第16章　航空研制的可追溯性

可追溯性是航空业发展的基石。

对于大多数现代产业来说可追溯性非常关键,如会计师、研究人员和法医等职业领域都会涉及可追溯性。然而,对于高质量和安全关键的工程,可追溯性不仅是取得成功的基石,也是通过合格审定的基石。

对于大多数系统、软件以及硬件的工程标准都需要不同程度的可追溯性。因为可追溯性是确保工程实现符合相应规范并易于理解的一种手段。

传统来说,可追溯性简单的解释为每条需求都有相应的测试用例来验证需求是否已被实现。这种可追溯性的简单应用只需要开发测试用例去覆盖每条需求,然后将这些测试用例关联或追踪到对应需求。当所有需求都被"追踪"到对应的测试用例时,可追溯性就如同测试一样被认为是完整的,如图 16-1 所示。

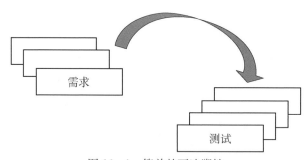

图 16-1　简单的可追溯性

上述简化的可追溯性方法确实有其优点,它是朝着正确方向迈出的第一步。但它并不是完整的,它不满足 DO-178C 或 DO-254 航空电子系统专业严格的标准。那这种简化的可追溯性方法有哪些缺点?

(1) 没有实现组件的可追溯性,在评审此类组件时是必要的。

(2) 没有实现不断增加的需求颗粒度级别之间的可追溯性,需要证明需求的分解过程。

（3）没有实现设计数据的可追溯性，在评审此类数据时是必须要的。

（4）无法隔离无关的实现组件，例如未使用的代码。

（5）可追溯性是单向的，而不是双向的。

DO-178C、DO-278A、DO-254、ARP4754A 和 ARP4761A 需要更详细、更完整的追溯，它不仅可以向上追溯，而且还可以向下（即双向追溯）。DO-178C、DO-278A 和 DO-254 要求对一个完整的产品组件集合进行更完整的追溯，包括如下几方面：

（1）系统需求。

（2）高层和低层软件或者硬件需求。

（3）实现（代码或者 VHDL）。

（4）测试。

（5）在配置索引(CI)中描述的上述相关内容。

图 16-2 描述了更完整的追溯方法，仅适用于 DO-178C 和 DO-278A 的

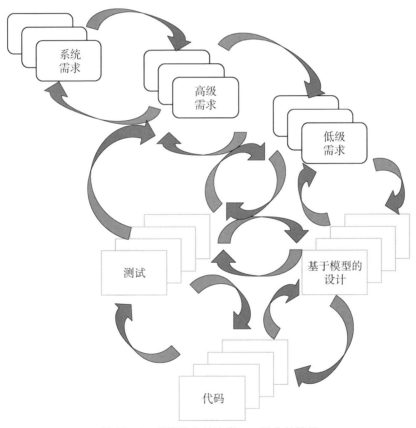

图 16-2　现代航空的追溯——进化的结果

软件(请注意,"MBD 设计"可以替换为非基于模型的设计,因此可以简单地改为"设计"更恰当)。

从图 16 - 2 可以看出,DO - 178C、DO - 278A、DO - 254、ARP4754A 和 ARP4761A 的追溯方法本质上形成了一个闭环,并且是双向的。它是闭环的,因为可追溯性是自上而下从需求到代码和测试,以及自下而上的从代码和测试到相关需求。

可追溯性应提供一对多和多对一的关联,简单来说,每个高层项可以追溯到多个低层项,而多个高层项可以追溯到同一个低层项。例如,一条系统级需求可以(可能会)分解为多条低一级别的需求;因此,该系统级需求可以追溯到每条低一级别的需求。相反,一条软件需求可能需要几个测试用例来验证它;因此,这些测试用例都要可以追溯到这条软件需求,以做到测试用例对该条需求的全覆盖。

在安全关键系统中,"安全"是一个明显的优先项。通常来说,安全相关的需求是通过 ARP4761A 和 ARP4754A 规定的安全分析过程来定义的。这些需求至关重要,必须在整个工程和之后的运营生命周期中加以考虑。这些安全相关需求到更低一级别的需求必须是可追溯的。但凡涉及对此类安全相关的需求进行相应活动(更改、验证等)时,必须执行安全性评估过程,可追溯性是实现和表示这种安全关系的关键。

传统行业的可追溯性(不属于 DO - 178C、DO - 278 和 DO - 254)是自上而下的方式来确保每一个需求都得到实现和验证。在许多行业中,这种自上而下的追溯被认为是足够的。然而,在安全关键行业,特别是属于 DO - 178C、DO - 278A 和 DO - 254 范围内的,这种单向、自上而下的追溯是不够的。因为安全关键系统必须确保没有无关联的实现或测试。例如,未使用和未记录的代码是产品维护和质量保证的隐患。因为这些未使用的代码会导致对代码行为的误解和错误假设,尤其是在代码评审或产品升级期间。最终这会增加运行错误的可能性。因此,DO - 178C、DO - 278A 和 DO - 254 要求软硬件的所有代码功能至少有一条需求可追溯,以确保所有功能都有理由出现在最终产品中。此外,需要配置的可追溯性矩阵作为评审的输入;例如,软件代码评审时,需要根据配置的(受控的)可追溯性矩阵查找正在评审代码对应的软件需求。

为什么要进行追溯?

如果向 10 位工程师提问"可追溯性能提供的最重要贡献是什么?"可能会得到 10 份不同的答案。事实上,可追溯性提供了许多不同的好处。系统工程师会表明,使用可追溯性来确保所有指定的需求都得到实现。设计工程师会指出,可追溯性通过优化设计确保需求分配到合适的架构中。编码工程师可能会建议,可追溯性有助于确保在编码中捕获所有的功能需求。对测试工程师来说,可追溯性有助于将每条需求与验证该需求的测试用例相关联。质量保证工程师认为,可追溯性能够确保所有其他工程师都已完成他们各自的工作。最后,工程管理部会表明,可追溯性指标能够准确体现项目的状态。

因此,对于现代软硬件的工程流程,可追溯性至少可用于回答以下问题:

(1) 每条需求在哪里实现?

(2) 每条需求都分解了吗?

(3) 实现是否符合需求?

(4) 需求是否与安全相关,如果是,是否明确指出相关安全需求和父类安全需求的追溯,以保证持续的安全影响分析。

(5) 哪些测试用例用来验证给定的需求?

(6) 更改任何需求或代码的总体影响是什么?

(7) 项目是否已完成并准备好合格审定?

(8) 交付的产品确实符合顶层需求和详细设计文档吗?

可追溯性的一个隐含的、重要目的是通过配置索引和为了维护可追溯性而执行的所有配置管理活动,从而证明交付给客户的产品确实是客户所要求的产品。市面上有许多不同类型的追溯系统和工具,但是它们必须要具备至少回答上述问题的能力才能被认为足以满足 DO‐178C、DO‐278A、DO‐254、ARP4754A 和 ARP4761A 的合格审定要求。

追溯工具

人们意识到完整的可追溯性是安全关键系统所必须具备的。但进行追溯不借助专业的追溯工具,就像建造房屋不使用现代的工具一样。在工程开发领域,可追溯性工具对于提高准确性、可重复性和进度实现是必不可少的。最重要的是可追溯性需要被证明是准确和完整的。

对于可追溯性,最终结果需要能够在项目关键组成部分(包括需求、设计、实现和测试)之间提供可追溯数据。理论上,对于非常小的项目,可以通过文档的电子表格或简单表格提供可追溯性。此类表格的生成和维护需要大量人工操作并且容易出错;具体而言,人工追溯不易更新也不便于质量保证审查。

但是,对于非常小的项目,人工追溯可能是合适的。对于较大的项目(超过2 000 行代码或超过 100 条需求),可追溯性工具被证明具有成本效益,比人工追溯节省至少 80% 成本。那么可追溯性工具有哪些类型呢?

(1) 自主研发追溯工具。

(2) 购买为 DO-178C/254 设计的专用追溯工具。

(3) 购买可以进行可追溯性管理的货架产品,如 DOORS、Requisite Pro、Jama、JIRA 等。

无论选择何种工具,都应确保工具能提供以下属性:

(1) 灵活的标记机制,因此标准不需要更改。

(2) 需求、设计、代码和测试数据之间的双向,一对多和多对一的可追溯性。

(3) 自动更新,避免手动跟踪出错。

(4) 缺失的追溯数据可以自动标识。

(5) 可以与需求管理工具进行集成。

如果追溯工具自动化了 DO-178C、DO-278A 和 DO-254 所要求的活动,追溯工具是否需要按照 DO-330 进行工具鉴定? 如果追溯工具的输出经过人工验证,则不需要鉴定。在 SOI♯4 阶段,由于大多数追溯工具的用户都会人工验证可追溯性,因此不需要对追溯工具进行鉴定。

最后再次强调,追溯工具应支持如图 16-3 所示的典型基本可追溯性范例。请注意,硬件也需要可追溯性,理想情况下将由统一的通用工具/数据库支持。

图 16-3   简单的系统、软硬件可追溯结构

第 17 章　航空系统的确认和验证

　　确认和验证(V&V)是航空和安全关键软件开发的基石。实际上,V&V 是任何成功的工程开发框架的关键要素。如果一个实体没有经过确认或验证,就无法知道该实体的真正构成以及它的置信度。

　　许多行业将 V&V 称为"验证和确认",将"验证"放在首位。但是,任何优秀的工程师都知道,确认先于验证,并且比验证更重要。

　　确认是评估产品的功能和性能是否满足客户需要,而验证是评估其内容是否被正确实现。那么为什么 DO‐178C 和 DO‐278A 要求验证而不是确认呢?

　　验证和确认是航空"正确性"过程的基础。以下是最简单的定义:

　　确认:评估实体的相关需求的正确、明确、完整和可验证的程度。

　　验证:评估实体的实现满足其需求的程度。

　　确认发生在整个工程生命周期中,但在设计和实现之前,确认可以评估和改进需求;这确保后续的设计和实现可以根据相关的需求进行评审。相反,验证是在产品或项目实现之后进行的,因此可以对其正确性进行评估。在实现之前进行适当的确认可以防止缺陷。验证永远不能防止缺陷,而是检测它们以便可以在后续更正。研究人员普遍认为,防止错误(包括确认)比通过验证检测这些错误的成本效益高 500%~1000%。因此,确认都在验证之前,并且更具成本效益。那么为什么航空软件指南 DO‐178C 和 DO‐278A 似乎忽略了确认,而专注于验证呢?因为确认包括对需求完整性的评估,在软硬件系统集成之前是无法完全执行的;在此之前,确认在软件级别中是主观的。但是软件需求的评审是至关重要的,且是 DO‐178C 和 DO‐278A 的基础;这种需求评审是在软件设计之前作为验证活动执行的,因此包含了确认的一部分。

　　确认从评估实体的需求开始,一直持续到实现。在航空领域,对飞机、硬件和系统进行确认,但不对系统内的软件进行确认。即利用确认来评估实体相关需求的正确性、明确性、完整性和可验证性。确认包括确认需求的"完整性"。但仅软件独立性无法进行确认,因为此类确认需要完成软硬件的集成。因此,软件"确认"本质上是作为航空系统 V&V 的一部分执行的。确认必须涵盖预期的和非预期的功能。确认通过应用以下技术的组合来确定实体是否正确、明确、完整和可验证:

(1) 双向可追溯性。

(2) 分析。

(3) 建模(见下章节)。

(4) 测试。

(5) 相似度。

(6) 工程审查。

同时,验证侧重于评估产品是否符合其需求。航空软件的"验证方程"如图 17-1 所示。

图 17-1　验 证 方 程

评审、测试和分析总结如下。

评审

如上面验证方程描述中所示,"评审"描述了最大的工作集,因为航空工程师开发的所有用于支持合格审定的数据都需要经过评审。具体来说,以下关键航空软件的数据需要评审:

(1) 计划和标准。

(2) 飞机级、系统级、软硬件需求。

(3) 设计。

(4) 代码。

(5) 测试/结果。

(6) 可追溯性。

(7) 问题报告/变更。

对于开发保证级别(DAL)确定为更关键的产品,需要执行独立评审。通常,DAL A 和 B 过程的输出(如产品,又如需求、设计、代码、测试等)需要提供独立评审的证据。图 17-2 描述了基于民用飞机/系统的不同安全关键等级的 V&V 独立性的要求。(注意质量保证必须始终是独立的)

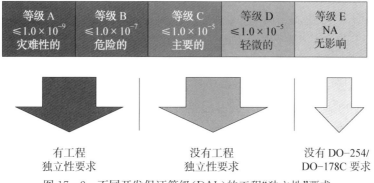

图 17-2　不同开发保证等级(DAL)的工程"独立性"要求

在图 17-2 中,"独立"是指不同的人应用一个解耦的过程。显然个体是独立的,但是个体可以用灵活的方式关联。例如,如果 John 是 Mary's GPS 系统研制的独立评审员,那么 John 是不允许信赖于与 Mary 可能相关(因此有缺陷)的 GPS 模拟器。一个关键独立性的例外是硬件设计验证:由于热量、资源和布局等原因,硬件设计具有独特的迭代性和复杂性,使用独立人员进行开发测试实际上不能进行彻底的验证。因此,对于硬件,与 DAL A 和 B 软件不同,允许设计人员测试自己的设计,前提是有一个独立的人去评审这些测试。

航空评审需要以一致性为原则,并且依据证据进行。因此,评审规定了一组预定义的输入和输出,这些输入和输出取决于被评审的项目类型。如图 17-3 所示,所有安全关键等级(DAL A、B、C 和 D,但不强制包括 E)的软硬件需求都

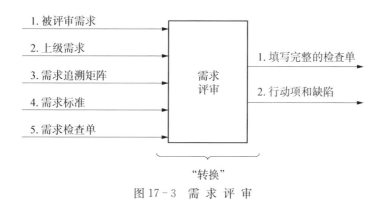

图 17-3　需求评审

需要进行评审。软件需求的评审可以使用以下预定义的输入和输出，其中包括"转换标准"（有关转换详情，请参阅本书第 15 章）。

在图 17-3 中，需求评审员使用 5 个输入来执行评审，然后反馈行动项或缺陷，并通过再次评审来确保更新正确。需求评审通常需要上级需求更新的阐述，并评估对于上级需求追溯的正确性，因此输入和输出之间的同步至关重要，并且作为验证和配置管理流程的一部分进行跟踪。质量保证人员随后通过审计这些评审记录，以确保评审过程中正确应用了输入和输出，这被称为转换准则审计。前面提到的所有其他人工评审同样需要转换准则并保存其记录。请参阅本书的附录 B 以获取软件需求检查单示例。

与航空的所有事情一样，V&V 需要在启动实际活动之前进行明确的计划，以便可以评估对这些活动与先前计划的一致性。为了让 V&V 提供所需的置信度，需要考虑很多细节，并且必须做出许多决定，以平衡成本和收益。V&V 可能非常错综复杂，因此需要对其进行系统规划（任何复杂和资源密集型活动也是如此）。在确认计划中至少应处理以下信息（目标评估准则），如图 17-4 所示。

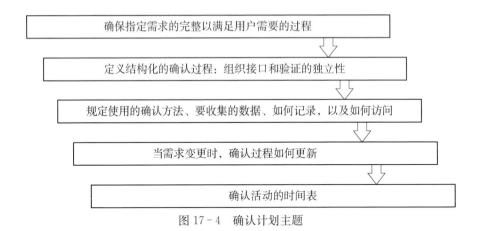

图 17-4　确认计划主题

图 17-5 总结了系统级验证（在航空中通常根据 ARP4754A），并在下文进一步说明。

测试

测试需要在软硬件上执行，甚至可能在实际航空系统的目标环境中执行。测试的重点不仅是基于需求，而且也要考虑实际的逻辑设计和实现。例如，对于比较关键的逻辑，不仅需要基于需求的测试，而且还需要评估逻辑的鲁棒性和结构覆盖程度。在航空系统测试的早期，人们认为测试直接提高了质量，因此强调

图 17-5　系统级验证方法

了对每个软硬件组件的测试。对于软件,人们认为软件只是组件的集合,因此对每个组件进行彻底的测试可以提高软件质量。这些谬论很快就显现出来了。随着我们的进步,我们开始意识到测试只是在规定的环境中对被测对象进行激励,然后对结果进行测量。在任何情况下,对涉及的变量进行详尽的测试是不可能的。就其本质而言,测试是一项抽样活动,从中得出一般结论。测试的"艺术"是从实际可运行的相对较小的测试集中获得最大化信息。

测试不会提高质量,而是提供评估质量的重要手段;通过适当的反馈循环测试可以用来理解并量化潜在的缺陷,并通过改进的需求、设计和实现来解决这些缺陷。

随着软件产品变得越来越复杂,测试也在发展。越来越多的软件产品是复杂和灵活交互组件的集合。但是软件不仅仅是一个组件的集合,因为这些组件交互的方式与系统质量有关。因此,随着 DO-178 和 DO-278 的发展和改进,测试已经被阐明为着重集成和系统测试而不是组件测试。

对于航空测试,应在相应的验证计划中描述满足图 17-6 中的目标准则的方法。

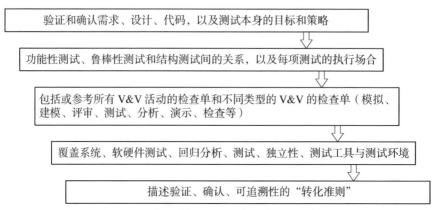

图 17 - 6　验证计划主题(通常与确认计划合并)

航空和航空电子系统通常按照 ARP4754A 进行系统级测试,而这些系统中的软硬件分别按照 DO - 178C 和 DO - 254 进行测试。一个例外是基于 DO - 278A 的基于地面/卫星的系统,由于其硬件不属于合格审定范畴,因此 DO - 254 不适用;这是因为地面系统充分利用了 COTS 硬件,以及硬件集成测试。在系统级别,验证方法通常选择以下 4 种关键技术中的一种或多种:

(1) 测试。

(2) 演示。

(3) 分析。

(4) 检查。

虽然没有公认的方案来指定何时应用哪种技术或上面 4 种验证方法的相对优先级,但是可以按照上述顺序来确定优先级。

方法=测试:

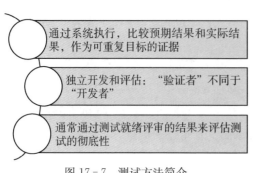

图 17 - 7　测试方法简介

测试通过实际执行来确定实际结果是否符合预期结果。因为它主观性较小,可重复性较高,并且能尽可能地复现实际的操作,测试是 4 种主要方法中最受青睐的方法。测试方法总结如图 17 - 7 所示。

方法=演示:

演示通过实际执行将视觉输出(如驾驶舱或地面控制器显示器)与预期的视觉结果进行比较。演示的特点是手动或半自动执行,测试操作员在执行过程中进行视觉评估。对于操作员或者检查员来说,视觉接受标准非常重要,它可以减少主观性。演示方法总结如图 17 - 8 所示。

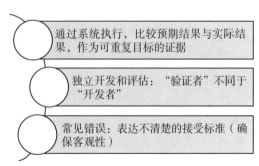

图 17 - 8　演示方法简介

方法＝分析:

分析通过定义的过程并应用附加的科学或数学标准来评估产品的正确性。当演示、测试或检查无法充分评估结果时,分析通常被用来二次对比。分析的示例包括遍历双向追溯矩阵,寻找丢失或不正确的追溯,就像评估内部软件模型元素或代码分支以确定是否实现了充分的覆盖。分析方法总结如图 17 - 9 所示。

方法＝检查:

检查包括目视检查没有动态执行的产品。检查产品是否存在特定特征(或确认特征不存在)。通常这些特征来自产品客户的需求。例如,检查一件测试设备,以确保它有 USB 连接,或者在受到压力时 USB 连接不会断开。计划和工程产物应经常被检查,这些检查记录可以作为校准记录。检查范围总结如图 17 - 10 所示。

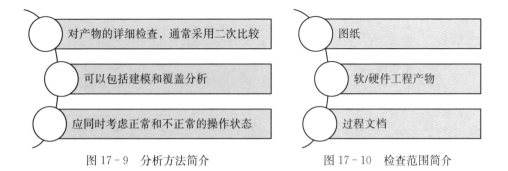

图 17 - 9　分析方法简介　　　　　图 17 - 10　检查范围简介

代码检查(也称为代码评审或代码走查)是一种特定形式的检查,在技术上属于"评审"类别。

航空正式测试通过以下方式实现：首先是描述整体测试方法的计划，然后是测试程序，再然后是执行测试程序，最后是测试结果。

测试程序应指定或引用图 17-11 信息。

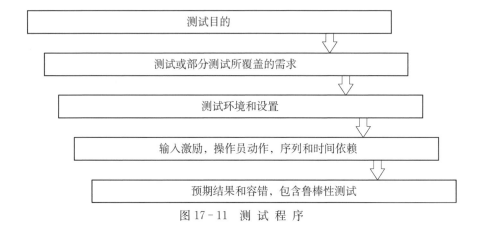

图 17-11 测 试 程 序

测试结果应指定或参考图 17-12 信息。

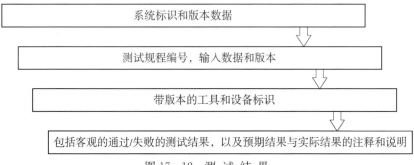

图 17-12 测 试 结 果

软硬件逻辑测试

在航空中，有些硬件被认为是简单电子硬件（SEH），因此不需要特殊测试。在安装系统环境中，SEH 只是简单地记录、定义、配置、控制和验证。例如，电阻器、电容器和独立的分立器件（如与/或门）不需要额外的专用测试，只需简单地证明定义的系统级测试会执行它们并能检测缺陷。如果按照前面所述进行正确选择和管理时，商用（COTS）采购的简单设备可以假定符合 DAL A。然而，基于硅的逻辑实现几乎总是复杂的，没有简单的，因为用户无法证明他们已经针对所有"可预见的操作条件"评估该逻辑。请记住，除了最简单的异步系统之外，可预见的操作条件的数量接近无穷大;因此,在没有正式的数学模型的情况下,相信一个人可以在时间域内验证无限数量的输入/输出可能性是不可能的。(即使有这样一个正式的数学模型,为了允许减少传统测试活动也必须根据 DO-333 证明数学闭环。)因此,航空逻辑需要一个明确的基于证据的工程生命周期来抵消无限的测试用例来证明正确性。现代系统(无论是硬件还是软件)将简单的硬件或单行代码指令集成为一个更有用,但更复杂的集合。虽然我们可以假设单个电容器或加法指令将按预期工作,但逻辑结构决定它们是否可以依赖。该逻辑在多个层级进行测试,如图 17-13 所示。

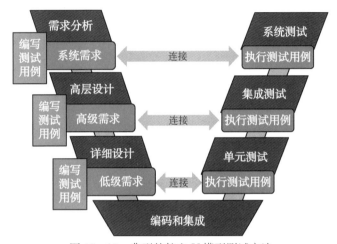

图 17-13　典型的航空 V 模型测试方法

如图 17-13 所述,航空指南的制定时间与 V 模型的认可时间一致,因此 V 模型作为航空指南的典型。在 V 模型中,先是开发飞机级需求,然后是系统需求,再然后是初始软硬件需求,最后是详细的软硬件实现,如 top-to-bottom 代表 V 的左侧。然后,从下往上对软硬件逻辑进行低级单元测试,集成测试,系统测试,最后是飞机级测试。

对于航空系统中的逻辑,额外的开发和验证也适用这种规则,因为没有其他方式确保该逻辑的正确性。当逻辑通过微处理器或微控制器的形式执行时,它被称为"软件",因为逻辑指令是"soft"的,首先从源代码编译,然后链接成可执行文件,再然后加载到随机存取存储器中(RAM),最终通过包含程序计数器和寄存器的 COTS 处理器执行。航空电子软件通过 DO-178C 认证,地面/空中系统软件通过 DO-278A 认证。航空电子软件通常以高阶编写语言(HOL),如

C、C++或 Ada,随着 Java 越来越多地用于地面系统和不太关键的机载系统(Java 是一种很好的语言,通常用于非安全关键领域,但是在航空系统对于 Java 运行时动态内存使用及其安全编码标准众说纷纭)相反,当逻辑是物理嵌入硅中时,它被称为复杂电子硬件(CEH),在机载系统中通过 DO-254 认证。CEH 通常以硬件设计语言(HDL)编写,如 Verilog 或 VHDL。

虽然行业越来越多地尝试通过评估逻辑语义来验证逻辑的正确性,但航空业采取了更为保守和务实的观点,认为对于当今的复杂系统来说通过评估逻辑语义来验证逻辑的正确性是不可行的。航空需要一种有序且精心策划的逻辑设计方法,然后进行验证。图 17-14 总结了最优工程路线。

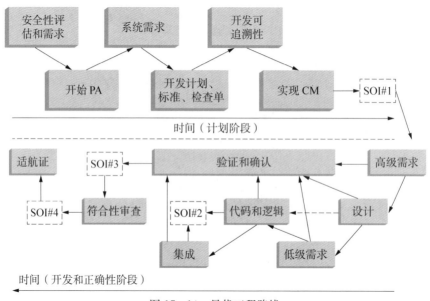

图 17-14 最优工程路线

在按顺序分阶段的软件开发方法中每个主要活动都在图 17-14 的实线框中进行了描述,因此在整个生命周期中可以评估输入/输出。虽然为了简单起见将 V&V 显示为单个实线框,但事实是 V&V 的评审部分是连续执行的,并且是对其他每个阶段的输出开展的。

图 17-15 描述了航空逻辑的测试和分析过程。请注意,图 17-15 使用了术语"软件",软件可以表示软件逻辑或硬件逻辑。术语"代码"通常应用于软件,而术语"逻辑"应用于基于硅的复杂电子硬件(CEH),如 VHDL。但是测试过程是相似的。航空电子(机载)硬件测试工程师应该意识到 DO-254 文档并没有

真正解决此类硬件逻辑问题,因为 DO - 254 是在 20 世纪 90 年代后期启动的,当时这种硬件逻辑在航空电子设备中并不普遍。如本书第 7 章所述,DO - 254 是通过咨询通告 AC 20 - 152、CAST - 27 以及 A(M)C 20 - 152A(2020 年夏季发布的全球修订版)演变而来的。DO - 254 演变的最终结果本质上是将硬件逻辑视为软件代码来做合格审定,从 DAL B 开始。

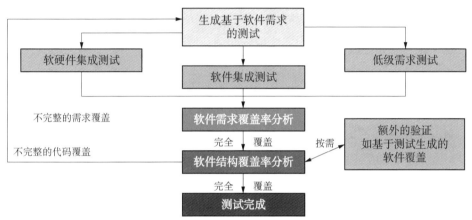

图 17 - 15　航空逻辑测试和分析过程的实施

测试重点取决于测试级别。利用上述的测试分配图,表 17 - 1 对每个级别的测试重点进行了优先排序。

表 17 - 1　测试重点级别

低层测试	软件集成测试	软硬件集成测试
● 算法失败	● 不正确的变量初始化	● 不正确的中断处理
● 不正确的循环操作	● 参数传递错误	● 计时和性能
● 不正确的逻辑判定	● (全局)数据损坏	● 硬件瞬态错误
● 未处理的正确输入组合	● 数值分辨率不足	● 资源争夺
● 对错误输入数据的错误响应	● 不正确的事件和操作顺序	● BIT 检测错误
● 不正常的异常处理		● 不良的反馈循环
● 错误的计算顺序		● 不正确的设备控制
● 算法的精度、准确性和效率不足		● 堆栈溢出
		● 不正确的加载版本验证
		● 软件分区违规

如图 17 - 15 所示,逻辑测试过程基本上可以分解为以下步骤:

(1) 首先是功能(基于需求)测试,是基于分配的单条需求进行以下任何一种形式的测试。

a. 软硬件集成测试。

b. 仅软件(或逻辑硬件)测试。

c. 低级需求测试(仅软件的子集,或者硬件的逻辑类)。

(2) 按照上面的第 1 步执行测试,并评估需求覆盖的完整性,包括正常范围和鲁棒性测试用例的覆盖率;如果不完整,返回并添加需求详细信息,然后重复第 1 步。

(3) 如果软件的 DAL 为 C 或更高版本,或者 CEH 的 DAL 为 B 或更高版本,则按照该 DAL 的要求执行结构覆盖分析。如果检测到未覆盖的结构,则删除死代码或证明未激活的代码(仅包括防御和维护模式的代码)的合理性,或为其代码增加详细需求,然后重复步骤第 1 步。

黑盒测试与白盒测试的区别

逻辑验证的严格程度与该逻辑的潜在风险相匹配,通过该逻辑相关的开发保证级别(IDAL)定义。显然,DAL A 逻辑比 DAL C 逻辑的评估更严格。由于DAL D 逻辑在评审和测试时被视为"黑盒",因此 DAL D 不需要对逻辑(硬件或软件)进行评审。毕竟,DAL D 软件的故障通过机组人员的行动或其他航空电子设备很容易解决,因此这被称为"次要",不需要花费逻辑审查和逻辑白盒测试的费用。但是,对于 DAL C 或更高级别软件和 DAL B 或更高级别的硬件逻辑,缺陷可能会对操作产生重大影响,因此设计和验证过程都要更加严格。增加的严格性被称为"白盒"验证,这意味着直接评估实际逻辑。图 17 - 16 描述了黑盒测试和白盒测试之间的区别。

图 17 - 16　黑盒和白盒测试的区别

如图 17 - 16 所示,黑盒测试意味着无法"看到盒子内部",因此测试基于被测项目的相关需求。相反,白盒测试利用基于源逻辑本身的实际评估。通常评估逻辑时,是白盒测试和黑盒测试结合起来进行评估。为了防止测试工程师在测试逻辑相关需求之前评估逻辑,最好在白盒测试之前进行黑盒测试;这样可以更客观地进行整体测试,测试工程师不会被误导为根据实际逻辑编写测试用例,而是根据需求编写测试用例。

　　航空验证一直要求黑盒测试,一致认为黑盒测试比仅白盒测试更有效,而且黑盒测试比白盒测试具有更大的投资回报。但是,不可否认,黑盒测试有以下缺点:

　　(1) 依赖于需求的正确性和细节。

　　(2) 依赖于测试工程师的技能去找出缺陷。

　　(3) 很难全面评估需求中固有的鲁棒性属性,尤其在源逻辑中鲁棒性处理不正确或不充分。

　　航空逻辑基本上有 4 类测试活动,如图 17 - 17 所示。

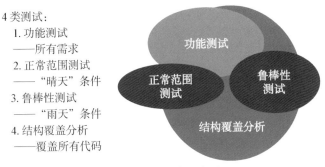

图 17 - 17　4 类测试

　　如图 17 - 17 所述,功能测试等同于基于需求的测试,是黑盒测试,这意味着测试是根据需求编写的,而不是考虑逻辑本身。理想情况下,功能测试将涵盖所有正常和鲁棒的操作条件,且不需要检查逻辑。对之前的功能测试、正常范围测试和鲁棒性测试进行结构覆盖分析,确保基于相关的 DAL 实现最小逻辑覆盖。这当然发生在理想世界中,不是现实世界。

　　在现实世界中,需求永远不会非常详细,逻辑开发工程师在设计和实现逻辑时会做出某些假设。由于这些原因,仅执行功能(基于需求)测试并不能完全评估逻辑的操作条件。因此,增加白盒测试是必要的,白盒测试在执行黑盒测试后直接评估逻辑。例如,可能需要增加额外的正常范围测试和鲁棒性测试来确定之前的功能测试是否充足。如果过程中确定需要添加额外的需求以更好地证明这些新增的测试用例的合理性,则需要添加这些需求,然后添加基于新增需求的测试并进行关闭。客观地确认测试是否最低限度地完成的唯一方法是执行结构覆盖分析。

鲁棒性测试

在航空系统和逻辑测试中鲁棒性测试有些主观,用于处理非正常情况。鲁棒性测试评估以下内容的响应。

(1)异常运行情况。

(2)边界值:

a. 超越界限。

b. 边界上的精度。

(3)错误和无效值/无效转换。

(4)压力测试与性能测试。

鲁棒性测试有些主观的原因在于鲁棒性条件和组合的数量通常大于测试的可用时间和预算,特别是对于复杂系统这个数量级是无限的。例如,考虑测试正常值为 28 V 且有效电压为 26.0~30.0 V 的飞机直流电压,电压精度为 0.01。在这种情况下,至少需要 5 个测试用例,如表 17-2 所示。

表 17-2　5 个测试用例

测试用例	测试输入电压	测试结果
1. 低压	25.99 V 直流电	低压错误
2. 范围内低边界电压	26.0 V 直流电	在有效范围内的边界值
3. 范围内正常电压	28.0 V 直流电	在有效范围内的正常值
4. 范围内高边界电压	30.0 V 直流电	在有效范围内的边界值
5. 超压	30.01 V 直流电	超压错误

当然,上面的例子很简单。当考虑了无数的状态转换和输入组合时,鲁棒性测试变得更加困难。此外,性能测试、压力测试和最坏情况执行时间(WCET)测试必须进一步定义预期的最坏情况组合,从而最大限度地强调逻辑。

逻辑结构覆盖分析

结构覆盖分析是评估逻辑测试完整性的最终活动。如前所述,关键性级别较高的逻辑需要白盒测试,白盒测试的程度随着关键性级别的增加而增加。对于 DAL C 及以上的机载软件,AL 3 及以上的地面/卫星软件,以及 DAL B 及以上的机载硬件都需要白盒测试,包括结构覆盖分析。

(1) 软件:DAL C&AL 3——语句覆盖率。

语句覆盖率是评估每个相关源代码语句在测试期间的动态执行,其中语句通常是编译器完全解析的最小实体,通常用分号(;)表示。

(2) 软件和机载硬件:DAL B&AL 2——语句 & 条件,判定覆盖。

条件覆盖:程序中每个条件的所有可能的结果至少取一次。

判定覆盖:程序中每个进入点和退出点都至少被执行过一次,并且程序中的每个判定的所有可能的输出至少取一次。

(3) 软件和机载硬件 DAL A 和 AL 1:语句、判定-条件和修正条件判定覆盖(MC/DC)。

MC/DC:每个判定的所有可能的结果都至少执行了一次,并且判定中的每个条件都是独立地影响该判定的结果。如果该条件单独影响结果,则该判定独立地影响判定的结果。

结构覆盖分析的原因有 3 个。

(1) 原因♯1:确保执行测试覆盖的代码与 DAL(关键性)成比例。

(2) 原因♯2:确保不存在死代码,并识别未激活的代码,然后正确处理和解释。

(3) 原因♯3:通过基于需求的功能测试来评估软件需求的质量。

进一步思考以上结构覆盖的 3 个原因。

(1) 原因♯1 确保更关键(更高的 DAL)逻辑的潜在路径都被正式跟踪的测试覆盖到。因此,更关键的逻辑在实际操作期间发生未经测试的操作条件的情况会更少。在航空复杂异步系统中,输入/事件组合的数量是无限的;根本没有办法完全测试一组无限的输入组合。航空的结构覆盖评估可以说是最佳方法,它至少确保覆盖最有可能和最明显的组合(DO-333 中描述的形式化方法以及人工智能有朝一日可能会降低结构覆盖的重要性,但是目前还没有实现)。

(2) 原因♯2 实现了白盒测试的合格审定目标,确保所有逻辑都有存在的理由(如它具有到正式需求的双向跟踪性)。

(3) 原因♯3 被许多航空逻辑测试工程师和质量保证工程师视为 3 个原因中最重要的。如上所述,结构覆盖分析是最终的测试活动,只有在完成所有先前基于功能需求的测试后才执行。如果这些相应的需求和功能测试是按照航空指南/目标开发的,那么未覆盖的逻辑结构和路径应该很少了。

原因♯3 是一个非常重要的概念:合格审定机构,有时甚至是 QA 工程师都对项目需求并不熟悉,无法轻松评估这些需求和相关测试的技术质量,但航空业最终需要一种机制来做到这一点。该机制是原因♯3:如果逻辑需求和相应需求的功能测试都具有良好的细节和彻底性,那么结构覆盖分析应该很容易表明90%～95%的逻辑结构和路径是通过功能测试被覆盖的。相反,如果功能测试覆盖了75%或以下的逻辑结构和路径,则很明显需求细节和测试彻底性都存在不足;增加需求来实现95%的覆盖率,然后重复直到100%被覆盖或证明为未激活代码。

现在考虑以下结构覆盖相关定义。

定义

(1) 条件:一个不可分割的逻辑表达式(原子)。通常也称为布尔变量,它只能等于"真"或"假",而不能被分割成其他更简单的子成分。

(2) 判定:一个逻辑表达式,可以由多个条件组成,由或(OR)、与(AND)等逻辑运算符分隔。

(3) 修正条件判定覆盖:每个决策的所有可能结果都至少被执行了,并且判定中的每个条件都独立地影响该判定的结果(如果该条件单独影响结果,则该条件独立地影响判定的结果)。

对于结构覆盖示例,参考以下代码片段:

```
if ((A||B) && C)
{
/ * <Insert code instructions here> * /
}
else
{
/ * <insert code instructions here> * /
}
```

在本例中,A、B 和 C 表示布尔表达式。为了确保本例的条件覆盖标准,A、B 和 C 应至少取一次"真"和一次"假",以下两个测试用例满足了条件覆盖:

- A=True/B=True/C=True
- A=False/B=False/C=False

对于判定覆盖,表达式[(A or B) and C]也应至少取一次为"True",再取一次为"False"。以下两个测试用例满足了判定覆盖:

- A=True/B=True/C=True→True
- A=False/B=False/C=False→False

修正条件/判定覆盖要求每个布尔条件应该取一次为"真",一次为"假",同时影响判定的结果。这意味着从一个测试用例到另一个测试用例,只改变一个条件值会改变判定的结果。但是仅使用前两个测试用例,无法知道哪个条件影响该判定的评估。因此需要 MC/DC。所以,对于具有 N 个条件的判定,至少需要 $N+1$ 个测试用例来确保 MC/DC 覆盖。由于上面的示例具有 3 个布尔条件(A、B 和 C),因此以下测试用例就足够了:

- A=False/B=False/C=True→decision is evaluated to"False"
- A=False/B=True/C=True→decision is evaluated to"True"
- A=False/B=True/C=False→decision is evaluated to"False"
- A=True/B=False/C=True→decision is evaluated to"True"

如上 MC/DC 所示:

(1) 在第 1 个和第 4 个测试用例之间,只有 A 的值改变了,判定的结果改变了(第一个 case 为"False",第 4 个 case 为"True")。

(2) 同理,在第 1 个和第 2 个测试用例之间,只有 B 的值改变了,判定的结果改变了(从"False"变为"True")。

(3) 在第 2 个和第 3 个测试用例之间,只有 C 的值改变了,判定的结果也改变了(从"True"到"False")。

未激活代码和死代码

尽管可以将硬件定义为是"简单的"或"复杂的",但是对软件的定义一贯是复杂的。从本质上来看,一共有 5 类软件源代码(下文简称为"代码"),总结如下。

5 类代码:

(1) C1——执行源代码:普通代码。

(2) C2——非执行源代码:DO-178 定义的未激活代码。

(3) C3——编译时排除不可执行的源代码:♯IFDEF、智能链接器等。

(4) C4——临时不可执行源代码:未使用的库、RTOS 函数等。

(5) C5——设计错误导致不可执行的源代码:DO-178 定义的死代码。

上述类别包括了所有可操作的航空软件。其中,第 2 类未激活代码和第 5 类死代码必须符合 DO-178C 和 DO-278A 的标准,它们的定义如下。

死代码:由于设计错误,不能在目标计算机环境的操作配置中执行(代码)或使用(数据)的可执行的目标代码(或数据),并且无法追溯到系统或软件的需求。

未激活代码:在设计中符合以下两种情况的可执行的目标代码(或数据):①不打算被执行(代码)或被使用(数据),如先前开发的软件组件的一部分;②只在目标计算机环境的某些配置中执行(代码)或使用(数据),如由硬件引脚选择或软件编程选项启用的代码。

在符合 DO-178C 标准的 DAL C 软件(或符合 DO-278A 标准的 AL 3 软件)中,需要处理死代码和未激活代码。处理死代码很简单:如果它不符合软件要求,测试与/或分析表明它不能被执行,那么必须删除它,没有例外。然而,未激活代码本质上是"睡眠"代码,它需要额外的设计和验证工作。首先通过一张简单的图 17-18 帮助识别这两者的区别。

- 死代码:不应该在飞行中执行的代码,无存在的理由
- 非激活代码:不应该在飞行中执行的代码,但有其存在的理由

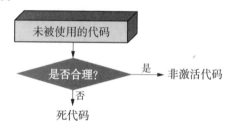

图 17-18 死代码与非激活代码区别

非激活代码是很常见的,并且在许多情况下实际上是可用的。图 17-19 描述了非激活代码的常见的(也是好的)前 4 大原因。

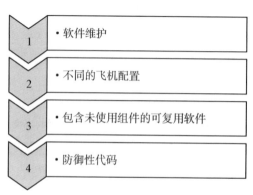

图 17-19 非激活代码的 4 个原因

　　显然,在图 17－19 的 4 种情况中,未激活代码是可取的。事实上,大多数读者应该意识到由于 DO－178C 和 DO－278A 的严格要求,航空软件工程非常昂贵;本书第 23 章提供了更多的成本信息。但是同时,读者也应该意识到,大多数航空软件项目都会大量复用已存在的软件或之前的配置。如果该软件设计得很好,可以将未改变的模块重复使用,那么绝大多数所需的活动都不需要在未更改的模块上重复进行,除非测试表明新配置项或者其他软件引入意想不到的影响。因此,可以使用未激活代码的方式来重用代码组件。为了证明这部分代码确实未被激活,意外激活它也不会造成安全问题,它必须接受需求审查、可追溯性审查和相应的代码分析。所有有经验的 C 语言程序员都犯过指针错误,这些错误可能会无意中导致任何代码被激活,甚至是被指定为"deactivated"的代码。图 17－20 总结了非激活代码管理。

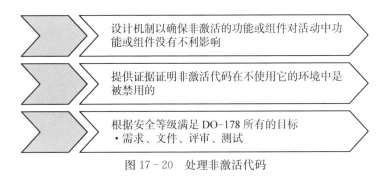

图 17－20　处理非激活代码

　　在理想的情况下,所有的航空测试都应在实际运行的硬件上进行,其产品配置应与正在飞行或在地面上运行的硬件完全一样。在理想的情况下,飞机也不需要安全带或副驾驶。然而在现实世界中,项目的预算和时间安排并不总是允许等到开发结束时再进行正式测试。逻辑的许多鲁棒性条件在系统层面上很难达到。通常,航空逻辑的测试是在比系统测试更低的层面上进行的,如通过主机开发环境、模拟器、仿真器。然而,当我们不使用系统层面的设备来进行最终测试时,必须证明逻辑的行为与其在操作系统上的性能相当。图 17－21 有助于说明何时可以应用这两种方法。

硬件 DO－254 验证

　　地面和卫星 CNS/ATM 系统对其系统内的硬件进行测试时,"系统"和"硬件"没有测试的区别。然而,机载硬件也要进行集成系统测试,根据 DO－254 标准对硬件有附加的验证活动。这些附加的 DO－254 验证过程在表 17－3 中进

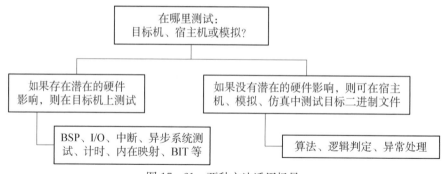

图 17 - 21　两种方法适用场景

行了总结。

表 17 - 3　附加的 DO - 254 硬件验证活动

测　　　试	评　　　审	分　　　析
● 硬件需求测试 ● 逻辑测试(DAL A/B)	● 需求 ● 概念和详细设计 ● 逻辑 ● 基于需求的测试结果 ● 低层测试结果评审(DAL A/B)	● 追溯分析(DAL A/B/C) ● 需求覆盖分析(DAL A/B/C) ● 低层测试覆盖分析(DAL A/B) ● 结构覆盖(DAL A/B) ● 一般系统分析(DAL A/B/C) 　○ 静态计时 　○ 设备使用 　○ 热量/功率 ● 引脚覆盖分析(DAL A/B/C)

有必要在设计中验证机载硬件的时序性能。这应该考虑到应用于设备的温度和电源变化,以及半导体设备制造商所声明的半导体设备制造工艺的变化。具有必要的时序约束和条件的静态时序分析(STA)是定制设备的数字部分符合此目标的可能方法之一。

综上所述,航空系统、软硬件的测试是多方面的,对于复杂的系统来说,永远不能证明测试是完备的;潜在的测试用例的数量是无限的,因为你总是可以再增加一个测试用例。随着时间的推移,在测试上花费的金钱和时间往往比最初开发所需要的多。因此,测试自动化和测试方法的有效分配至关重要。如图 17 - 22 所示,通过需求、实现和测试之间的双向可追溯性来证明测试覆

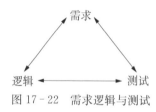

图 17 - 22　需求逻辑与测试

盖率。

　　总之,航空测试实际上与信息技术(IT)、消费类电子产品和其他安全关键领域的测试有很大不同。专注于讨论测试的文字瀚如烟海,本章只是提供了一些用来理解航空需要什么,以及航空系统测试与其他领域测试有什么不同之处。

第 18 章 DO‑160 环境试验

DO‑160 全称为"机载设备环境条件和试验程序",适用于几乎所有的商用航空电子系统和许多其他形式的机载设备。本章标题已表达得非常清晰:

(1) 涉及环境试验,而不是逻辑执行或开发过程。

(2) 提供必须达到的明确且独立的试验标准,从而实现设备的合格审定。

(3) 适用于机载设备在飞机运行期间预计可能遇到的最坏环境条件。

本质上,DO‑160 要求进行试验,证明该设备能够在飞机上可能发生的最坏情况下继续按要求运行。DO‑160 的目的是安全,并不关注商业运营。有些人称它为"振动和烧烤"试验方案,因为早期的 DO‑160 试验将硬件置于极端的振动和温度条件下。但是现在它不仅仅是"振动和烧烤",最新的版本引入了许多额外的试验形式,包括压力、盐、水、射频、磁、闪电等其他更多的环境条件和试验内容。

在欧洲 DO‑160 经常被作为必要的试验方法。ABD0100 文件(空客)经常被作为适用的"设计标准",而 ABD0100 多次引用 DO‑160。值得注意的是,ABD0100 中还额外包含了设计要求/指南,而 DO‑160 则仅限于试验方法和等级。ABD0100 中的这些设计要求/指南是非常有用的和必要的;然而,它们也被认为有些主观,因此通常不被美国的适航局方采用(注:欧洲民用航空设备组织的 ED‑14 在技术上等同于 DO‑160)。

在继续阅读本章之前,先来做一个小测试。

(1) T/F:DO‑160 仅适用于电子硬件。

(2) T/F:DO‑160 可用于测量使用寿命和平均无故障间隔时间(MBTF)。

(3) T/F:DO‑160 试验通常同时执行软硬件逻辑的性能和功能试验。

(4) T/F:DO‑160 主要涉及温度和振动试验。

(5) T/F:DO‑160 是一份稳定的文档,很少进行更新。

(6) T/F:DO‑160 试验应在同一设备上进行。

DO‐160 有着悠久的历史。虽然第一个版本是在 1975 年发布的,但它可以追溯到 1958 年的 DO‐138。所以尽管在做新的修订,它仍然是一个适用的传统航空适航文件。和许多其他涉及硬件、软件、系统和过程等特定方面的"DO"文档相比,DO‐160 通常被认为是元老级的,因为几乎所有这些系统和设备最终都必须通过 DO‐160 试验。

DO‐160 本质上是符合最低运行性能标准(MOPS)的设备环境试验,其中试验将在经过认证的试验室环境中进行,并使用经过认证和校准的设备。这样的试验室环境意味着试验是客观的、全世界标准化的和可重复的。尽管大公司可能有自己专用的 DO‐160 试验环境,但通常这些试验是在独立于设计的试验中心进行的。未经认证的试验室或设备只是有用的"工程工具",以增加设计信心和减少认证所需的试验室试验时间。DO‐160 试验活动是否通过的结论应是一份可接受的试验报告(试验结果不一定全部通过)。写一份优秀的试验报告不是一项简单的任务,其包括认证的试验室、试验物品清单以及校准的测试设备。DO‐160 试验将遵循之前书面的和客户接受的试验程序,并在试验计划中引用。

由于适当的设施和设备往往是有限的,而且是提前安排的(昂贵的)资源,供应商和客户会考虑试验设施调度情况。

DO‐160 不适用于计算平均无故障工作时间或计算使用寿命。相反,DO‐160 旨在提供与开发和安装有关的所有试验以及航空硬件必须通过的最低综合环境试验。虽然 DO‐160 引用了各种各样的最低运行性能标准,但许多设备项目并不需要 DO‐160 中引用的所有试验,因为它们根本不适用。与所有机载设备一样,准确的测试集应与对应的适航局方进行协调。"不需要"或"通过分析完成"的试验将在文件中正式注明,然后由客户同意并接受。

在所有的 RTCA 文档中,DO‐160 表面上是一个更新最频繁的文档。事故分析、制造检查、硬件技术和试验方法都在不断地推进,并对构建更好的硬件相关的知识体系做出了相应的贡献。特别是对于 DO‐160 的 15～23 节(EMI/EMC),规范和试验需求快速地变化。这些章节要求仔细审查而不是仅是满足通用的 DO‐160 标准"供应商设备规范"(SES 或类似文件)。今天,即使是非安全的关键消费品,也经常被期望能够承受相应的日常环境。一个典型的例子就是现代手机,它经常掉落,留在炎热的汽车仪表盘上,甚至可能被狗咬。然而,人们总是期望能够继续正常运转。但机载航空电子设备硬件的环境要恶劣得多,虽然被狗咬的可能性也很低。DO‐160 将定期更新,以反映对潜在航空和硬件故障的最新理解,以及不断变化的硬件制造和试验环境。

　　RTCA/DO-160 已经通过修订以满足新兴的和改进的试验技术。随着时间的推移,更新的部分反映了对以下方面的理解:环境压力的严重程度,安装设计中可达到的缓解程度,以及必须设计到设备中并在操作环境中体现的鲁棒性。

　　DO-160 提供了不同环境类别的最低标准环境试验条件准则。这些试验的目的是,根据累积的 DO-160 经验和智慧评估在受控环境中,机载硬件是否有能力正常工作。DO-160 独立于控制该系统内软硬件逻辑的开发和功能的设备性能标准。DO-160 可与外部标准结合使用,特别是在适用章节中对 DO-160 内容的具体修改(如试验水平、试验持续时间)。

　　经过许多飞机和众多版本迭代的 DO-160,要使用的试验级别取决于 3 个标准:飞机的类型、物理位置和研制保证等级(DAL)。对于相同的物理位置,不同的 DAL 的环境试验水平可能会有所不同。

特定 DO-160 试验类别

　　根据航空电子的软硬件指南如 DO-178 和 DO-254,绝不需要破坏硬件来验证软件或硬件逻辑性能。事实上,即使试验存在损伤硬件的可能,如过电压条件,那么仅该电压就足以引用"分析"作为试验方法以保护硬件,而 DO-160 是不同的。

　　DO-160 要求在各种环境类别中进行大量的试验。下面列出了 DO-160 所引用的基本试验类别,如表 18-1 所示。

表 18-1　DO-160 引用的试验类别

DO-160 章节	试验类别
4	温度
4	海拔
5	温度变化
6	湿度
7	操作冲击和碰撞安全
8	振动
9	爆炸性大气
10	防水性
11	流体敏感性
12	沙尘
13	抗真菌性

（续表）

DO - 160 章节	试验类别
14	盐雾
15	磁效应
16	功率输入
17	电压峰值
18	音频传导磁化率
19	诱导信号敏感性
20	射频磁化率(辐射和传导)
21	射频能量的发射
22	闪电诱发的瞬态磁化率
23	闪电的直接影响
24	结冰
25	静电放电(ESD)
26	火灾、易燃性

DO - 160 的试验类别

显然,有着近 500 页、涵盖 26 类试验的 DO - 160 是一份详细的标准。如果你参与了机载设备的开发,你应该购买正式的最新修订版本的 DO - 160。由于飞机的漫长发展,DO - 160 作为"元老级规范",我们要非常清楚的是我们可能需要它的全部或部分的更早版本。最近,RTCA 删除了用户指南部分,并制作了一个单独的文档(RTCA/DO - 357"DO - 160G 的用户指南补充")。该文件旨在提供需求的原理、需求应用的指导、评价、可能的故障排除技术,以及从试验室工作中获得的经验教训。

如果是一家拥有内部 DO - 160 试验资源的大公司,则可以亲自做 DO - 160 试验,否则建议将 DO - 160 试验外包给世界上几十个正式批准的机构,因为它们更了解 DO - 160。但你仍需了解 DO - 160,以确保遵守了标准。与所有航空产品开发一样,修复问题的成本比预防问题的成本高 10 倍。对 DO - 160 的全面了解将使你更好地预防问题。

在特定的开发阶段,如果发生涉及对试验规范标准、DAL、试验方法选择和试验通过/失败准则的认识,可能会对产品开发成本产生关键的影响。如 DO - 160 第 22 节(闪电诱发瞬态敏感率)所述,与"自我恢复"相比,"不允许翻转"的试验需求会对设计复杂性产生重大影响。

试验顺序

上面引用的各种 DO-160 试验类别都是独立的。换言之,通常在每个类别内开展相关的试验,而不用考虑其他试验类别。这 26 个基本试验类别将有数百万个潜在的组合和序列。期望设备制造商对其产品进行各种可能的组合和顺序是不现实的。举个例子,结冰、盐雾和真菌可能对射频敏感性有很小的影响。然而,DO-160 的射频敏感性试验是在静态试验室环境中进行的,没有考虑结冰、盐雾和真菌对该敏感性的综合影响,而高加速寿命试验(HALT)将同时具有温度和振动。试验顺序并非完全任意的。当需要进行聚合试验时,必须遵循以下规则。

DO-160 试验顺序

(1) 真菌抗性试验之前必须先进行盐雾试验。

(2) 沙尘试验必须在抗真菌、盐雾和湿度试验之后进行。

(3) 爆炸性空气和易燃性试验必须最后进行。

只有合格的配置管理的工具,才能进行符合合格审定的正式 DO-160 试验。该配置管理适用于已发布的原理图、零件清单、装配图和验收试验程序(ATP)或类似程序。为 DO-160 鉴定试验选择的装置代表正常生产惯例,特别防止选择优于典型性能的。该装置至少应在生产期间(正常情况下)做 ATP,并在试验完成时也做 ATP。通常在 DO-160 试验期间需进行数次 ATP,如果发生故障,只有 ATP 才能检测到故障原因,可以将原因隔离到试验的子集。在正式 DO-160 试验结束时,通过 ATP 是必要的。

通常由于开展一些 DO-160 试验的时间太长,调度困难,或一些试验的物理结果有些混乱(如盐雾),因此将使用多个试验装置。相反,用于交付给客户的试验装置可能非常昂贵,这限制了装置的数量。所有使用的装置必须具有相同形式的配置和相同的件号,只有序列号可以不同,否则将通过非一般的过程来证明不同配置下有相同行为。一个警示声明,精明的客户和合格审定机构会疑惑又理所当然地看待使用多个试验装置。在通常情况下,所有 EMI/EMC 试验都使用同一个装置,温度试验使用另一个装置(当然两者可以是同一装置)。通常不接受有不同的冷热温度指标装置,以及不同的排放指标装置和敏感性指标装置。虽然所有的装置可能是相同的配置,但即使只有少许的电缆走线或长度不同,装置里实际的物理部分也肯定不同。因此,要知道正常的部件变动可能会使装置具有非常不同的温度或 EMI/EMC 特性。

如果设计或使用的部件的变更被认为是"大规模的",那么成品通常是需要一个新的部件号。如果在合格审定期间发生,那么可能需要重新开始试验,或部分或全部重新进行合格审定。相似性合格审定是一项具有重大价值的工程任务。

用于正式合格审定的实体装置应在试验完成后保留很长一段时间,并被视为客户的财产。在试验之后,它们不能被改动。若要使用的话需要有非常严格的限制。

DO - 160 公差和试验设备

在进行正式的 DO - 160 试验时,应使用"正常、通用和习惯"的 DO - 160 程序和设备。合格审定和校准需要大量的专业知识和资源。即使在 DO - 160 专家的世界里,这也属于专业/特定服务。规范和公差比较复杂且具体。DO - 160 试验中使用的试验设备必须具有符合当前国家或国际标准的有效证明,并确定其制造证书、序列号、最新校准日期、校准失效期或校准有效期。应保存特定类型的校准记录,其中可能涉及公司内部和外部公司。需要注意的是,"校准"一词包括测量、性能验证,设备通常没有"校准"机制;它要么是"规格定义的",要么是更换的/修复的[所有这些信息需要包括在试验文件中,也即 DO - 160 试验报告,这通常是合格审定试验报告(QTR)的一部分]。由于这些原因,通常会将试验外包给做 DO - 160 试验的独立试验实体。尽管通常会有问题和修订,一个优秀的 QTR 编制人员需要生成所需的报告并被客户接受。没有经验的 QTR 编制人员会导致类似于没有经验的试验指导员或没有经验的试验程序编制员这样的问题。

DO - 160 环境条件

对于各种试验,DO - 160 要求在"可接受的环境条件"下进行试验。显然,一些试验明显地改变了这些条件,如温度试验、结冰试验、高度试验等。但是,除非试验条件要求温度、湿度和压力发生变化,否则 DO - 160 试验应保持以下条件:

(1) 相对湿度应≤85%。

(2) 温度应该为 15~35℃。

(3) 压力应代表标准压力:−1 500~5 000 英尺,即 84~107 kPa。

有趣的是,太多的试验设施都没有经过认证,也没有使用校准的设备测量试验的环境条件。

DO - 160 说明

DO - 160 试验虽然涉及很多,但一次只进行一个环境试验。然而,基于进度压力的考虑,实际显然需要同时开展多个试验。幸运的是,DO-160 在创建和维护时都考虑到这些。为了对这一非常理想但非常困难的任务提供一些见解,请考虑到单个 DO-160 试验所施加试验水平/持续时间可能大大超过了在飞机上发生的类似的单个因素影响的水平,理解到这一点是很是重要。对于相同的环境,发射/产生的限制通常远低于敏感性极限。例如,EMI 传导的发射水平限制可能远低于 EMI 传导的敏感性水平。

总结一下级别和限制:

(1) 适用的 DO-160 级别是基于飞机型号、装置位置(一个装置连接到其他不同位置的装置)、DAL,并应用了一种概率上的理解。

(2) 一次只在一个单独环境上进行试验。DO-160 根据等级和持续时间来考量真实环境的组合效应。

(3) 对于相同的试验环境,允许排放限值远低于要求的非敏感性限值。但是,通过提高允许排放限值以通过试验很少会被接受。原则上,这也适用于振动和冲击。

(4) 许多规范或试验测量指标,都考虑了噪声(单位 dB)。

DO-160 的数个章节包含了一些特定方向的内容,以检测潜在的设计缺陷、敏感性和有害排放。对待试验的敏感频率(包括机械共振)的分析,有多种运行模式装置的多种运行模式试验,是可以相关的。由于某些操作模式的持续时间与试验时间相比非常短(如启动),因此会使用稳态模式。如果分析没有显示出想要的特殊频率,那么将使用默认值。

与 DO-178 或 DO-254 相比,DO-160 的主观缺陷更少。DO-160 确实有或试着有明确的通过/失败准则。这些在试验程序中指定,并可重复。必须处理和解决试验失败。解决方案可能会成为一个混乱的过程,但并不一定如此。试验失败的解决方案/纠正方法包括重新试验后通过(带解释)、异常试验描述、试验设备更换(带解释)、规范放宽请求、设计变更和重新进行合格审定。

DO-160 适用于大多数机载设备,但必须考虑该设备预期的飞机类型。例如,旋翼飞机比商用固定翼飞机具有更极端的振动和冲击环境。因此,相应的 DO-160 的试验标准对直升机更为严格。此外,最近也有人试图协调一些 DO-160 试验与相关的军事标准,如 MIL STD 810。一般来说,最好使用或参考类似的标准,如果能证明这些标准满足或超过 DO-160 的准则,就可以使用。

航空电子设备正在不断发展,DO-160 无法实时更新以立即适应这些所有

的变化。对于特定的设备类型,应查询技术标准规定(TSO)。每隔几年,RTCA
通常会根据新技术来编写 DO - 160 的修订版本,并发布一个新的修订。例如,
GPS、GNSS 和新的溶剂/液体的发展促使了 DO - 160 的修订,就像未来飞机上
的 AFDX、手机和消费电子产品将推动更多的升级。此外,正在进行的事故调查
可能会产生辅助分析,需要改进试验,也需要对 DO - 160 进行修订。

第19章 航空领域的质量/过程保证

什么是航空质量/过程保证,为什么要航空质量/过程保证

在航空发展过程中,质量保证(QA)可以说是航空电子软硬件合格审定中最关键的方面。无论它被称为飞机、系统和硬件的过程保证(PA),还是软件的质量保证,QA/PA的重要性都不能被低估。然而,QA/PA很少得到与其关键作用相当的关注或赞扬。事实上,航空相关的QA与传统工业和消费产品开发中的QA有很大的不同,请考虑以下说法并评估它们是否正确。

(1) T/F:QA最重要的作用是评估最终的产品质量。

(2) T/F:QA人员执行技术评审。

(3) T/F:QA人员评估航空电子开发工程师是否遵循DO‑178C、DO‑254和/或DO‑278A的要求中规定的标准。

(4) T/F:QA在需求、设计和代码审查中扮演关键角色,并进行测试。

(5) T/F:四次阶段性介入("SOI")事件代表航空电子开发过程的四次QA审计。

(6) T/F:每个A级和B级航空电子开发项目至少需要3个不同的人员,而适航审定中最关键的是独立的质量保证人员。

如果认为以上的问题真的很简单,请祝贺自己拥有真正的QA知识。如果它们只是看起来很简单,那么下面的信息就很适合你了。事实上,在不理解航空发展中整体质量保证作用的情况下回答上述问题,就像理解傅里叶变换而不首先理解微积分一样是不可能的。

在飞机、系统、软硬件开发中,QA/PA(以下简称"QA")有3个主要职责。

(1) 确保项目具体的工程计划和标准符合DO‑178C/254/278A和ARP4754A。

(2) 评估并确保独立的工程组织从项目开始到完成交付都能遵循这些计划。

（3）通过记录的审计来建立和保留上述证据，并解决在此过程中遇到的所有问题、缺陷和过程改进。

在其他非航空电子设备开发活动中，"质量保证"通常意味着一个更辅助、更被动的测量角色。例如，维基百科恰当地指出 QA 是"系统的测量，与标准的比较，对流程的监控和一个预防错误的反馈循环"。在大多数行业，QA 向工程管理汇报，协助文档的技术审查，并在开发生命周期即将结束时执行各种系统/软件测试；然而，这些都不是 QA 在航空业中的作用。为什么航空业中 QA 不能承担这些传统的工业和商业消费行业的 QA 角色？如果对其他行业的这种传统但常见的质量保证的理解应用到航空业，那么弱点就是：

（1）谁确保项目计划和标准是正确的，并符合 ARP4754A、DO‑178C、DO‑254、DO‑278A 等要求？

（2）谁确保适用的流程是确定的，可重复的，明确定义的，并符合 ARP4754A 和 DO‑XXX？

（3）谁确保工程过程反馈回路被正确定义并遵循？

（4）谁负责确保有证据证明错误被恰当地识别、定位并解决了？

在航空软件开发中（如 DO‑178C 和 DO‑278A，参见前面的章节），上述问题的答案很简单："质量保证"。QA 是基于作者所称的"QA 金字塔"，如图 19‑1 所示，需要注意这些基础元素。

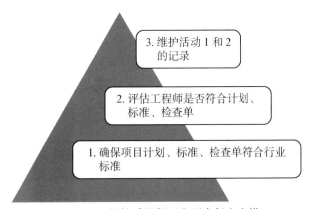

3. 维护活动 1 和 2 的记录

2. 评估工程师是否符合计划、标准、检查单

1. 确保项目计划、标准、检查单符合行业标准

图 19‑1　软件质量保证主要责任金字塔

然而，在飞机、系统和硬件层面上，质量保证被称为"过程保证"（PA），因为需要执行额外的供应商审计和制造评估；因此，一个等效的 PA 金字塔如图 19‑2 所示。

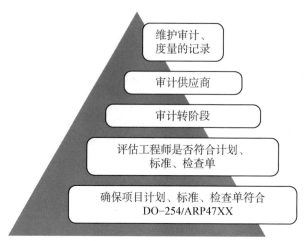

图 19 - 2　系统和硬件过程保证主要责任金字塔

ARP4754A 和 DO - XXX 对于 QA 流程的定义、调度和执行方式有些"灵活"。然而,航空要求系统地定义、应用和测量的过程,以确保产品质量。不仅仅是为了提高产品质量:改进一个弱产品,直到它成为一个普通的消费品,这在航空领域明显是不够的。显然,航空发展的质量取决于包括开发在内的所有组成部分的质量。航空研制的所有过程均影响质量。所有这些组成部分都同样重要吗? 这句话是错误的但又是正确的,错误的是它们并不都对质量有相同的潜在影响,但正确的是每个组成部分都可以影响质量,那么每个组成部分作为开发中的潜在故障点具有同等的地位。航空电子质量保证的任务是应用行业指南,同时审查航空电子开发过程的所有方面,以确定应如何独立评估该过程的输入和输出。航空电子研制的生态系统从安全和系统开始,然后软硬件被视为子系统。因此,QA 必须从整个生态系统的大局出发,同时还要立足于可能影响产品质量的最小工程过程。首先从质量保证计划开始。

质量保证计划(DO - 254 和 ARP4754A 的"过程保证计划")通常由 QA 编写并签署,是适用 DO - XXX 的项目的 5 个计划之一(适用 ARP4754A 的项目包含 8 个计划,参见本书相关章节),计划定义了项目如何满足适用的 DO - XXX 目标。但是,在安全和系统定义阶段,质量保证需要尽早确定,以确保这些工作阶段符合适用的流程,并为后续的软硬件开发提供适当的输入。航空指南虽然过程灵活,但不容易做到;质量保证必须确保满足以下目标,如图 19 - 3 所示。

图 19-3　关键过程/质量保证活动

　　上述航空质量保证目标清单似乎很容易,几乎是显而易见的。事实上,在其他非航空发展环境中,"质量保证"似乎也体现了类似的目标:评估产品的实施情况,以衡量和提高质量。因此,今天生产的几乎每一种消费电子产品都有某种形式的基本质量保证。

　　然而,通过对航空质量保证框架的深入了解,可以发现更积极、更可靠的质量保证指导。在航空电子设备中,每个与安全相关的机载软件系统都有 5 个必需的计划(复杂电子硬件也需要相应的 5 个计划)。虽然这 5 个计划都很重要(FAA/EASA 拒绝说明"哪个"计划或目标最重要),但航空电子合格审定专家普遍认为,合格审定计划是最重要的计划,其他 4 个计划的重要性顺序如下:

　　(1) 合格审定计划。

　　(2) 质量保证计划。

　　(3) 配置管理计划。

　　(4) 验证(和硬件验证)计划。

　　(5) 开发计划。

　　如上所示,第二重要的计划是质量保证计划,它必须描述确保每个系统的质量保证过程。

　　(1) 拥有一套完整的计划/标准,其中 100% 体现适用的 DO-XXX 的所有目标。

　　(2) 根据计划和相关标准定义监控开发的流程,包括"转换准则",为每个工程活动定义准入/准出准则。

（3）定义评估机制，评估在整个开发过程中使用的实际过程是否符合这些计划。

（4）定义反馈和控制过程，确保纠正措施解决相关缺陷，并有记录以证明状态和符合性。

在航空领域，飞机和系统研制的5个关键领域都有自己的质量保证计划，如下所示：

（1）飞机→《飞机过程保证计划》。

（2）航空电子系统→《系统过程保证计划》。

（3）航空电子设备和CNS/ATM软件→《软件质量保证计划》。

（4）航空电子设备硬件→《硬件过程保证计划》。

虽然不同文件的保证范围和证据各不相同，但上述计划实际上相当相似，都涉及如图19-4所示的关键主题。

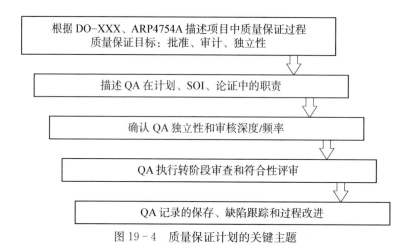

图19-4 质量保证计划的关键主题

质量保证角色

许多有可靠开发记录的传统公司，都擅长定义一个质量体系并遵循它。然而，DO-XXX将产品的重点或举证责任放在了质量保证部门。这样做的原因既是技术上的，也是政治上的务实：当多个人和多个部门对质量证明承担同等的责任时，可能会出现相互指责和缺乏真正的问责。如果由一个部门负责，则明确指定其权力：独立的质量保证。非航空行业的质量保证参与技术评审、执行测试和向工程管理报告，而航空质量保证是明显不同的。图19-5描述了航空"工程"和"质量保证"之间的明显差异。

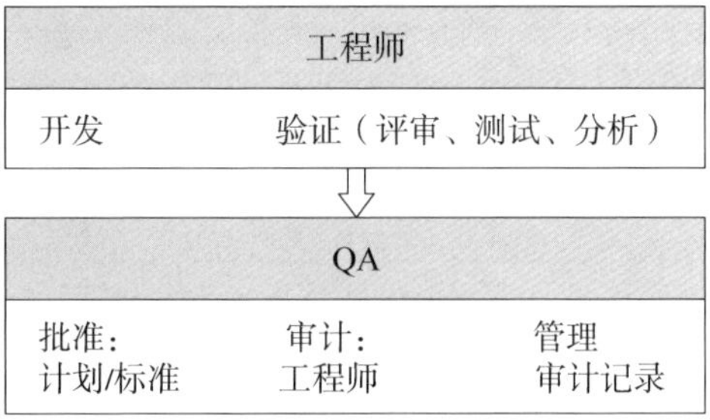

那么,QA 是否对质量负全部责任,以至于所有项目工程人员都可以放松下来,选择不遵循计划和标准?当然不是;工程设计必须遵循技术评审和质量保证审核所使用的所有适用计划和标准。QA 是否有责任评估技术符合性? 没有;技术符合性通过评审进行评估,评审由工程团队完

图 19-5　航空"工程"与"质量保证"的对比

成。QA 不执行技术评审;相反,QA 执行审计以评估工程对定义过程的遵守情况。但这难道不是通过区分评审和审核而产生的语言上的吹毛求疵吗? 是的,QA 通过执行审计来"审查"工程过程的符合性。但这不叫"评审",因为在 DO-XXX 中,评审本质上是彻底的、技术性的,因此由工程团队执行。记住,工程团队执行的验证包括评审、测试和分析。因此,工程团队负责执行工程产品的评审,包括需求、设计、代码和测试。QA 进行审核,以确保工程团队遵循验证计划中包含的评审流程。

质量保证审核

QA 的审核不像工程评审那样对每个需求、设计、代码和测试进行执行。这是 DO-XXX 和其他使 QA 在技术评审中发挥了积极(有些人会说"领导")作用的标准之间的普遍差异。根据定义,工程评审使用预定义检查单,这些检查单适用于所有需求和测试[更高设计保证级别(DAL)还包括设计/代码]。此外,QA 审核是对每个工程过程的抽样,主要包括审核以下 4 项工程活动:

(1) 开发过程。

(2) 配置管理过程。

(3) 验证过程。

(4) 与开发和验证过程相关的工程评审。

因此,QA 审核是面向过程的,而工程评审则是面向技术的。评审(由工程团队完成)和审核(由独立的质量保证组织完成)根据预定义的检查单执行,并保留相应评审和审核的记录。QA 还必须审核每个工程活动的转换准则,即如图 19-6 所示的进入和退出标准。

QA 审核记录(检查单)必须根据相关的项目配置管理计划保存在一个正式的配置管理系统中。质量保证过程,包括审核过程,是按照质量保证计划中提供的指导执行的。

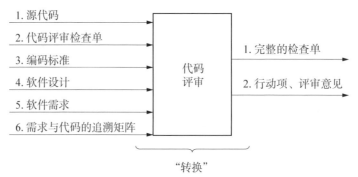

图 19-6 航空软件转换示例:代码评审和 QA 审核

QA 审核抽样和抽样规模

QA 审核是"审核",而不是"重新评审"。QA 审核必须至少包括以下所有生命周期阶段和产品:

(1) 飞机、安全、系统、软硬件开发,包括安全评估、需求、设计、实现、集成、配置管理和验证与确认。

(2) 计划,如果 QA 没有参与编写,必须由 QA 进行全面评审和批准。

(3) 所有飞机、系统、软硬件需求、可追溯性、设计/代码/测试、辅助文件、验证记录、双向可追溯性,以及包括转换准则在内的过程。

(4) 测试计划、测试程序、测试用例和测试结果。

(5) 所有第三方工具文档。

(6) 工具鉴定计划。

(7) CM 记录。

(8) 同行评审。

虽然少数公司投入充足的资源进行质量保证,并努力进行 100% 的审计,但大多数公司缺乏这样的资源,受限去审计其中的子集。一个好的经验法则是"5%~10%",这意味着 10% 的工程产品由 QA 审计。然而,最好记住以下几点:

(1) 审核样本量应大于 5%。

(2) 审核人员应该在每个阶段对每个工程师至少采样一个产品;例如,如果在设计硬件时有 3 个工程师,3 个工程师中的每个人的产品至少要接受一次审核。

(3) 当 QA 发现不符合项增加时,审核抽样规模和频率应增加。

（4）审核样本量和审核频率应在 QA 计划文件中预先定义。

（5）审核结果必须在更新过程中进行记录和跟踪，如果审核结果会导致过程更新（除了产品更新之外），那么 QA 需要在过程完成时进行额外的管理和跟踪。

（6）对于小型项目，审核样本量应增加到 20% 以上。

如果一家公司已经有了强大的企业质量保证文化，它是否在航空电子设备的开发中获得了额外的信誉？答案显然是否定的：在航空领域，每个产品版本通常都被视为一个独立的实体，每个产品的质量都是根据其相关的开发各方面的属性来评估的，而不是根据更短期的可能且不相关的企业文化方面。例如，一家公司拥有世界级的近乎完美的质量保证能力，并不意味着这些能力就被完全应用于一个给定的产品上。事实上，它有可能走了捷径，那些具有强大的企业质量保证能力的公司并没有将它们完全应用到给定的产品上。这就是为什么航空电子开发生态系统被灌输了一种潜在的"有罪直到被证明是无辜"的哲学思想，这种思想可以翻译成质量保证。尽管如此，具有强大的企业质量保证文化的公司应该会发现航空开发指南相当直接且容易被采纳，特别是当企业质量保证文化涉及工程师培训、工作管理、产品识别和保留、正式评审以及适当的配置管理控制时。经验表明，具有良好企业质量保证文化的公司已经应用了必要的 DO－XXX 质量保证标准的 70% 以上。

在典型的航空项目中，个别工程师专注于其专业领域的发展，包括如下几方面：安全、系统需求、架构、软硬件或验证；项目经理和技术总监始终把握"全局"，并指导各个工程团队的活动。然而，由于质量保证是独立于工程的，QA 本身必须完全是一个更大的"大局"。QA 必须确保安全、系统工程、开发、验证、配置管理和制造等方面的所有要素都被定义、评估和记录。这些关系如图 19－7 所示。

随着航空技术复杂性的增加，对质量保证越来越重视，以确保复杂性得到适当的管理。尽管 DO－XXX 指南包含了良好的工程过程基准，但它们在相应的 QA 基准上明显"很轻"。为什么质量保证的标准会很模糊？请记住，质量保证的作用是确保工程计划/标准在定义如何实施 DO－XXX 方面是足够的，然后评估工程是否符合这些计划/标准。DO－XXX 并不是一本说明如何定义或遵循流程的手册。除了定义和评估工程输入和输出外，质量保证活动还依赖于许多在项目之间存在很大差异的变量：规模、范围、复杂性、工具、关键性、自动化等。质量保证的工作是考虑这些变量，并在工程计划/标准中定义适当的可测量的过

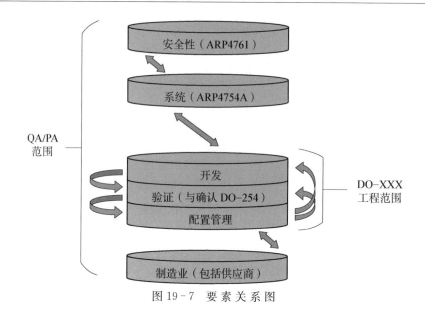

图 19 - 7　要 素 关 系 图

程标准。最近对 QA 的关注度越来越高,包括全面质量管理、持续改进、基于团队的改进、敏捷方法等。所有这些方法都有可取之处,应该在 QA 的正常发展过程中加以考虑。然而,由于它们在很大程度上是主观的,航空领域的质量保证最基本的本质保持不变:确保工程过程被充分定义,然后遵循,从而产生可证明和安全的质量体系和飞机。

关于航空电子系统和硬件"PA"的最后提醒

ARP4754A 关注飞机和系统研制的框架。DO - 254 主要关注复杂电子硬件通常被称为"固件"的硅基逻辑生产的工程过程。飞机、系统和硬件过程与 DO - 178 中的软件过程相似,原因很简单,在编写其他领域指南时 DO - 178 被用作参考。然而,飞机、系统和硬件的质量保证方面与软件的质量保证方面有 3 个根本区别。

(1) 飞机、系统和硬件开发涵盖了更广泛的过程生命周期范围,因此在 ARP4754A 和 DO - 254 中,"质量保证"被称为"过程保证"。

(2) 供应商在飞机、系统和硬件开发中的作用对产品质量的贡献更大,因此 ARP4754A/DO - 254 要求对供应商进行更彻底的审核。

(3) 硬件的可重复制造在硬件开发质量中的作用相对于软件具有更多的变化,因此 ARP4754A/DO - 254 要求对生产过程进行更彻底的审核。

由于这些原因,硬件的质量保证(以及通过 ARP4754A 对飞机和系统的质量保证)被称为"过程保证",因为有更广泛的过程需要定义,然后通过这种过程保证进行审核。此外,必须进行审计,以确保用于符合性评估的飞机/系统/硬件项目符合相应的飞机/系统/硬件生命周期数据。因此,应进行审核,以确保完成最终的飞机/系统/硬件符合其设计数据。

第 20 章　军用航空的符合性

　　如今,世界各地的国防组织正在更加广泛地在飞机、系统、软硬件研制及安全性分析领域采用 ARP4754A/ARP4761、DO‑178C、DO‑254 作为指导,那背后的原因和意义是什么?

　　多年以来,军方一直在使用各种包括 2167A、498 和 882 在内的专用的、以防御为导向的标准来进行软硬件研制。作为军方,他们非常希望使用不同于民用产品的软硬件研制标准,因为军工产品是"不同的",军方的关注点更偏向于产品是否能实现相应的功能。然而如今,在航空电子设备领域中,军民融合正在加速发展:民机研制领域中关于软硬件研制的 DO‑178 和 DO‑254,以及关于系统和安全方面的指南 ARP4754A 和 ARP4761A 在全球范围内正被军方更广泛地运用在军工产品研制过程中。目前,需要遵循 DO‑178 进行研制的军工产品主要有战斗机(联合攻击战斗机、T‑50 等)、货机/加油机(C‑130、C‑17、A400M、KC‑46 等)和无人机/无人自主系统(学名 RPAS;遥控飞机系统),并且需要遵循 DO‑254 和 ARP4754A/ARP4761 的产品也越来越多。

　　什么是 DO‑178 和 DO‑254?

　　如本书前几章节所述,DO‑178C 是美国联邦航空局(FAA)所采用的航空电子设备软件研制标准的第 4 个版本,它通过确保软件正确实现由系统需求指定的预期功能来保障飞行安全,是所有商用机载软件研制过程中所必须满足的。在过去的 25 年中,商用飞机航空电子软件研制的适航认证标准依次经历了DO‑178、DO‑178A、DO‑178B,到现在的 DO‑178C。但在 21 世纪初,合格审定机构意识到航空电子设备的安全性是由软硬件共同决定的,硬件研制过程的符合性和软件的一样重要。在那时,关于硬件研制的标准却只需遵循 DO‑160 环境鉴定试验标准,这远远不能满足日益复杂的航空电子硬件研制的需求。因此,SC‑180 作为 DO‑254 的前身被应用在民机机载电子硬件研制领域,对硬件研制过程提出了符合性要求。DO‑254 的基础是 DO‑178B,以确保软硬

件的符合性要求在过程和目标方面保持相似性。在更高的层次上，ARP4754A
适用于民用飞机和机载系统研制保证过程，而 ARP4761（和最新的 ARP4761A
版本）提供了相应的安全性分析的指导。

　　DO-178（软件）和 DO-254（硬件）假设了软硬件必须协调一致地运行，且
被分别证明了产品的可靠性。以前在产品研制过程中，硬件被认为是"可见的"，
并与集成的软件一起在系统层级进行测试，因此硬件研制过程中的质量保证不
受 DO-178 的控制。但这一豁免导致软硬件研制人员为了规避合格审定要求
带来的高昂成本，将部分功能从软件转移到硬件。此外，如今硬件产品的复杂程
度已经相当之高，通常与软件一样复杂，甚至于 PLD、ASIC 和 FPGA 内可以通
过硬件编码的形式实现复杂的嵌入式逻辑器件的应用，使得硬件变得更为复杂。
如今，人们都认识到软硬件组成了一个不可分割的有机整体，其中最薄弱的环节
决定了整个软硬件产品的质量，因此审定机构也要求将 DO-254 应用于航空电
子设备硬件研制保证过程中。

　　DO-178、DO-254、ARP4754A 和 ARP4761 定义了 5 种关键性等级，从 A
级（最关键）到 E 级（最不关键），在这些标准里，它们被称为"研制保证等级
（DAL）"。根据系统安全性评估，每个航空电子系统被分配一个或多个研制保
证性等级，该评估分析了每个系统对飞机安全的潜在影响，规定了该系统中的每
个软硬件必须满足的最低研制保证等级。随着研制保证等级的提升，与文档编
制、系统或软硬件设计、评审、实现和验证的相关要求也更加严格。

军用飞机与民用飞机

　　曾经，如图 20-1 所示为代表的世界各地的军机项目都使用其自己的软硬
件研制标准，这样做的理由如下：

图 20-1　军　用　飞　机

（1）军用飞机比民用飞机更为复杂。

（2）军用飞机更关注于实现功能而非安全性。

（3）军用飞机普遍比民用飞机质量更好。

（4）军用飞机研制项目需要管理大量的供应商。

（5）军用飞机需要实现一些特别的军用或者较为敏感的功能，且集成过程更为复杂。

（6）军用飞机需要考虑很长的使用寿命。

当然，在 DO‐178 出现之前的 20 世纪七八十年代，上述理论基础是有效的。然而，到了 90 年代，上述理论逐渐站不住脚。如今，军用飞机和民用飞机的航空电子设备之间具有许多共性：

（1）两者都具有极高的复杂度和集成度。

（2）两者都需要依托大量供应商（许多供应商为军用和民用客户提供几乎相同的航空电子设备），且项目周期很长。

（3）两者都需要依赖于前沿的商业技术。

（4）两者都越来越关注可重用性、质量和经济效益的提高。

（5）两者都需要良好的可操作性、可靠性、可维护性和安全性。

（6）由于军用飞机不希望在飞行路径或飞行时间上受到限制，因此越来越多的军用飞机使用民用空域。

到了 21 世纪初，美国的军方意识到民用航空相关企业，特别是那些由 FAA 通过 DO‐178 进行监管的企业，在某些领域相较于自己产生了一些优势，面对这样的情形，他们面临着一个选择：

（1）维持现状，什么都不做。

（2）更新自己的军用标准，以融合 DO‐178 的优势。

（3）直接采用 DO‐178B（以及后来的 DO‐178C 和 DO‐254）。

最终，他们选择了第 3 个选项。这不是一个简单的选择，和任何组织一样，面对选择，组织内部都会因为一些根深蒂固的做法、改变现状带来的额外成本及一些政治因素，导致许多不同意见的出现。但 DO‐178、DO‐254、ARP4754A 和 ARP4761A 正逐步被军方所采用（尽管 DO‐254、ARP4754A 和 ARP4761 的应用要晚于 DO‐178）。在军用航空领域采用民用航空标准更加深层次的原因是以下几方面：

（1）军方不想将监督权移交给美国联邦航空管理局（FAA），FAA 也没有权限和责任来干预军事项目。

（2）军方之前因为不熟悉 DO‐178 和 DO‐254 的细节，因此对于 DO‐178 和 DO‐254 应用掺杂了过多的主观理解。实际上，DO‐178 和 DO‐254 是简洁但却模糊的——通常需要专家的专门培训才能将其加以理解并妥善应用。

（3）由于上述原因，军方在产品研制过程中通常除了采用 DO‐178/DO‐254 之外，还需要同时遵守自己的军用标准。这种方式虽然目的是好的，但结果适得其反，因为 DO‐178 和 DO‐254 具有一定的模糊性与主观性，这与军用标准存在差异和冲突。因此将 DO‐178 和 DO‐254 与军品标准进行融合是件极其复杂的事情。

（4）军事领域的安全性体系通常是围绕 MIL‐STD‐882 建立的，这套体系与 ARP4754A/ARP4761A 也略有不同。

符合 DO‐XXX 要求的军用飞机

如今，大量军用飞机都至少部分遵循了 DO‐178 和 DO‐254 的要求，但是据作者所知，它们都没有实际意义上满足对 ARP4754A 和 ARP4761/A 的符合性，这并不是因为飞机设计师试图规避 ARP47XX，而是因为在相应的飞机研制时，ARP47XX 并没有被纳入研制保证体系中。相反，其中几款飞机完全符合了 MIL‐STD‐882E 标准（详见下文）。其中，至少符合部分 DO‐178B/C 标准和 DO‐254 标准的军用飞机的例子如下：

（1）C‐130、C‐17、B1、B2：许多新研的和通过逆向工程进行研制的航空电子软件系统遵循 DO‐178B。

（2）F‐35：大多数航空电子系统软件的研制都符合 DO‐178 或满足其等效的符合性方法。

（3）无人机："全球鹰"与"捕食者"大多数系统都符合 DO‐178 及 DO‐254 标准的要求。

（4）KC‐146：由民用飞机改装而来的军用飞机，符合 DO‐178 要求。

与军用标准不同，DO‐178 和 DO‐254 划分了 5 个不同的研制保证等级，这纯粹是出于研制成本的考虑。如果不考虑成本问题，所有航空电子软件将被指定为 A 级，这是要求最严格的研制保证等级。然而，飞机上的几十个航空电子系统中的子系统对飞机安全性的影响程度是不一样的，因此，应当通过分析每个系统、子系统和组件对飞机安全性的影响来分配其研制保证等级，同时对这些系统、子系统和组件研制保证等级的分配也应基于工程判断、飞行经验和系统使用寿命。在民用航空领域中，安全性影响分析的要求由包括 ARP4761（2020 升版为 ARP4761A）在内的标准所规定，其结果被用于 DO‐178 和 DO‐254。然而,这种安全性分析方法对于军用航空领域的航空电子设备研制来说是较为新颖的,因此在军用飞机研制项目中的研制保证等级的划分仍较为主观。

关于成本,图20-2描述了与不同研制保证等级相关的成本增量。

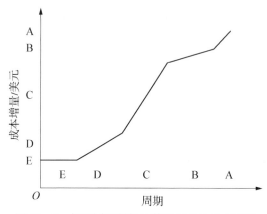

图20-2　与不同研制保证等级相关的成本增量

DO-178每个研制保证等级对应研制成本和周期的增量

按照研制保证等级划分,研制成本和研制周期与该等级对应的DO-178目标数量和复杂度直接相关,但这并不是全部的影响因素。申请人(企业或组织)如何理解适用的DO-XXX标准也是一个问题,因为这往往会产生误解,造成项目的重新规划和重复工作。这是航空领域符合性成本增加的一个主要原因。

一个常见的说法是DO-178的符合性成本很高。确实如上所述,D级软件的认证也要求具备完整的计划、需求、实现、评审和基本的测试过程,同时也需要遵循配置管理、质量保证和DER联络过程。但D级软件的研制成本几乎不会超过任何无须进行合格审定的商业软件,因为DO-178对D级软件的要求几乎完全由常规的行标软件工程准则组成。

另一个说法是,当软件的研制保证等级从DO-178中定义的B级升到A级时,软件研制成本会大幅增加,其实不然。

DO-178的成本影响在D级软件和C级软件之间最为显著。其中的原因在于,C级软件需要符合下列D级软件没有的目标,导致研制一款C级软件至少比D级软件需要额外30%的预算和周期:

(1)基于软件低级别需求的测试。

(2)100%的结构覆盖率要求。

（3）更严格的评审要求。

（4）更严格的配置管理要求。

（5）比起传统的军用标准，DO－178/DO－254 要求的更完整的可追溯性（这也是大多数项目都使用配置工具管理的原因）。

B 级软件需要额外的结构覆盖分析（分支-条件，即源代码中的所有分支）、评审的独立性以及更严格的配置管理要求。理论上 B 级软件应该比 C 级软件的研制成本高 50%～70%。但就像在生活中的许多领域一样，现实战胜了理论。在 B 级软件（和 C 级软件）中，必须有详细的软件低级需求，并且必须进行彻底的测试。在这种基于需求的测试中，绝大多数（70%～90%）的分支已经被覆盖到了，因此适当地使用测试捕获和覆盖率分析工具，则不需要进行太多额外的结构覆盖测试。因此，基于需求的测试缓解了 B 级软件和 C 级软件由于结构覆盖率相关要求不同带来的成本增加。很多高质量的软件研制团队在平时的工作中已经采用了半自动化和精简的流程，其中就包括独立评审和严格的配置管理，因此，B 级软件在这些方面的额外成本也被大幅减少了。建议读者事先进行DO－178 培训和 DO－178 过程改进，以利用这些可以降低成本的软件研制技术。

A 级是最高的软件等级，因此也是研制成本最高的。但是，关于 A 级软件还有另一个误区，即"A 级软件极其难以实现，成本将比 B 级软件高出至少30%～50%"。A 级软件采用了更严格的覆盖率要求（MCDC 测试）、鲁棒性测试和耦合分析的要求，以及更严格的评审。造成研制成本高于 B 级软件最重要的因素是 MCDC 测试要求。然而，通过适当应用现代化的结构覆盖率分析工具，加强人员培训和基于需求的全面测试，A 级软件的额外成本可以在很大程度上得到控制。

上述成本增量控制方法是现实的、可行的，正如作者在几十个成功的项目和先进的航空航天供应商那儿所见到的一样。然而，这些成本控制方法产生的效益并不是行业中的普遍水平。由于效率低下及对 DO－178 的误解，没有应用"最佳实践"来控制成本，因此大多数符合 DO－178 的航空电子设备项目的平均研制成本的增量实际上要超过这些预期增量成本的 20%～50%。这就导致了许多重复性工作和加班。

安全性：ARP4761 和 ARP4754A

军方通常会采用自己的安全性标准，如无处不在的 MIL－STD－882E。然而，就像油和水难以融合，军用安全性标准并不能很好地与民用软硬件标准相结合。更适合与基于研制保证等级(DAL)分配的 DO‐178C 相结合的是 ARP4761 和 ARP4754A,特别是在关于功能性 DAL(FDAL)与项目 DAL(IDAL)的方面。初步飞机安全性评估(PASA)和初步系统安全性评估(PSSA)在民用航空领域的应用是相当独特的,这在 882E 中并没有很好的体现(参见 AFuzion 关于 ARP4754A 和 ARP4761 的论文)。ARP4761A 在 2021 年的发布,使得全球范围内的军事机构能够更全面地采用了这些民用航空领域的标准。

民用标准符合性与合格审定,以及军用标准符合性的差异

由于 FAA 几乎不参与军用飞机研制项目,因此军用项目不需要 FAA 进行正式的合格审定。取而代之的是,军事机构通常会根据"符合性"这个术语自行进行军用产品的合格审定标准与活动。因此,军方只要求产品满足对 DO‐178/DO‐254 的符合性,而不需要合格审定批准区别就在于满足符合性的条件如下:

(1) FAA 不介入。

(2) 建议,但不强制要求 DER 介入。

(3) 放宽了特定要求,包括安全性分析、代码鲁棒性、所有代码的严格 MCDC 分析等。

(4) 可放弃某些 DO‐178C 和 DO‐254 目标,或降低接受阈值,包括工具鉴定标准、鲁棒性测试、低级需求的详细程度以及对阶段转换准则的遵守。

其他标准概要:MIL‐STD‐498、MIL‐STD‐882E 及 ISO/IEEE 12207

如今,正如上文和在本书前面专门章节中所总结的那样,世界各地的军事组织正在慢慢地采用 ARP4761A 和 ARP4754A 为代表的民机安全性分析的体系。然而,大多数军用飞机之前使用了非 ARP47XX 标准,包括 MIL‐STD‐498、MIL‐STD‐882E 和 ISO/IEEE 12207。坦率地说,这些标准都很好,总体上与民用标准类似,特别是与 ARP4761 安全性标准具有很高的相似性。然而,根据作者的经验,其他非 ARP47XX 和非 DO‐XXX 标准更加主观,因此对它们的应用和评估更难具备一致性。以下是传统军用飞机所使用的其他主要标准的简要总结。

MIL‐STD‐498 摘要

下面简要总结了 MIL‐STD‐498:

(1) 武器系统的军用标准,包括地面武器系统(不像 DO‐178C 是仅针对机载软件项目的)。

(2) 必须为每个项目提供 22 个数据项描述,并规定了编制这些数据项描述

的文档格式。

（3）软件由不同模块、多个模块组成的 CSC 以及由多个 CSC 组成的计算机软件配置项(CSCI)构成,CSCI 通常是一个单一的可执行文件。

（4）虽然瀑布模型不是强制要去遵循的,但一般来说,按照 MIL‐STD‐498 流程研制的软件基本都采用了瀑布模型。

（5）与 DO‐178C 不同,MIL‐STD‐498 还规定了 DO‐178C 中没有的管理、风险评估和外部生态系统的考虑。

（6）与 DO‐178C 类似,MIL‐STD‐498 规定了需求、设计、代码和测试的标准(但是 DO‐178C 没有测试标准)。

（7）与 DO‐178C 不同,MIL‐STD‐498 主要关注硬件资源(内存等)以及更高优先级的软件需求。

（8）与 DO‐178C 不同的是,MIL‐STD‐498 详细介绍了增量式开发和大型复杂项目的实际实现,包括管理和项目风险评估。

（9）MIL‐STD‐498 缺乏 DO‐178C 中对数据流、控制流、结构覆盖率、严格的阶段转换准则、鲁棒性测试、评审、工具鉴定、适航联络的要求,但提出了更多对于黑盒测试的要求。

MIL‐STD‐882E 总结

下面简要总结了 MIL‐STD‐882E:

（1）较全面的安全性分析(如 ARP4761)。

（2）强有力的风险分析(如 ARP4754A 安全性项目计划)。

（3）主观的风险评估准则。

（4）对安全性需求、确认、验证、跟踪强有力的管控。

（5）严格的配置管理要求。

（6）对软件研制过程、设计及代码标准的管控都很薄弱。

（7）在软件和系统级测试方面具有较大的优势。

ISO/IEEE 12207 总结

下面简要总结了 12207:

（1）大量借鉴了 DO‐178C。

（2）像 DO‐178C 一样,采用软件的研制"过程",而不是顺序的研制"阶段"。

（3）强大的系统和软件模型——适合安全关键领域。

（4）从 CMM 到 CMMI——能够提供很高的置信度并对薄弱环节进行很好

的改进。

(5) 同时具有强大的软件黑盒和白盒验证能力。

(6) 擅长软件设计和代码,包括时序和鲁棒性的设计。

(7) 缺乏"客观性",比 DO‐178C 主观。

(8) 强大的配置管理、证据链及双 V 流程。

(9) 对工具鉴定、DFCF、基于需求的结构覆盖率、合格审定方面要求较低,对 HLR/LLR 没有要求,对于正式的转阶段也没有过多要求。

(10) 在管理、度量、业务等外部流程上比 DO‐178C 强得多。

与 DO‐XXX/ARP47XX 的差异分析

大多数军事组织及其供应商已经建立了高质量的组织和研制保障流程。在采用 DO‐XXX 和 ARP47XX 时,它们可以重用许多现有的流程、文档和组件。通常,它们会符合 60%~70% 的 DO‐178 要求及 30%~50% 的 DO‐254 要求,或者甚至不考虑 DO‐178/254。因此,当面对"遵守 DO‐XXX"的要求时,最有效的方法是做一个差异分析,并通过一些简单的方式缩小差异,而不是重新研制产品。该差异分析评估其现有流程与完全采用 DO‐178/DO‐254 相比的差距,由经验丰富的 DO‐178/DO‐254 专家进行差异分析通常需要 2~4 人周,通过最大限度的重复使用可以节省大量研制成本并缩短研制周期。而且,与对文档/组件的格式/内容有严格要求的军用标准不同,DO‐178/DO‐254 提供了更大的自由度,因此可以在很大程度上保留和重用现有项目。

当作者对军事客户进行 DO‐178/DO‐254 差异分析时,在被审查的组织中通常会发现以下层级的差异(差异越小表明符合程度越高):

(1) SEI CMMI 1 级组织机构:差异为 70%~90%。

(2) SEI CMMI 2 级组织机构:差异为 50%~75%。

(3) SEI CMMI 3 级组织机构:差异为 35%~60%。

(4) SEI CMMI 4 级组织机构:差异为 25%~40%。

(5) SEI CMMI 5 级组织机构:差异为 20%~35%。

以上有两个令人惊讶的事实。首先,即使对于 CMMI 5 级的组织来说,与 DO‐XXX 所规定的研制过程保证的差距仍然很显著,因为 CMMI 不包括诸如两级软件需求、工具鉴定、结构覆盖(语句覆盖、DC 覆盖、MCDC 覆盖)、极端鲁棒性测试、数据流、控制流和耦合分析等 DO‐178C 的核心要求。其次是 CMMI 3 级组织对 DO‐XXX 标准的符合程度差异跨度巨大。CMMI 3 级只有在工程过程更类似于 CMMI 1 级或 CMMI 2 级时会相对于 DO‐XXX 标准产生 60%

的差异。

在 DO‑178/DO‑254 单项活动的基础上,具体差异通常如表 20‑1 所示。

表 20‑1　新 DO‑178C 和 DO‑254 DAL B 军用项目与 CMMI 3 级相比的典型差距

合格审定活动	差异的百分比/%
合格审定计划	80
质量保证计划	20~30
配置管理计划	10~20
软件开发计划	40~50
软件验证计划	60~70
安全性评估	80~90
需求定义	20~30
设计	10~15
编码	5~10
功能测试	5~10
结构覆盖率测试	90~100
配置管理	10~30
质量保证	50
工具鉴定	100
检查单	30~50
评审	30~50
审查	30~50
DER 联络	100

采用 ARP4754A 对军用项目的好处

如上文所述,符合 DO‑178 是需要付出代价的。但如果能正确理解和实施 DO‑178,在军用项目中也是有好处的。事实上确实有很多军事组织采用 DO‑178/DO‑254。根据作者在 150 多个航空航天项目上的成功经验,下面描述了 DO‑178/DO‑254/ARP4754A 在军用项目中最常见的好处。

(1) 更好的供应商管控:使用 DO‑178(和 DO‑254),覆盖面更广的评审流程使得对供应商的管控更加深入。

(2) 更清晰的前期需求:ARP4754A 规定了安全性和系统需求,涵盖了所有系统级的功能、安全性、性能、派生需求以及与软硬件的接口。DO‑178 要求提供全面且详细的软件需求,包括高级需求和低级需求。这样的细节和必要的规定,迫使明确的需求是提前提供的,而不是后续补充的。这大大减少了研制过程中的假设,确保了需求的一致性和可测试性,大大减少了由于错误的和缺失的需求而造成的迭代和返工。

（3）更少的实现迭代：实现和代码迭代，或称为变更，是软/硬件研制工程的祸根。在许多情况下，新产品上存在几十个版本的不断迭代开发的代码文件，这是无意义的事情。代码和逻辑在第一次编写时应该基本正确，不应该需要多次更新才能正确实现预期功能。应该通过分析实现和文档化的需求的追溯关系来进行代码评审。

（4）减少了人为因素造成的故障：软件是一种艺术，像艺术家一样，软件开发人员也不愿意将他们的作品统一化，并将其置于通用的开发标准和同行评审之下。缺少标准、规则和现代软件工程原则，软件团队会成为一群组织松散的艺术无赖。这些艺术家是非常有价值、有创造力和有才华的人，但是，无论什么原因而失去任何一个这样的艺术家，对团队来说都是灾难性的。除非像对其他艺术家一样，他们的作品被统一化，被理解，并被持续应用。DO-178C大大降低了此类人为因素造成项目失败的可能性。

（5）提高了管理层对真实进度状态的管理意识：有多少航空项目每周的报告都是99%完成的状态？那么如何真实地度量项目进度？管理人员如何才能确定几乎看不见的逻辑的真实完成状态？所有这些问题的答案都是通过建立在DO-178C基础上的现代的精细化的管理技术上的。民用的航空指南提供了对设计、开发、测试、集成和评审方面的洞察力、可追溯性以及状态准确的把控力。

（6）软件内部更强的一致性：航空系统就像一个链条，它们的强度取决于最薄弱的一环。一个99%正确的系统有1%的错误，这意味着它是不安全的。最薄弱的软件模块或软件工程师便是航空安全性的关键路径。所有软件必须依据其研制保证等级以及DO-178的强制要求的保持一致性。

（7）在集成过程中发现的缺陷更少：集成过程可能是一个漫长的迭代过程，在这个过程中发现的主要缺陷需要通过设计更改来修复。因为采用了DO-178进行软件研制，所以集成过程通常比不采用DO-178标准进行研制的软件快50%~75%。

（8）提高可重用性：通过DO-178C全面而一致的文档编制要求、功能的模块化、现代工程方法的运用以及确保上述所有目标被实现的评审，可重用性得到了极大的提高。在软件中，可重用性是非常难以实现的，除非一个部件至少有80%的可重用性（如在不同项目中使用时不需要进行更改），那么从头开始研制往往更快，风险更小。实际上，大多数软件的可重用性不到50%。通过DO-178C，以及对设计标准、编码标准的严格执行，再加上独立的评审和对可追溯性的要求,大多数模块应该至少有 90% 是可重用的。

(9) 更简单的回归测试:在开始研制一款软件时,无论是开发人员还是管理人员都希望项目取得成功,因此软件都会定义很长的生命周期,并且软件将通过新的应用程序、安装包和版本进行更新。如果回归测试涉及范围很广或者是人工进行的,那么它可能产生很高的成本。采用 DO-178 进行研制的产品具有完整的可追溯性,以确定哪些模块需要更改或分析,并进行相应的回归测试。

(10) 改进了软/硬件集成过程:对于嵌入式系统来说,进行系统级测试通常比较困难,因为开发环境与目标环境相差甚远。此外,测试通常由不同的工程团队来执行。DO-178 要求对可能受到硬件影响的软件组件必须在软硬件集成环境下进行测试,如软/硬件接口、中断、定时器、板级组件、BSP/RTOS 等。通过 DO-178,所有这些组件的确定性和质量都得到了提高。

(11) 改进了系统/安全性的焦点:出于 ARP4754A 的系统考虑以及 ARP4761A 的安全性考虑,军用项目越来越多地遵循民用航空的目标。以前的军事组织通常遵循 MIL-STD-882E(2012)军用标准来实现系统安全性保证过程,如今他们越来越多地融合了民用系统/安全性对应的 ARP4754A 和 ARP4761A 标准,就像他们之前在软/硬件方面分别对应 DO-178C 和 DO-254 做过的那样。在整个项目中,通过在飞机级预先应用系统/安全性需求,并在系统级(开发和迭代过程中)持续应用,航空项目整体的开发和安全的符合性得到了提高。

第 21 章　基于 CAST－32A(与 IMA:DO－297)的航空电子多核处理

多核处理(MCP)和 CAST－32A

刚踏入航空研发和认证领域的新人通常会先入为主地认为该领域是既陈旧又停滞不前的。坦率地说,如果单看 DO－XXX 和 ARP47XX 指南在近 10—20 年内的更新频率,这种观点似乎是正确的。实际上,这跟认为新型冠状病毒感染只是普通流感一样大错特错!

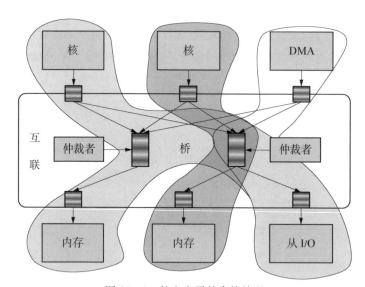

图 21-1　航空电子的多核处理

除了现代生物技术,计算机技术应该是世界上发展最快的领域。同样,航空领域内的计算机技术也在日新月异地不断发展。然而,由于公共安全的法制要求,民用航空计算技术总是落后于最尖端甚至较前沿的计算机技术。本书的前几章主要讨论了基于模型的开发、面向对象技术和高级软件工具等主题。这些在 40 年前都不存在,现在已经司空见惯。

人们对算力的需求是无穷无尽的。以往半导体制造商只需专注于缩短电信号之间的传输距离,优化单处理器使其达到更高的处理速度。但是,提升单核处理器的能力就如同在有限的水源供给下,并不能无限制地增加流量。实现更强的处理能力的最好方法是将多个协调合作的处理器组合在一个单一的处理器单元中,也就是大家熟知的多核处理器(MCP)。

CAST - 32 A 介绍了航空电子设备认证机构关于多核处理器的使用建议。虽然目前航空航天生态系统已经可以从多核处理器的使用中受益良多,但当 CAST - 32A 发布时,FAA/EASA 还没有设计出一种方法可以认证部署在多核处理器上高安全性软件。为此,CAST - 32A 建议书针对运行在多核处理器上 DO - 178C 航空软件,介绍了对安全性、性能和完整性有影响的主题。

对于每个主题,建议书都会解释该主题值得关注的原因,以及如何去解决主题相关的问题(CAST - 32A,“目的”,第 3 页)。

由于航空电子软件认证相关的标准(DO - 178B/C 和 ED - 128C)编写的时候,多核处理器尚未广泛应用于民航领域,因此这些标准都只考虑了针对运行在单核处理上的软件。认证机构软件团队(CAST)是一个由航空专家组成的国际团队,负责澄清和协调航空开发生态系统。他们在 CAST - 32A 上的立场是,多核处理器系统能够可靠地提供尺寸、重量、功耗和成本(SWaP - C)优势,且如今航空航天设备供应商非常乐意在他们的系统中使用多核处理器(见图 21 - 1)。

多核处理器在消费电子领域中已经得到了广泛使用,本书读者日常生活中使用的许多设备也采用了多核处理器。事实上,有人预测单处理器(SCP)将被彻底淘汰。

未来的航空电子肯定会包含更复杂的航空电子设备,这意味芯片的处理能力将会成倍增长。为了满足更高处理能力和更先进计算架构的需求,多核处理器不失为一种解决方案。因此,航空工业在未来的设计中必须考虑如何充分利用好多核处理器这个问题。那么多核处理器该如何应对这个挑战呢?

多核处理器(以及 CAST - 32A)关心的主题主要强调了分区隔离以及消除多核之间的相互干扰。在介绍这些主题之前,应先考虑影响使用多核处理器的背景。这样对于考虑在多核处理器上开发下一代软件的工程师,也会从中获利良多。

单核和多核

图 21 - 2 描述了单核和多核之间的本质区别。

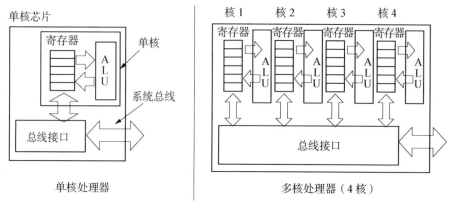

图 21-2   单核与多核图

每个单核(图 21-2 中左边)由一组寄存器和相关的算术/逻辑处理器单元(ALU)组成。多线程核(未画出)可以在复制单核中最常用部分后设计得到,如再增加一组寄存器,即添加第二个寄存器文件。在真正的多核中(见图 21-2 右边),并列放置的多个单核一起组成了大的核。通常,单核和多核都使用总线接口来访问多种多样的非处理器芯片和外围电子设备。

不同的开发人员采用多核处理器的原因各不相同,但共同的采纳优点如下:

(1) 更高的性能。

(2) 并行执行。

(3) 指令执行时更低的功耗。

(4) 多线程应用程序的使用。

(5) 符合摩尔定律。

(6) 使用"最新的"也是最好的商用技术。

房子、公寓还是酒店?

自 2005 年以来,使用对称多处理器(SMP)操作系统已经在个人电脑,服务器和移动设备上占据了绝大部分市场份额。为了更快完成高负载任务,企业级别服务器需求急速增长。与上述领域相比,DO-178C 认证的软件更关注于软件的实时性和安全性,因此航电领域推迟了多核处理器的应用。CAST-32A 则直击要领,即关注 SMP 操作系统和实时操作系统之间的区别——前者已经开发并使用多核处理器而后者没有。

FAA 和 RTCA 在许多的出版物中强调了这些问题。例如,在 FAA AR05/

27 中给出了一个实时处理的参考模型。在该模型中,航空电子系统需要实时计算一种"控制率",它从传感器中获取输入,然后按照固定的周期输出信号,提供给驱动器。当驱动器在控制飞行舵面或者其他影响飞行安全因素的时候,超时就会造成毁灭性的后面。在这些情况下,多核处理器的部署需要面临众多挑战,包括软件之间的分片、隔离以满足截止期的要求,同时还要正确使用多核处理器的特性。

在企业应用中,任务、进程和线程通常会被不断移植到更新的处理器平台里,该更新频率大致与摩尔定律相同。相比之下,移植实时嵌入式系统会引发安全问题和认证成本,每当将航空电子软件部署到不同模型的处理器核时,都必须重新考虑这些成本。通常,在航空电子(和高安全性)环境中,软件所需要的实时性、确定性以及截止期要求通常跟特定的处理器和板卡之间有紧密关联。正因为如此,摩尔定律摩尔定律对实时系统而言是一把双刃剑。摩尔定律(见图 21-3)有助于从几十年的指数级增长来解释这些担忧。

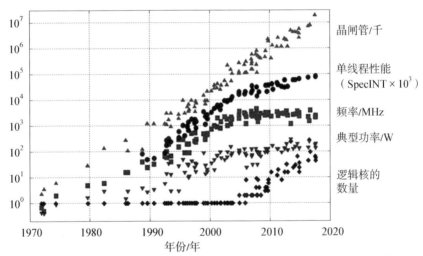

注:原始数据最新至 2010 年,由 HOROWITZ M.，LABONTE F.，SHACHAM O.，OLUKOTUN K.，HAMMOND L. 和 BATEN C. 绘制。RUPP K. 收集数据并绘制新的 2010—2017 年的部分。

图 21-3　42 年的微处理器趋势数据

这里可以用一个形象的比喻来形容:将一个高实时性、高安全性的单核应用移植到一个新硬件平台的时候需要考虑哪些内容。就如同搬家的时候,新家是不是一栋永久可供单独使用的独栋别墅? 还是需要一起共同居住的公寓? 或者是需要不同时间分开入住使用的宾馆房间?

CAST‐32 在现在还重要吗？

2014 年，美国联邦航空局发布了 CAST‐32，现在它已被 CAST‐32A 取代。当时，独立行业专家，位于亨茨维尔的阿拉巴马大学旋翼机系统工程和模拟中心主任戴维·R. 阿特伯恩（David R. Arterburn），并不看好多核处理器的短期前景，他指出了在四核芯片中理解和预测多核间互相协同交互的困难之处。阿特伯恩当时收集了 36 份由陆军航空 PEO 资助的各个工作组的研究报告。多瓦（Dova）在未来集成模块化航空电子设备（IMA2G 或第二代 IMA）的评估报告中指出：

阿特伯恩淡化了 CAST‐32 的重要性，声称没有多核芯片的安装实际满足官方适航性要求。但他很快就指出了这个问题很快就会达到关键点。他预测，五年之后，你不可能购买到商用单核处理器（Arterburn R. D.，个人通信，2015年 1 月 22 日）（据 Dova，2015 年报道）。

摩尔定律图（见图 21‐3）支持了阿特伯恩的预测。随着单核芯片产量的下降，不但商用多核芯片的数量在上升，而且晶体管的红色三角特性曲线将不可避免地触及物理极限（半导电晶体的最小尺寸）和成本效益极限（每个晶体管的商品价格）的壁垒。提出该预测的领袖是鲍勃·科维尔（Bob Colwell）——前英特尔（Intel）的 IA‐32 首席架构师和英特尔研究员（据麻省理工学院技术评论报道），戈登·摩尔（Gordon Moore）也同意这个观点［据雷切尔·考特兰（Rachel Courtland）为 IEEE 的报道］。

虽然晶体管的数量将停止指数级增长，但每个微处理器内部封装的逻辑核数量（或"芯片"）在 2010 年之前将会呈指数级增长。多核处理器已经成为新的趋势，如图 21‐3 中黑色钻石方块所示，这是 CAST‐32A 所关心之处。

虽然 CAST‐32A"提出了解决（多核）问题的目标"，但坏消息是，对于哪些选择使用多核芯片，工程师仍然有义务去完成这些提出的目标。而好消息是一旦达成这些目标，多核芯片在实时和高安全航空环境中的应用将变得顺理成章。

若是在高安全性要求的场景中应用多核处理器，CAST‐32A 的重要性就不言而喻了。参照之前的比喻，目前的问题变成了如何把硬实时任务从他们永久供他们一个人居住的单核的家里搬到新的多核环境的家。同时，CAST‐32A 也使得多核芯片像公寓或者宾馆一样，共享给多个软实时和非核心的应用使用。这样一来，基于分区的架构就显得尤为迫切，以确保未来在多核芯片上可以满足机载任务的硬时间截止期要求。之前单核应用都分别部署在各自的硬件芯片上，当这些应用被统一集成到多核芯片上时，之前显而易见的物理隔离就不存在了,从而这种隔离需要重新建立。

迁移软件应用到一个新家

嵌入式系统中不同领域内工程师可以影响未来芯片的形态。不同商业领域内通常会采用不同指令集架构,如 PowerPC、Intel 或 ARM,这就打开了潘多拉的魔盒。自 2007 年苹果 iPhone ® 发布以来,全球智能手机的出货量就远远超过了摩尔定律应用几十年内的个人计算机和服务器数量之和。iPhone ® 对半导体的发展有深远的影响,伴随着过去十年的快速普及,智能手机上的嵌入式系统已经成为世界上部署最广泛的计算机系统。决定采用商用 PowerPC、Intel 或 ARM,需要考虑到 PC、超级计算机、移动设备中的外围设备,其中包括输入输出信号,以及协处理器之间的连接方式等。

因此,CAST - 32 也需要考虑 SOC 在商业市场中的影响。市面上流行的 PowerPC、Intel 和 ARM 芯片都采用了独特的 SOC 设计,同时包含了越开越大的系统资源。也就是说,与由一系列相同单核阵列组成的普通多核处理器相比,目前大多数的商用处理器还包括了大量异构资源之间的通信,其中包括缓存、DRAM、输入/输出设备,以及他们之间的高速互联系统(不仅能连接设备还能连接额外的处理器)。如今很难找到一款只有处理器核心的商用芯片,一般芯片还有包含电源管理、内存管理、调试和时钟管理、中断控制器,以及片上的输入输出设备等。

因此考虑多核处理器芯片的安全性不仅需要考虑处理器核心部分,还有要考虑非核心部分。出于更高的安全性考虑,CAST - 32A 通盘考虑了多核处理器核心部分和额外的系统级别硬件模块(通常被称为 IP 核)。因此,CAST - 32A 重点关注了会影响软件硬实时性的相关模块。出于上述考虑,CAST - 32A 还额外定义了"鲁棒分区"的概念,它对运行在多核芯片上的不同分区是不是能在时间和空间上不受上述威胁的干扰提供了测量方法。

当前工程师们移植软件中的硬实时模块到新的商用处理器时,该软件实时性是否会受到影响仍然是重点关注的对象。

尽管 2005 年以前的商品芯片可以提供一个物理隔离的单处理器核心,但是随着摩尔定律的推进,IP 核心数目不断增长,软件实时性受到的影响也是越来越多。因此,现在把一个运行在单核处理器上的硬实时应用移植到多核处理器上的时候,就需要谨慎入微地去考虑这些对实时性有影响的因素。

多核之间的冲突

CAST - 32 A 将多核关注的问题转化为一组问题。鉴于 2017 年 FAA TC -

16/51 的发布,这些问题是有答案的。CAST - 32A 中可度量的方法定义了一个足够"鲁棒"的分区架构,该架构可以抵御任何已知威胁的干扰。CAST32 - A 中关注解决的问题总结如表 21 - 1 所示。

表 21 - 1　CAST - 32A"需要解决的具体多核主题"的概述

CAST - 32A 问题/要解决的主题	文档内容(概要)
MCP_Planning_1	多核使用的计划
MCP_Resource_Usage_1	多核关键配置值
MCP_Resource_Usage_2	关键配置错误检测和校正(EDAC)
MCP_Planning_2	共享资源列表
MCP_Resource_Usage_3	冲突通道列表
MCP_Resource_Usage_4	最坏情况资源使用情况
MCP_Software_1	最坏情况的执行时间,每个软件组件实例
MCP_Software_2	片上数据和控制通信资源
MCP_Error_Handling_1	多核内部的故障和对安全目标的影响
MCP_Acc._Summary_1	增强的 SAS

这组问题取决于之前对"资源"的定义,该定义则依赖于 CAST - 32A 中"鲁棒资源分区"部分;同时,它也取决于最坏执行时间中"鲁棒时间片分区",以及对 CAST32 - A 中的问题答案给出了一些额外的定义。下面将讨论这些问题。虽然 CAST - 32A 不构成任何机构的官方指导意见,但其对鲁棒资源和时间的分区应在认证项目期间与适当的认证机构进行讨论(在 CAST - 32A 中,次"注释"作为每一页的页脚)。然而,目前没有任何其他关于如何在多核系统上开发软件的指导意见存在,至少没有认证机构发布过类似文件。因此,CAST - 32A 是目前唯一可行的方法。

鲁棒资源分区

什么是资源? 通过分析表 21 - 1,我们发现有一半的行都依赖于 CAST - 32A 中对于"资源"的定义(即 MCP_Resource_Usage 问题 RU1、RU2、RU3、RU4、P2 的"共享资源列表"),所有行至少间接依赖于"资源"的定义(如 S2 的片上数据和控制通信可以视为资源)。

首先,请注意资源是一个可以被分区的资源。从在多核中运行硬实时软件组件的角度来看,CAST - 32A 是如何定义"鲁棒资源分区"的?

当以下条件满足时,资源分区就是鲁棒的:

(1) 软件分区不会污染其他分区的代码区、I/O 区或数据区。软件分区的消耗不能超过所分配的共享资源分配。

(2) 软件分区特有的硬件故障不会对其他软件分区造成不利影响。

注意：提供分区的软件应该至少具有与其所分区的软件的最高 DAL 相同的 DAL。

该定义采纳自"DO‐248C/ED‐94C 和 DO‐297/ED124"。换句话说，CAST‐32A 会把它的多核认证指南跟其他已经发布的关于解决分区架构的认证内容相适应。考虑到资源确实需要分区，DO‐297 将会对资源的定义进行进一步描述。

资源分区：对于 IMA 还是对于多核？

DO‐297 将综合模块化航空电子(IMA)抽象地定义为"一组灵活配置的、可重用的和可互操作的软硬件资源。当集成时，IMA 形成了一个提供服务的平台(附录 E，术语表)，或者简而言之，提供的是一组资源。"具体来说，资源定义为："处理器、IMA 平台、核心软件或应用程序所使用的任何处理器、内存、软件、数据或对象或组件。一个资源可以被多个应用程序共享，或者专用于一个特定的应用程序。资源可以是物理上的(一个硬件设备)或逻辑上的(一组信息)。"CAST‐32A 根据该定义，使其适应了多核的上下文。综上所述，来自 DO‐248C 的"鲁棒分区"和来自 DO‐297 的"资源"一起组成了 CAST‐32A 中的鲁棒资源分区概念。

通过从 DO‐297 中提取其对资源的定义，CAST‐32A 预期去认证一个在多核体系架构上的 IMA。从抽象上考虑，CAST‐32A 采取了保守的策略，但该方法对模块化、网络和替换方面的影响依然不小。对于单核上 IMA 资源的示例，可以看看图 21‐4 的"空客面向开放式综合模块化航空电子(IMA)的方法"(Butz H.，2007)。资源可以被计算机内执行的软件访问到(图 21‐4 矩形所示)。

图 21‐4 描述了空客 A380 使用的"开放 IMA"，其使用了 AFDX 以太网网络，连接着许多单核设备、航空电子设备(ARINC 600)、核心处理器和 IO 模块。图中的彩色的形状显示了 A380 的逻辑 IMA 使用域(UD)。这些使用域包括如下内容：

(1) 飞行控制。

(2) 驾驶舱。

(3) 能源。

(4) 燃油和起落架(LG)。

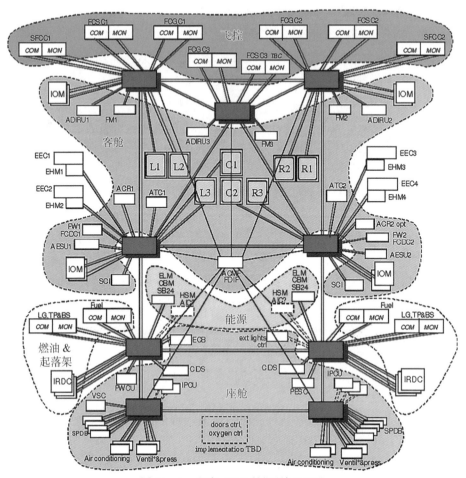

图 21-4　空客 A380 的"开放 IMA"

（5）客舱。

在使用域的各种形状中，矩形表示单核计算模块，线表示与 AFDX 网络的连接（显示了 9 个冗余的以太网交换机）。分区的 IMA 资源包括 AFDX 以太网时间片和子系统特定的传感器和驱动器，以及常用的计算资源，如内存和处理器时间片。资源的分区，包括内存和处理器的时间片，利用 RTOS 来提供时间和设备分区。

一个芯片上的综合模块化航空电子（IMA）

虽然这个新的 IMA 网络必须在多核内提供分区间通信，但它将不需要任何去利用 AFDX 以太网交换机、镀金的 ARINC 600 连接器，甚至以太网 MAC 或

PHY 硬件模块。相反,简单地在分区之间共享 DRAM 页面就可以满足 CAST‐
32A 的共享资源容量验证活动(MCP_Software_2)。

　　鉴于以太网通信相对于片上内存访问的相对吞吐量,共享内存接口可以将
吞吐量提高几个数量级。但与此同时,当缓存被共享时,共享内存接口可能会引
入不少非确定性的因素。

　　处理器缓存提供了一种机制,通过暂时保留主存中预计近期将访问的内容
的副本,从而显著提高 CPU 性能。这使得 CPU 能够操作经常使用的数据,而不
必通过较慢的内存总线去执行较慢的内存访问。大多数 CPU 都具有不同级别
的缓存组合,如第一级缓存到第四级缓存(L1~L4)。低级别缓存通常专门用于
特定的核心,高级别缓存用于处理器核心之间共享,以实现多核访问和更高的吞
吐量。这意味着当使用共享缓存时,CPU 必须管理处理器/缓存同步问题。显
然,这是一个严重的资源冲突问题:共享缓存的状态可能会受到错误或非同步使
用的影响,从而对安全关键分区的性能产生负面影响。例如,任何通过共享内存
进行大型数据传输都会受到缓存的影响,尤其是当缓存被没有参与传输的应用
程序或核心共享的时候,缓存与共享数据之间的竞争会引发大量缓存冲突。
图 21‐5 展示了这样一个影响多核的场景。

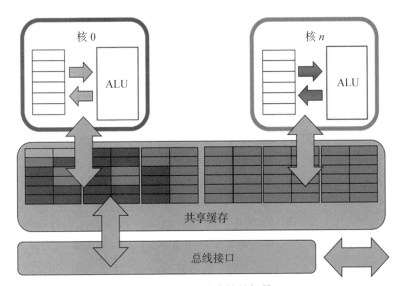

图 21‐5　影响多核的场景

　　当不相关的应用程序将其内容写入到同一块共享缓存时,这种干扰就会出
现。如图 21‐5 所示,共享缓存已添加到多核中。核 0 在与核 n 的竞争中失去

了其在共享缓存中的内容,因此,当核 0 访问内存的时候就会发生缓存失效,从而该访问就面临着更大的延迟时间和更多不确定性。因此,MCP_Software_2 可能同时代表了"杀手级应用程序"和与 CAST‐32A 提出的多核问题相关的致命弱点。

鲁棒分区与多核对比

CAST‐32A 合规要求回答以下问题:给定一个 IMA 环境,能否使用一个多核来安全地合并来自多个单核计算模块的分区资源? 根据先前的定义,CAST‐32A 为其设定的鲁棒分区制定了以下定义:

"具有鲁棒性分区的多核平台:一个多核平台,不仅需要符合本文档的目标,还要求提供本文档定义的鲁棒资源和时间分区,这不仅仅针对驻留在同一个核心上的软件应用也要求驻留在不同核心上的应用,甚至是运行在不同核心上有不同线程的应用。"

基于多核平台 CAST‐32A 的鲁棒分区定义,将需要考虑任何硬件支持的应用程序的并行化。具体来说,设计者必须明确哪些应用程序被分配给哪些硬件核心或线程。要解决这些问题,软件设计师需要考虑图 21‐6 所示的冲突场景,按难度升序排列:

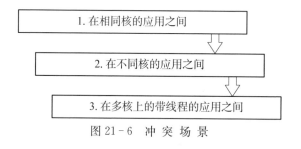

图 21‐6　冲 突 场 景

正如这个层级结构(上文)所揭示的那样,简单的做法可以通过最小化或消除应用程序之间的接口和通信来简化,以此获得鲁棒的分区。但是,当应用程序(该程序的时间片分配)从一个硬件核心(或线程)迁移到另一个硬件核心时,就会出现新的问题。因为 SMP 操作系统对所有核心一视同仁(包括对所有核心上的时间片调度和分配)。这样在 SMP 操作系统中,软件开发人员并不能知道自己开发的应用具体运行在哪个核心上。甚至,SMP 操作系统还可以在抢占后将应用从一个核迁移到新的核心中去运行。

虽然航空电子软件设计者希望尽可能简化一个应用线程在多核上的运行场

景(见图 21－6 中的第 3 级),但 SMP 操作系统可能不能再被认成是对称的多核系统上提供非对称的运行场景。考虑到极端的情况,一些航空电子从业者甚至会在多核系统上只运行一个核心,并且禁用其他核心。这样的做法可以实现应用和单个核心之间的绑定,同时还能从操作系统的特性中受益。但是多核系统的优点就是利用多核并行处理的特点去增加运行时的算力,禁掉多余的核心就会丧失这一特点。因此,更令人满意的多核方案应该兼顾应用跟核心之间的绑定和确保 CAST－32A 中鲁棒分区特点。

通过追溯 DO－297(2005)的一些定义,表 21－2 中 CAST－32 A 并没有从头开始定义分区体系架构、其分区资源以及 IMA 的配置、集成和其他目标。相反,CAST－32A 着重提出了关于多核平台的问题,因为"鲁棒分区"已经被定义过了。

表 21－2　CAST－32A 解决的主题

生命周期阶段	CAST－32A 解决的主题	提出的解释
计划	MCP_Planning_1	资源列表:识别多核芯片、激活的核心数、核心的时钟频率、核心的缓存、工作核的任何动态特征、影响工作核的任何动态特征、组成分区架构的组件包括任何实时操作系统、ARINC653 和/或使用的管理组件
计划	MCP_Planning_2	共享资源列表:编制一份计划,内容包括以下: (1) 一份共享资源的列表,包括如何验证其使用的计划、如何避免/缓解竞争的计划、如何防止因软件或硬件组件大量申请资源而耗尽的计划。 (2) 一份将启用的硬件动态特征的列表和一份如何使用的计划
计划	MCP_Resource_Usage_1	分区配置:记录在(P1)和(P2)中控制资源和时间分区的配置数据
计划	MCP_Resource_Usage_3	冲突分析:识别可能引起冲突,从而影响软件应用驻留在多核上运行的通道: (1) 对共享内存、缓存、互联或 I/O 硬件资源的考虑。 (2) 描述减少冲突的验证方法。 a. 忽略不会影响软件应用的引发冲突的通道,并体现在系统的最终配置上。 b. 考虑项目任何时间中发现的任何发生通道。 c. 在某些 IDAL C 案例中忽略这一目标及其分析

（续表）

生命周期阶段	CAST-32A 解决的主题	提出的解释
构建/复用	MCP_Resource_Usage_2	配置 EDAC,包括 EDAC 在内的保护多核相关的关键配置数据的开发、记录和验证方法
构建/复用	MCP_Error_Handling_1	失效分析和缓解措施:识别、计划、设计、实现和验证检测在多核内可能发生失效的方法,包含安装了多核的设备任何失效的影响(可在该设备内使用"安全网")
验证	MCP_Resource_Usage_4	资源能力:对于给定(Pl)分区、最终配置设置和最坏场景的识别,验证对多核资源申请和网络配置没有超过限制
验证	MCP_Software_1	应用程序的最坏运行时间:对于给定的最终配置,验证所有应用的功能正确,并有足够的时间来完成其执行
验证	MCP_Software_2	共享资源能力:对于给定的配置,考虑不同核心上运行应用程序之间的耦合,验证每个应用的正确功能
报告	MCP_Acc._Summary_1	完成综述:将这些问题的答案附加到 DO-178C 软件完成综述(SAS)中

　　知悉 CAST-32A 如何从 IMA 上下文中借鉴资源分区的概念,可以帮助解读 CAST-32A。当前的疑问就是如何把多个上一代的 IMA 单核计算模块(如可插拔的 ARINC 600 模块)整合到新的多核芯片上去,以进一步减少 SWaP-C。综上所述,我们可以解释 CAST-32A 的问题(见表 21-2)。

　　综上所述,基于 CAST-32A 对任务工作的描述分析,CAST-32A 要"解决的主题"会被嵌入到系统研制生命周期中去。目的不是要改变 CAST-32A 中所述的任务,而是为了帮助评估在系统研制生命周期中何时去执行这些任务。上述提议的阐释也提出了工程师和管理者为了完成任务必须达到的目标。如此一来,大多数 CAST-32A 任务必须插入作为新的计划阶段活动,也可以是后覆盖验证活动。

来自 CAST-32A 冲突分析的挑战

　　CAST-32A 可以按照生命周期阶段进行组织,即发出新的计划、实现和集成-验证任务(见表 21-2),从而效仿 DO-178C 的实施。工程师和管理者如果打算采用 CAST-32A 去验证多核下的应用程序,那么他必须分配人力和工作量头完成这些过程任务,并且这里主要工作会在覆盖验证完成以后进行,从而开始性能相关的验证。(请记住,"覆盖"首先是"需求覆盖",然后是 DAL C 及以上等级增加的"结构覆盖")。美国联邦航空局赞助的 TC－16－51 研究,用于改进 CAST－32 成为 CAST－32A,现在作为 CAST－32A 的信息补充,是这么定义上述过程的:

"冲突分析首先是一个性能评估的问题。在假设理想情况下,处理器不会因为通道的冲突引发故障,一些通道的冲突对程序运行时间的影响也是有限可以接受的"(TC－16－51,第 11 页)。

虽然 CAST－32A 期望项目能够完成冲突分析,但美国联邦航空局 TC－16－51 提供了一份更详细的报告,说明哪些内容必须进行分析,以确保实现这些预期的结果。传统的自顶而下的危险性分析和失效模式用来确保航空工业中的安全。TC－16－51 建议,在完成对分区中的 IMA 应用,如空客公司开放 IMA 所称的用户域,完成自顶而下的分析以后,还需要进行自底而上的冲突分析。具体来说,TC－16－51 断言:

自顶而下的分析为资源的不确定性(冲突)设置好了边界,这种不确定性则是通过自底而上的分析得到的。自顶而下的分析的确有利于工业和认证的过程,但是仅仅这项是远远不够的。自顶而下的分析为多核芯片的选择,包括哪些激活 IP 核和配置项提供了执行标准。该配置项定义了多核处理器中的用户域哪些确定性是可以保证的(TC－16－51,第 29 页,重点增加)。

TC－16－51 提出的新的自底而上的方法可以总结为 CAST－32A 问题的答案,然后提炼为工程师对 MCP_Software_2 的答案。通过分析表 21－2 中对 CAST－32A 的解释,作者认为 CAST－32A 提出的这些问题将形成一个用于测量的冲突通道。测量冲突的结果,首先针对专用资源下 MCP_Software_1 的最坏执行时间,然后针对专用资源和共享资源下 MCP_Software_2 的不冲突部分,最终会累积得到一个针对多核处理器自底而上测量的冲突得到最终分数。描述 TC16－51 中介绍的各种硬件资源的自底向上测量技术和分析超出了本书的范围。然而,在 CAST－32 A 级别的讨论中,我们注意到,基于硬件的自底向上的冲突通道测量可以如图 21－7 所示进行分类,然后对每个用户域分区中的资源进行汇总。

如果要对 IMA 用户域中的所有冲突通道和资源进行此冲突分析可能有多困难? 一个公式(TC－16－51,第 56 页)和一个表格说明了冲突路径呈指数级增长,这表明除了非常简单的体系结构(TC－16－51,第 57 页)外,这项任务是无法完成的。TC－16－51 建议可解释为"保证多核层面确定性策略的所有可能简化"(第 30 页)。如果没有这样的策略,完成任务是几乎不可能的。"进行冲突

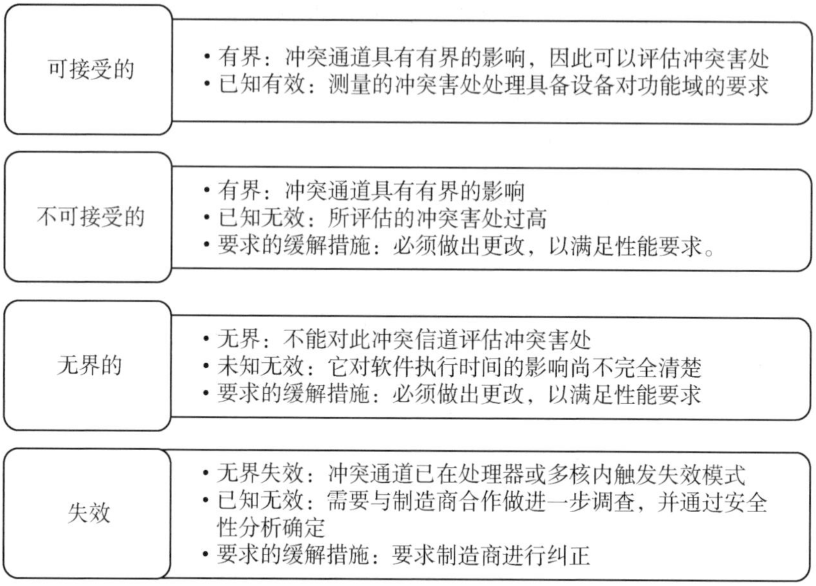

可接受的	• 有界：冲突通道具有有界的影响，因此可以评估冲突害处 • 已知有效：测量的冲突害处处理具备设备对功能域的要求
不可接受的	• 有界：冲突通道具有有界的影响 • 已知无效：所评估的冲突害处过高 • 要求的缓解措施：必须做出更改，以满足性能要求。
无界的	• 无界：不能对此冲突信道评估冲突害处 • 未知无效：它对软件执行时间的影响尚不完全清楚 • 要求的缓解措施：必须做出更改，以满足性能要求
失效	• 无界失效：冲突通道已在处理器或多核内触发失效模式 • 已知无效：需要与制造商合作做进一步调查，并通过安全性分析确定 • 要求的缓解措施：要求制造商进行纠正

图 21-7 应用于观察硬件通道冲突分析标签

分析的一个主要挑战是在测试过程和对冲突情况的覆盖率达成妥协(时间和成本上)"(TC-16-51,第11页)。简而言之,目前根据TC-16-51,选择一个非常保守的分区设计可能是在CAST-32A下认证多核系统的最成功的方法。

使用 IMA 的好处

想在CAST-32A下为多核认证一个或多个应用软件的工程师和管理者必须着眼于与其他基于IMA工程类似的开发生命周期。实际上,下游收到的收益需要在上游付出成本,"没有免费的午餐"。虽然随后的午餐可能不是免费的,但它也会大幅打折。改进的IMA集成、复用性和质量的收益应该超过增加的前期成本。考虑使用IMA的好处的是考虑什么可以在FAA AC 20-170下进行认证。根据章节标题,说明根据FAA规章哪些可以认证和批准,而不只是系统认证:

- 第二章 认可和增量认可
- 第三章 获得IMA组件认可函
- 第四章 IMA组件的复用
- 第五章 IMA系统的配置管理
- 第六章 IMA恢复功能

IMA的好处可以通过AC-20-170目录的这个子集来看到。由于增量的认可、组件认可和认可组件的重用认证的工作量可以大大减少。这些成本效益可以在多个子系统、零部件、供应商和/或飞机系统常年累积。

在多核上使用 IMA 的注意事项

因为 IMA 模块、组件和应用程序的定义都包括软硬件,所以一旦它们获得认证,它们就可以享受到基于硬件的模块化替换的好处。这有利于针对纯粹基于软件的模块化方法的 FAA 认证和批准实践。IMA 模块化的一个重要特点就是其中模块化组件需要支持可插拔特性。例如,在空客公司的开放 IMA 中,它的标准连接器是一个镀金的 ARINC 600 插头。据此,DO - 297 和 AC 20 - 170 IMA 的认证和认可规则就强调了可连接性,如 AFDX 以太网或 ARINC 600 插头。然而,AFDX(ARINC 664)和 MILSTD - 1553(ARINC 429)都被用于 IMA 架构。NASA 对模块化航空电子系统通信架构中各种可能用于 IMA 的通信协议做了一份比较调查(NASA/TM 2006 - 214431)。

未来基于多核的 IMA 架构应该注意到这些。当 IMA 应用程序重新驻留在多核上时,IMA 上的连接方式就会改变,因为 CAST - 32A 中的鲁棒分区不再是可替换连接线材的网络计算模块,而是它们的虚拟机等价物,例如,MCP 中只有一个核心或一个核心的时间片及其分区资源。一个核心的一个时间片如何与同一多核上的另一个时间片进行通信? 或者更重要的是,当 ARINC 600 物理插头被纳入多核芯片中时,如何保留 IMA 组件的可接插性呢? 当 IMA 组件重新驻留到多核时,特定实现的标准可能会过时,但对基于标准的通信和接插性(支持现场替换)的需求继续保留。

CAST - 32A 的影响

对于工程师和管理者来说,CAST - 32A 及其支持的 TC - 16 - 51 为未来的多核和众核芯片打开了大门,它们当前正出现在摩尔定律的预测中。预计传统的航空电子设备应用程序将"搬出去",在多核中找到新家。

对于更广泛的航空电子行业,CAST - 32A 可以利用原始计算能力来发挥作用的工作。正如 CAST - 32A 中所预期的那样,COTS 芯片商业化的成功促进了航空电子设备中对多核的需求。然而,如 TC - 16 - 51 中所看到的,由于 CAST - 32A 中提出的挑战性问题,以及难以避免的多核非确定性资源的风险,目前联邦航空局似乎是在创造一个蒸汽机,其中集成模块化航空电子设备的鲁棒性分区则是它的活塞。

问题是,"什么是架构策略?"(2.4 节)和"什么是分区架构?"(2.4.1 节)已经存在于 DO - 178C 中,现在可以被视为与 CAST - 32A 趋同,包括它对 IMA 的依赖。鉴于历史上 IMA 的成功,在军用和民用飞机,还有在 NASA 的航天系统中都可以看到它,CAST-32A 借鉴了 DO-297IMA 中对鲁棒分区的定义,这似乎是必要的。如果未来的航空电子和航空工业集中在多核 IMA 平台上,CAST-32 A 则将被视为一个转折点。

第 22 章　航空业的发展与合格审定的成本及收益

简介

"DO‐178、DO‐254、DO‐278 是除了其他标准外,这个世界上最烂的标准!"(Vance Hilderman, 2004)。

上面对丘吉尔关于民主的名言的改写是有一些道理的,DO‐XXX 系列指南既是全世界航空项目的救星,也是噩梦。DO‐178 在 40 年前创建时许多人就抱怨它增加了机载软件的研制成本,后来的版本和相关指南也没有降低成本,甚至它们都增加了一些更严格的要求。的确,选择符合 DO‐XXX 和 ARP47XX 的标准指南是需要付出很大代价的,尤其是在第一次接触的时候。在本章所列出的案例中,DO‐XXX 和 ARP47XX 将使大型工程公司在第一次尝试使用这些标准指南时,研制成本至少增加 20%～40%。但是 DO‐XXX 和 ARP47XX 真的太"贵"了吗? 从长远来看,它们难道不会为智能化开发产品的公司降低成本吗? 它们是否以增加初始开发成本为代价降低了长期成本? 它们会提高安全性和可靠性吗? 如果会,那么会提高到什么程度? 遵守 DO‐XXX 和 ARP47XX 的具体好处是什么? 企业能否在不影响质量的情况下降低合格审定成本? 这些重要的问题将在下面讨论和回答。

DO‐XXX 和 ARP47XX 已经逐渐发展成为除了用于实验性质的飞机之外几乎所有民用航空业所采用的标准。在过去的 10 年里,对于大多数军用航空电子设备的研制强制使用 DO‐178B 和现在的 DO‐178C/DO‐254 的。新的 DO‐178C 和 FAA/EASA 备忘录更新的 DO‐254 的发布,导致那些使用前一版本 DO‐178B 和早期 DO‐254 进行研制的产品成本增加。然而,这些指南具有所有安全关键领域的共同属性:计划性、一致性、确定性、详细的文档编制和测试,以及上述属性的证明。的确,DO‐XXX/ARP47XX 高度依赖验证来评估航空产品质量。然而,真正好的质量永远来自高质量的设计和实现过程,而不是来自测试。

这些航空"标准"会假设飞机、系统、软硬件必须协调一致地运行,而且每一项都应当被证明是可靠的。它们提供了一个完整的"生态系统",包括安全性、系统和辅助指南,如图 22-1 所示。

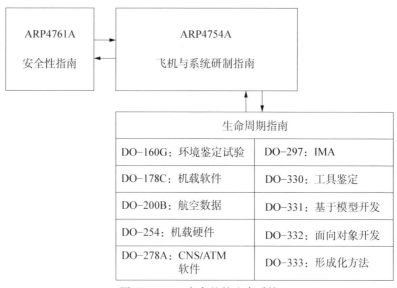

图 22-1 一个完整的生态系统

航空业的发展与合格审定"生态环境"

在 DO-254 出现之前,硬件被认为是"可见的",并可以在系统层面与软件集成后一起进行测试,因此,硬件被豁免于符合 DO-178B 的目标的要求。但是这种豁免导致了开发人员及设备供应商为了避免进行软件合格审定而将功能从软件转移到硬件上。然而,由于在 PLD、ASIC 和 FPGA 中嵌入了逻辑,硬件的复杂性已经发展到超过软件的程度。

现在,每个人都认识到软硬件组成了一个不可分割的链条,而质量是这个系统中最薄弱的环节,所以也要求将 DO-254 应用于航空电子设备硬件,随着航空电子设备合格审定的发展,这些薄弱环节也不断被消除。ARP4754A 要求在整个航空业开发生命周期中对整个系统进行清晰充分的考虑,因此 DO-178C/254 应当与 ARP4754A 保持一致。

在 DO-178/278 中,"软件"包含了所有的驱动程序、BSP、OS/RTOS、库、图像和应用软件。换句话说,软件就是加载到内存中或在实时调用时访问的任何可执行逻辑或数据。测试意味着需要根据软件的关键等级,确保准确实现最小颗粒度的需求、完成相应的覆盖率分析,并提供完整的双向追溯。越来越多的工具被用于代替人工实现 DO－XXX 和 ARP47XX 过程中的目标。例如,今天几乎所有符合相关标准的航空项目都使用商用的追溯管理工具来管理需求、实现和测试用例之间的追溯关系(请参阅本书中可追溯性相关章节)。虽然这些追溯管理工具并没有被强制性使用,但在工程实践中,每个符合相关标准的项目都使用它们来满足 DO－XXX/ARP47XX 自上而下和自下而上的追溯要求。虽然可以采用人工追溯的方式表明相关的追溯关系,但除最简单项目之外,适用于DO－XXX/ARP47XX 的追溯管理工具极大地降低了所有项目的追溯管理成本。如今,许多配置管理工具、自动化测试工具、结构覆盖率分析工具和逻辑静态分析工具也已经成功地进入航空市场,以满足 DO－XXX 和 ARP47XX 的符合性要求。正如本书前面提到的,这些工程自动化工具的获取成本和学习曲线意味着在第一次使用它们时,项目可能无法产生收益,开发可重用的软硬件组件也是如此。然而,后续的项目极大地受益于这些工具和可重用组件的开发,这也是 DO－XXX/ARP47XX 的优势所在。

航空电子系统的成本

安全关键系统的研制成本明显高于消费品和商业信息技术(IT)系统。从本质上说,实现更高的容错能力与可靠性是要付出巨大代价的。随着航空系统变得越来越复杂,与之相关的工程研发成本也随之呈指数级增长。

表 22－1 的数据来自受某大型航空发展咨询公司资助的研究,由于无法验证部分假设和数据,数据有约 20% 的误差。

表 22－1　不同型号飞机软件工程成本概要

飞机型号	软件与逻辑代码行数	平均每行代码的成本/美元	软件研制总成本/美元
6 座以上活塞发动机飞机	100 K～1.5 M	260	26 M～390 M
湾流 G550	4 M	330	1.32B
波音 737NG(600)(1995)	3.5 M	240	700 M
波音 777(legacy－1995)	5.5 M	260	1.04B
波音 787(2011)	7 M	370	2.59B
F－35 战斗机(联合攻击战斗机,2019)	15 M	520	7.8B

在另一项研究中,卡内基梅隆大学的软件工程研究所(SEI)比较并对比了空

客和波音软件源代码行数(SLOC)的相关数据集,如图 22 - 2 所示。需要注意的是,SEI 预计 SLOC 每 4 年会翻一番,他们还假设每种型号飞机的代码量比表 22 - 1 中的更大。

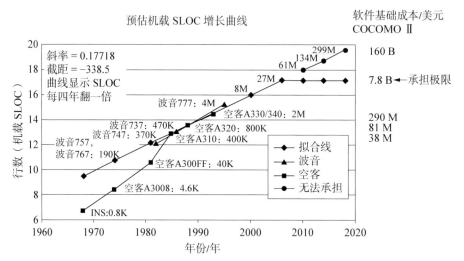

拟合线稳定在 27M SLOC 是因为 2010—2020 年无法承担继续增长的 SLOC 大小。COCOMO II 模型预估开发如此规模的软件成本达到了 100 亿美元。

图 22 - 2   波音公司与空客公司代码行数与成本趋势图

[空客数据来源:J. P. Potocki De Montalk Computer Software in Civil Aircraft, Sixth Annual Conference on Computer Assurance (COMPASS 91), Gaithersburg, MD, June 24 - 27 1991。波音数据来源:John J. Chilenski, 2009]

有趣的是,阿波罗太空计划在开发方面取得了巨大成功,但在建立标准方面建树很少。不过,阿波罗太空计划的系统复杂性和逻辑规模不到当今商用飞机的 1%,也无须考虑可认证性或可重用性。事实上,由于如今的飞机采用了大量先前开发系统并在此基础上进行了优化,因此,这些系统的可重用性也达到了前所未有的高度,这也就是 DO - XXX/ARP47XX 在减少集成时间的同时增加可重用性方面做出的巨大贡献,详见下文。

DO - XXX/ARP47XX 中的研制保证等级及其成本

DO - 178 和 DO - 254 包含 5 个不同的研制保证等级,从 A 级(最关键)到 E 级(最不关键)。DO - 200 有 3 个这样的级别,而 DO - 278 有 6 个,其原因都在本书之前相应的章节中解释过。通过安全性评估,每个航空系统都被分配了一个或多个研制保证等级,该系统中的每个项目都必须满足或超过其指定的研制保证等级。随着研制保证等级的增加,相应的文档、设计、评审、实施、验证、质量/过程保证和独立性的要求也会更加严格。图 22-3 和表 22-2 描述了不同研制保证等级的实际成本增量:DO-178C 的额外成本是以中等质量的软件开发作为基准来对比(等价于高质量的商业或消费级软件,实际适用 CMMI 开发等级 3~4)。

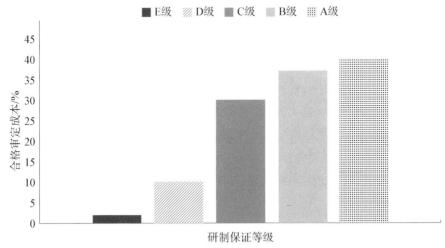

图 22-3　CMMI 3 级以上的每个 DO-178 的研制保证等级的成本和研制时间增量

表 22-2　不同 DO-178C 研制保证等级之间的时间和成本增量

不同等级	E 级	D 级	C 级	B 级	A 级
增量	基准	E+15%	D+35%	C+10%	B+5%

　　一个常见的关于 DO-XXX/ARP47XX 的误区是符合 DO-XXX/ARP47XX 的成本过于高昂,会使成本增加超过 200%。确实,由上文提到的额外增加的初始成本可知,它们并不"便宜",正如上文的额外研制成本所示的一样。D 级认证的系统也需要有完整的计划过程可追溯到测试的良好需求,文件化的实施过程,评审,基于需求及追溯的完整的功能测试活动。此外,配置管理过程、质量保证过程及适航联络过程也适用于 D 级。切记,根据之前的 DO-178 相关章节所介绍的内容,D 级软件需要符合 26 个目标,而智能手机或消费级无人机并不需要符合这么多目标。然而,D 级软件研制成本仅比各行业中典型的按照 CMMI 2~3 级流程研制的中等质量的消费/商业软件高 15%,这是因为 D 级软件的要求几乎完全由正常的行业标准工程原则构成,它们包括计划、需求、测试、追溯、评审和基本的 CM/QA。此外,许多刚接触 DO-XXX/

ARP47XX 的公司认为,它们之前所做的以及正在做的工作,包括计划、需求、设计、测试和评审,必须重新进行,其实并不需要。实际上,DO-XXX/ARP47XX 允许在准确识别并分析现有工作与其目标差异的情况下,尽可能地在现有的工作基础上开展额外的工作。

DO-XXX/ARP47XX 还要求对所有软件开发过程和产物进行评审,其中对于 A 级和 B 级软件,大部分评审应当具有独立性。评审必须按照获得批准的检查单进行,以确保所有必要的内容都得到适当的评审。为了节约成本,许多公司使用自动化项目管理及评审工具(本书的附录中提供了这样的清单)。

另一个错误的说法是,软件成本最显著的上升发生在从 B 级升到 A 级时。这不是真的,但原因很有趣。根据 ARP4761A,A 级系统和 B 级系统之间最大的区别是,A 级系统的可靠性应当比 B 级系统的高 100 倍。然而,100 倍可靠性的提升主要依靠系统及硬件架构设计,而不是软件。要怎么实现可靠性的提升呢? 那就是通过设置冗余,通常满足 A 级可靠性的唯一方法就是增加硬件或系统冗余,这当然会大大增加产品的总成本。但是,A 级和 B 级软件在软件成本上的差异却非常小,如图 22-3 所示的约 5%。

DO-178C 中成本差异最显著的是在 D 级和 C 级之间(CNS/ATM DO-278A 3 级和 4 级也是如此)。为什么? 因为 C 级软件需要完成以下 D 级软件不需要符合的关键目标,因此研制 C 级软件需要比 D 级多花 35% 的精力:

(1) 基于软件低级需求的测试。

(2) 源代码的语句覆盖要达到 100%。

(3) 需求、设计及代码对标准的符合性的评估。

(4) 更严格的评审。

(5) 在许多情况下更严格的配置管理。

B 级软件需要额外的结构覆盖条件判定覆盖,即源代码中的所有分支都要被覆盖到),额外的评审独立性要求,以及更严格的配置管理。乍一看 B 级软件似乎要比 C 级研制成本高得多(50%～70%),但就像在生活的许多领域一样,常识往往与理论不同。在 B 级和 C 级软件研制过程中,必须有详细的低级别软件需求,而且它们必须经过完整的测试。请记住,DO-178C 从 C 级开始要求进行详细的基于软件低级别需求的验证,而这些低级别需求将覆盖绝大多数的软件逻辑判定。在基于需求的测试中,如果测试场景捕获和覆盖率工具都被合理使用,源代码的大部分结构都已经被覆盖了,那么往往不会再要求进行额外的结构覆盖测试。因此,B 级软件与 C 级软件相比,看似因为对结构覆盖率的要求增加了大量研制成本,但这些成本由于 DO‐178C 大幅增加基于需求的测试要求而减少。此外,高质量的软件工程组织已经包含了包括独立的评审和严格的配置管理在内的半自动化及流水线式的研制过程,因此,B 级软件在这些方面的额外研制成本大大减少了。

以前采用 DO‐178B 进行"高效"研制的开发人员发现采用 DO‐178C 会带来更大的成本提升。他们的"高效"可能是由于忽略了 DO‐178B 所期望但并非强制要求的软件低级别需求细节。这样的方式只能够进行不太详细的功能测试,而且验证的逻辑分支更少。虽然这种做法对于 DO‐178B 中的 C 级软件是可以接受的,但并不适用于 DO‐178C 中的 C 级软件,因为它要求具有颗粒度更细的软件低级别需求,这就造成 DO‐178C 无意中缩小了 C 级软件和 B 级软件之间的差异,因为软件低级别需求的颗粒度足够细,B 级软件要求的条件判定结构覆盖率目标在很大程度上已经在 C 级软件中就实现了。此外,开发人员大量使用参数数据项(主应用程序以外的对象或逻辑)由于采用了 DO‐178C,就需要完整地记录、评审、追溯并且测试所有软件数据,虽然在采用 DO‐178B 时,他们就应当这么做。

A 级是最关键的软件等级,因此也是研制成本最高的。这句话没错,但是,对于 A 级软件还有另一个误区,即"A 级软件是非常难以实现的比 B 级软件的研制产生至少增加 30%～50% 的额外成本"。事实上并非如此,A 级软件强加了对结构覆盖率的要求(即 A 级软件需要完成 MCDC 测试)、源代码到目标码的一致性分析,以及在评审中更多的独立性要求。其中,A 级软件研制成本超过 B 级的最重要的因素是 MCDC 测试要求。然而,适当地应用一些结构覆盖率分析工具、加强人员培训并进行完整的基于需求的测试,A 级软件的额外成本可以很大程度上得到控制,因此 A 级软件的研制成本实际上只比 B 级稍微贵一点。出于这个原因,大多数想取 B 级认证的 COTS 产品都最终选择了按照 A 级要求进行认证。然而,如前所述,A 级的系统及硬件成本是高于 B 级的,因为 A 级的可靠性要求是 B 级的 100 倍,A 级的可靠性要求是 10^9,B 级的可靠性要求为 10^7,因此需要增加额外的冗余以满足安全性要求。

钱都花在哪儿了?

图 22‐4 展示了一个典型的 DAL B 级软件项目的研制成本分配情况,A 级软件理所应当会在验证环节有更大的成本投入。图 22‐4 适用于传统的结构化设计,而非基于模型的设计,因为假定使用模型自动生成的代码,可以大大缩减编码时间,MBD 将会使得投入需求与设计上的研制成本比例更高。

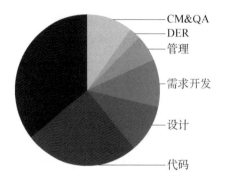

CM&QA—10%；DER/CVE 费用—2%～3%；
管理—4%～7%；需求开发—10%；设计—
10%；代码与逻辑—25%；验证—35%。

图 22-4　合格审定成本比例(结构化设
　　　　计的 DAL B 级软件)

如图 22-4 所示,降低成本的 5 大因素能通过高效实施 DO-XXX 和 ARP47XX 完成。

降低成本的主要因素是什么?

(1) FHA 中的 DAL 等级分配与降级。

(2) 准确详细的需求分解。

(3) 对缺陷准确严格的评审。

(4) 尽量减少代码与逻辑变更。

(5) 高效测试:自动化程度更高。

DO-XXX/ARP47XX 的优势

正如上文所述,遵循这些航空行业的指南当然是需要投入成本的,成本甚至会比较高昂。然而,如果执行得当,它们实际上是具有成本效益的。特别是当对整个产品生命周期或后续的新产品版本研制时进行评估时。DO-XXX/ARP47XX 的优点总结如图 22-5 所示。

1	提前预防缺陷以减少外场故障
2	更好的可重用性
3	对变更影响提升透明度和信心
4	通过管理提升透明度, 提高供应商的透明度
5	量化并提升安全性法则
6	降低成本、研制周期于风险
7	减少前提假设=减少风险
8	更多已知的和完整的测试覆盖
9	更完整的编制文档使得项目更易维护
10	更广泛及深入的市场占有率
11	更高的质量

图 22-5　DO-XXX 和 ARP47XX 的基本优势

高效且经验丰富的航空产品开发单位实现了上述 DO‐XXX/ARP47XX 的优势，下文将进一步说明。

（1）更清晰的前期需求：DO‐XXX/ARP47XX 要求全面、更详细的需求。对需求的细化和必要的约束要求研发人员提前识别问题，而不是遇到问题再去解决。对于条件的假设大大减少了，需求的一致性及其可测试性大大增强，由于需求的错误和缺失而产生的迭代和返工大大减少了。其他标准和指南，如 CMMI 也要求这样的前期需求，但 DO‐XXX 在实施需求细化方面的要求是独一无二的。

（2）更少的实现迭代：实现迭代，或变更，是航空工程的祸根。例如，在许多情况下，新产品中存在 10 个、20 个，甚至 30 个同时进行开发的代码。这是难以置信的，因为有了强大的工程流程和规范，实现应该在首次开发时就基本正确，而不应该需要几十次变更才能正确。模型和实现应该通过评审来分析实现的结果是否符合文本需求。

（3）在开发人员测试中发现的 bug 更少：由于 DO‐XXX 和 ARP4754A 要求完整的和可验证的需求，除了 C 级软件和更高级别软件要求的代码评审外，在开发人员测试中发现的缺陷要少得多。B 级和 A 级所要求的独立逻辑评审超出了这个目标。在编写模型或代码之前，逻辑评审需要完成和配置以下内容：

　　a. 标准及检查单。

　　b. 高级别和低级别需求。

　　c. 设计。

　　d. 上述内容的追溯关系。

（4）软件内部更强的一致性：航空系统就像一个链条，它们的强度取决于最薄弱的一环。一个 99% 正确的系统有 1% 的错误，这同样意味着它是不安全的。系统从来不可能被证明是完美的，DO‐XXX/ARP47XX 并没有声称完全遵守其目标就会产生完美的系统。在航空安全的关键路径上最薄弱的逻辑模块，即工程师。所有系统必须符合其研制保证等级，并正确执行 DO‐XXX/ARP47XX。

（5）在集成过程中发现的缺陷更少：集成过程可能是一个漫长的迭代过程，在这个过程中会发现并修复大部分需要通过设计更改的缺陷。因为采用了 DO‐178 或 DO‐278 进行软件研制，所以集成过程通常比不采用 DO‐XXX 标准进行研制的软件快 50%~75%。由于软件的运行可能会受到硬件的影响，较高 DAL 等级的软件需要在实际的目标机硬件中进行测试，因此集成工作开始得更早，软件验证也更早开展。此外，软件所在的系统必须符合 ARP4754A，它要求同样严格的系统研制保证过程,定制的硬件逻辑组件可能需要满足 DO-254 (硬件逻辑对 DO-178C 的推论),以便硬件在集成时同样具有更高的质量。因此,采用 DO-178C 进行研制的软件,其集成过程比未采用 DO-178C 进行研制的软件开始得更早,缺陷也更少。

(6) 更严格的配置管理:配置管理(CM)涵盖了控制和重新复现项目的任何快照的能力。同时,CM 还确保了安全性、备份、完整的评审、问题报告和版本控制。DO-XXX 和 ARP47XX 有很高的配置管理要求,加上现代许多配置管理任务的自动化工具,确保今后的产品质量更高且可被证明。从字面上说,任何经过认证的系统版本都必须能够在交付后的 30 年内完整地重新创建和重新测试。这意味着不仅必须获取并控制合格审定的实现过程,而且必须获取所有的辅助文件,包括 makefile、构建脚本、第三方工具、开发环境、设计和测试数据等。这种辅助文件的配置管理方式消除了在其他行业中经常出现的系统维护中的常见问题。

(7) 更简单的回归测试:在开始研制一款软件时,无论是开发人员还是管理人员都希望项目取得成功,因此软件都会定义很长的生命周期,并且软件将通过新的应用程序、安装包和版本进行更新。如果回归测试涉及范围很广或者是人工进行的,那么它可能产生很高的成本。采用 DO-XXX 和 ARP47XX 进行研制的产品具有完整的可追溯性,以确定哪些模块需要更改或分析,并进行相应的回归测试。由于航空业需要彻底的、可证明的回归测试,DO-XXX/ARP47XX 的使用者可以通过易用的自动化系统、软硬件回归测试方法而获益。

(8) 更完整的测试:要求实现 100% 的需求覆盖率,更广泛的鲁棒性覆盖率,以及结构覆盖率是 DO-XXX 对确定性方面验证的验证要求。参数数据项必须根据 DO-178C 的要求进行详细的文档编制和验证。DO-178C 还要求必须删除未使用的软件代码,并将 C 级到 A 级软件中的未激活代码记录下来并进行验证。通过这些方式,软件中错误的概率大大降低,特别是对于 A 级和 B 级软件。

(9) 更便利的设备级和系统级验证:对于嵌入式系统来说,进行系统级测试通常比较困难,因为开发环境与目标环境相差甚远。此外,测试通常由不同的工程团队来执行。由于 DO-XXX 和 ARP47XX 要求完整的可追溯性,通过可追溯性基本可以表明系统需求实际上在软件验证期间得到了充分的验证,按照 DO-XXX 进行研制的所有这些软硬件的确定性和质量的提升,也会带来系统确定性与质量的提升,因此不需要在系统级别通过额外的测试进行重复。

(10) 较少的外场故障:外场故障和顾客对于产品的退返,无论是在短期或是长期都是会带来高昂的成本的。依据 DO - XXX 开发的产品已被证明可以减少 80％～90％的退返率。

（11）更好的可重用性：通过 DO - XXX 全面而一致文档编制要求、功能的模块化、现代工程方法的运用以及确保上述所有目标被实现的评审，可重用性得到了极大的提高。在航空领域，可重用性是非常难以实现的，除非一个部件至少有 80％的可重用性，从头开始研制往往更快，风险更小。实际上，大多数软件的可重用性不到 50％。通过 DO - XXX，以及对设计标准、编码标准的严格执行，再加上独立的审查和可追溯性，大多数模块应该至少有 70％是可重用的。当使用 MBD 或者 C＋＋进行开发时，可重用性会增加更多。

（12）更高的用户满意度：产品可靠性的提升会大大增加用户的满意度。由某个个人因素造成的产品缺陷的是采用 DO - XXX 的直接结果。软件开发是一门艺术，艺术家往往拒绝将他们的工作记录下来，并将其置于一个统一的开发标准和同行评审之下进行评价。没有标准、规则和现代软件工程方法，软件团队就会退化为一群无组织无纪律的流氓艺术家。虽然这些艺术家都是非常有价值、有创造力和才华的人，但是由于任何原因而失去任何一个这样的艺术家，对团队来说都是灾难性的，除非他们的工作得到记录、理解以及始终如一的应用。DO - XXX 大大降低了这种由个人因素造成产品缺陷的可能性。

（13）对进度状态更强的管理意识：有多少航空项目每周的报告都是 99％完成的状态？ 如何度量项目进度？ 管理人员如何才能确定几乎看不见的逻辑的真实完成状态？ 所有这些问题的答案都是通过建立在 DO - XXX 基础上的现代的、精确而细致的管理技术上的。航空指南提供了对设计、开发、测试、集成和评审方面的洞察力、可追溯性、对准确状态的把控力。

（14）由于上述原因对项目进度的改进："一旦一件事能够被量化，就离完成不远了"，DO - XXX/ARP47XX 为项目的持续完成和质量状态的提升提供了条件。

（15）更广泛的市场接受度：航空指南对可靠性的提升已经得到了证明并广为人知。确实，在航空航天、医疗、交通、能源，甚至娱乐（想想游乐园）领域的与安全相关的软件，都有可能造成对生命财产安全的威胁，都需要提升系统的安全性和可靠性。

（16）对变更成本更准确的评估：由于 DO - XXX 的要求包括了对逻辑内部的完全可见性，需求、设计、代码和测试的可追溯性，以及质量保证活动的记录，因此可以更准确地评估逻辑更改产生的影响。

(17) 拉开与竞争对手的差异：市场经济确保了竞争对手之间的优胜劣汰，这意味着他们将不断学习竞争对手的最新技术，从而削弱差异来获得市场份额。怎么办？那就要开发出与众不同的产品。逆水行舟，不进则退，不去谋求不断进步的公司、没有进行不断优化产品就像不再生长的树，它们很快就死亡。航空系统的复杂程度正在急剧增长，而培训和工程方法的改进却有些跟不上。许多公司都清楚知道采用 DO－XXX/ARP47XX 来表明产品的可靠性、质量和价值的提升这个道理。航空指南的基本原则就是提供充足的证据，而不是未经审查即批准。有罪推定是航空业可靠性的基本法则和指南。

(18) 更高的供应商产品质量：DO－XXX/ARP47XX 过程文件的严谨性和完整性有助于避免公司与供应商之间的误解和错误，促进组织之间有效的工作分工。

第 23 章　无人机和无人机系统适航审定

在过去的 100 年里,载人飞机和系统经历了巨大的增长,显著增加了飞机驾驶舱自动化和航空电子系统设计的复杂性。驾驶舱的自动化涵盖了电传控制、自动飞行和飞机自动化的进步。飞机和技术的进步已经使得人们经常使用(或需要)飞行计算机来增强或控制现代飞机。

随着这些载人飞机系统的复杂性和精密度的增加,以及这些系统在飞机中的重要性和作用的扩大,在混合空域中自主操作飞机已经成为主流。这种往自动飞机方向的发展引发了飞机设计的革命,包括无人机。近些年来,无人机系统(UAS)一直由世界上的军事组织开发并主要运行。现在,UAS 正准备成为以前分配给载人飞机操作的空域的一个组成部分。美国和世界各地正在推动将 UAS 纳入目前仅限于载人飞机的空域。在过去几年,人们对 UAS 商业化的兴趣激增,商业实体希望在美国国家领空(NAS)和其他国家领空运营 UAS 的愿望已经达到了一种狂热的程度。UAS 的商业用途涵盖了从航空摄影,到搜索和救援、侦查、检查,如公用事业线路检查、事件监测、报告、火灾发现/救援、货物交付、基础设施监测、通信和广播、灾害响应、农业等。而这些只是 UAS 的商业用途的几个例子。随着 UAS 被整合到 NAS 中,将会出现许多新应用。

背景和历史

当考虑到载人飞机规则和规章所要求的总体时间表时,改变这些规则和规章以在相对较短的时间内适应 UAS 在 NAS 的运营是一个重大挑战。载人飞机规章制度的发展一直关系着安全问题。美国政府联邦法规(CFR)的第 14 章定义现有美国飞机的适航标准,FAA 指令 8110.4 定义 FAA 型号认证流程,FAA 指令 8130.2 定义适航认证。正如人们所期望的那样,无论是过去还是现在,通过改变这些规则和规章将 UAS 纳入 NAS 都是一个非常复杂的、需要大量的时间和资源的过程。尽管过去几年在建立 UAS 运营的规则和规章上取得了很大进展,目前 FAA 和 EASA 仍致力于这方面工作。任何希望在 NAS 中设

计、制造、销售或运营大于最小重量阈值的 UAS 的实体都必须获得 FAA 对
UAS 的批准,包括无人机、无人机飞行员和无人机操作环境/计划。对于型号设
计批准(请参见本书关于型号合格证、技术标准规范和零件制造批准的进一步说
明),UAS 设计人员必须证明它们符合 UAS 设计的安全水准,UAS 运营商必须
采用 FAA 认证系统,以符合标准化的空中交通运营,包括 UAS 的偶发事故/应
急程序。作为 FAA UAS 工作的一部分,FAA 正在与 EASA 和国际社会协调
以完成民用航空和 UAS 运营。

　　由于 FAA 的最主要关注的是安全,最终 UAS 在 NAS 的运营将需要 UAS
在 NAS 飞行时满足 FAA 的运营安全要求。自 20 世纪 90 年代初以来,UAS 已
经被允许在有限的基础上运营。一开始,这些 UAS 的活动仅限于军事和执法部
门。FAA 首先于 2013 年 1 月发布 8900.207 号通知,后来又取消,并代之以
8900.227 号通知,即无人机系统(UAS)运行批准。8900.207 号通知提供了关
于 UAS 安全性评估、UAS 互操作性和 UAS 飞行操作的信息,用于开发允许访
问 NAS 的 COAs。特殊适航证书属于试验飞机类别,并且需要能在 NAS 中运
营飞机的特定能力。根据 FAA 第 8130.34 号指令,民用 UAS 可获得试验认
证。一种特殊的试验适航认证还包括对飞机操作使用的限制。FAA 根据具体
情况审查每个 UAS 试验适航申请。这种个案审查使 FAA 能够仔细定义 UAS
的访问级别,该级别受限且依赖于 UAS 和 UAS 操作的风险缓解措施。这些限
制保证了 UAS 安全且高效地在 NAS 中使用,并确保 NAS 的使用不会减少。
UAS 的特殊试验适航合格证与载人飞机的试验适航合格证类似。根据 14 CFR
21.191(a)(c)和(f),该证通常颁发给研发、乘务组培训或市场调研的申请者。

　　FAA 制定了一份公共规则制定通知(NPRM),允许小型 UAS 在 NAS 中开
展业务。该 NPRM 包括了对小型 UAS 运营有兴趣且正在致力于建立规则制定
和规则实施共识标准的 FAA 利益相关者。随后,FAA 与国际民用航空组织(国
际民航组织)(联合国的一个特别机构)合作,共同促进全世界国际民用航空的安
全和有序发展。其中,国际民航组织负责制定航空安全标准和法规。并且,向
UAS 提供了一个支持 UAS 在世界各地运营的基本的国际监管框架。国际民航
组织已发布指导意见,要求成员国实施安全管理系统(SMS)计划。这些程序对
于管理在航空系统中使用 UAS 相关的风险至关重要。UAS 运营带来了许多新
的挑战,包括通过分析大量数据为监督和评估风险提供有用信息的能力。国际
民航组织第 328 号通告提供了关于将 UAS 引入和纳入空域的指南。这项工作
的目标,正如国际民航组织通告中定义的那件,旨在可能的情况下提供指南保证

互通性和监管的兼容性。FAA 随后与 RTCA(特别委员会 SC - 203 和 SC - 228)等委员会合作,共同确定在美国 NAS 中运行 UAS 要求的最低性能标准(MPS)和最低操作性能标准(MOPS)。FAA 随后发布文件,描绘了将 UAS 整合到 NAS 中的路线图和计划。FAA UAS 路线图的标题是"民用无人机系统(UAS)在美国国家领空(NAS)中的整合路线图"(2013 年第一版,2013 年 11 月出版)。FAA UAS 路线图由 FAA 和 UAS 航空法规委员会(ARC)共同制定,列出了 FAA 将 UAS 整合到 NAS 的计划和目标。FAA 路线图勾勒了在 NAS 中整合 UAS 运行的时间总表、任务和注意事项。然后,委员会进一步着手制定 UAS 最低航空系统性能标准(MASPS)和用于支持技术标准规定(TSO)的最低性能标准(MOPS)(中长期时间框架)。

大多数 UAS 遵循与载人飞机和载人飞机系统相似。但区别是评估 UAS 安全案例是 UAS 与载人飞机和载人系统的开发过程的差异之一。在研制 UAS 需求之前,需要为 UAS 运营开发一个全面的安全案例。该安全案例将作为定义系统安全评估的基础,包括了软件(DO - 178C)和硬件(DO - 254 机载电子硬件)的研制保证等级。与载人飞机和载人飞机系统一样,UAS 系统的安全评估将依赖于 SAE ARP4754A《民用飞机和系统研制指南》和 SAE ARP 4761《民用机载系统和设备安全评估过程的指南和方法》。此外,北约标准 4671《无人机系统适航要求》(USAR)和北约标准 4586 关于北约无人机互通的《无人机控制系统标准接口》,提供了可能用于开发安全案例的其他指南材料。如果按照载人飞机开发安全案例和安全评估的目标直接应用于开发 UAS 安全案例和安全评估,可能会导致 UAS 过度开发,超出要求的安全水平。但是,如果 UAS 的安全目标设定得太低,UAS 的开发将不具备足够的安全水平,因而导致面临不满足 FAA 的 UAS 要求和法规(UAS MPS/MOPS)的风险。

UAS 安全案例除了要解决开发任何系统所面临的典型挑战外,还必须解决以下问题。

(1) UAS 飞行员和机组成员:

a. 培训。

b. 操作标准。

c. 认证要求。

d. 操作程序。

e. 监管要求。

f. 医疗标准。

g. 试验标准。

（2）控制站：

a. 认证要求和认证依据，例如通过 DO－178C 和/或 DO－278A 保证通信系统、导航系统、监视系统和空中交通管理（CNS/ATM）系统的软件完整性。

b. 适用的技术标准规定（TSO）。

c. 适航标准。

d. 规章。

e. 互操作性要求。

f. 指导材料（咨询通告、规范、通知等）。

g. 持续适航性。

h. 符合性方法（MOC）。

i. 语音命令和控制（通过 ATC 与 FAA 空中交通管制通信）。

（3）数据链：

a. 认证要求和认证依据，例如通过 DO－178C 和/或 DO－278A 保证通信系统、导航系统、监视系统和空中交通管理（CNS/ATM）系统的软件完整性。

b. 适用的技术标准规定（TSO）。

c. 适航标准。

d. 互通性要求（如适用）。

e. 指导材料（咨询通告、规范、通知等）。

f. 航空无线电频谱的调谐与使用。

g. 标准化的控制架构。

h. 性能测量。

i. 无线电/数据链路安全性要求。

j. 符合性方法（MOC）。

k. 规章。

（4）无人驾驶飞机：

a. 认证要求和认证依据。

b. 技术标准规定（TSO）。

c. 适航标准。

d. 程序。

e. 规章。

f. 指导材料（咨询通告、规范、通知等）。

g. 持续适航性。

h. 试验标准和记录。

i. 符合性方法(MOC)。

其他信息和指导可参见 DO－304《无人机系统指导材料和注意事项》、DO－320《无人机系统的操作服务和环境定义(OSED)》以及 DO－344 第 1 卷和第 2 卷关于无人机系统操作需求、功能需求和安全目标的相关标准。FAA 的规章是基于载人飞机的规则和规章建立的。历史上,这些规则和规章要求机长通过保持持续的态势感知,达到"看见并避免"的目的,以保证安全飞行。UAS 的引入则将"看见并避免"进化为"感觉并避免"。在载人飞机中,通过"看见并避免",再加上雷达、视觉瞄准、分离标准和成熟的技术,以保证载人飞机的安全运行。UAS 的引入,则需要一个从"看见并避免"过渡到"感觉并避免"的范式转换。这种范式转换着重强调了 UAS 传感器套件(包括地面和机载),因为传感器套件将取代载人飞机机长的功能,以保持态势感知。此外,由于 UAS 依赖于地面控制和通信链路,因此,控制和通信(C2)功能也需要一个范式转换。

随着评估 C2 对 UAS 可行性的重大研究和发展进步,UAS C2 正在不断发展。无人驾驶飞机和地面控制站之间的 UAS C2 链接要求定义 C2 需求和 C2 所需性能。目前正在进行大量的工作来评估 UAS 控制数据链路通信,包括评估延迟和延迟问题、完整性、连续性、可用性、干扰、功能故障和/或备份系统,以及大量其他性能标准。这将带来以下工作:

(1) 定义 UAS C2 需求。

(2) 定义 UAS C2 性能标准。

(3) 定义 UAS C2 链接漏洞和安全性。

(4) 定义 UAS C2 通信频谱(需要与美国和国际无线电通信单位协调)。

(5) 定义缓解方法。

(6) 建立端到端 UAS 性能测量准则。

(7) 开发下一代 UAS 四维轨迹标准概念。

为了支持 UAS C2,多个研发项目专注于 UAS 控制链路系统的开发和验证,UAS 安全关键通信系统的量化,以及 UAS C2 性能的模拟工作。UAS C2 的发展是 FAA、美国政府机构、工业和国际利益相关者共同努力的结果。

随着评估 SAA 对 UAS 的可行性的重要研究和不断发展,UAS SAA 也正在发展。作为研发工作的一部分,传感器组件和传感器类型(机载和地面)也在被评估。UAS SAA 的重点研发工作是评估多传感器的使用和各种传感器的集成,以生产能够满足 UAS SAA 要求的复合传感器套件。在大多数情况下,SAA 可分为两类:地面 SAA 和机载 SAA(无人机传感器套件)。UAS SAA 的开发是一项非常复杂和困难的任务,存在着独特和具有挑战性的问题。缺乏需求使 UAS SAA 的开发更加复杂化。为了缩小因缺乏 UAS SAA 需求而造成的差距,FAA 研究了 UAS SAA。FAA 的研究包括以下任务:

(1) 定义并建立 UAS SAA 的系统定义和性能目标。

(2) 评估各种 UAS SAA 的实现和 UAS SAA 多传感器系统,以及多种技术的使用。

(3) 定义并建立 UAS 防碰撞机动所需的最小信息集。

FAA 正在开展包括地面 UAS SAA 和机载 UAS SAA 的实际试飞在内的研究工作。由于机载 UAS SAA 的复杂性,机载 UAS SAA 技术可能在几年内不会完全出现,因此地面 UAS SAA 可能成为 UAS SAA 的最初形式。

另外一个应该讨论的话题是 UAS 和人为因素(HF)。当 UAS 进入之前分配给载人飞机的空域时,其带来的固有模式转变将对 UAS 与 NAS 空中交通管制(ATC)和地面控制之间的通信引发新的具有挑战性的问题。这就需要在 UAS 在其他用户活动的空域运行时收集和分析 UAS 飞行员与 ATC 的交流互动。这显然是一个具有挑战性的话题,因为人们会认为,收集和分析 UAS 飞行员与 NAS ATC 的互动将需要与其他民用空域用户一起进行实际的 UAS 运行。美国政府联合规划和发展办公室(JPDO)与学术界、工业界和研究机构合作,确定了有关 UAS 人为因素的几个挑战。

(1) 涉及性能要求相关的人为因素(UAS、ATC 等)。

(2) 涉及成为 UAS 飞行员的资格认证和标准/要求的人为因素。

(3) 涉及 UAS 飞行员、UAS 地面管制员、空管、签派员等之间通信识别和定义的人为因素。

(4) 涉及以下因素相关的 UAS 运行:链路丢失、通信丢失、工作负载(UAS 飞行员/地面控制器和 ATC)的人为因素。

(5) 涉及 ATC 航空器间隔管理和显示的人为因素。

(6) 涉及地面控制站(GCS)、GCS 显示和 GCS 使用和运行的人为因素。

(7) 涉及 UAS 态势感知的人为因素。

如前所述,对 UAS 人为因素的评估和分析需要收集和评估在 NAS 中与其他民用空域用户一同开展的实际 UAS 飞行。由于在 NAS 的 UAS 运营是基于 UAS 飞行员与 ATC 的交互分析,通过使用一些有限的军事 UAS 飞行(限制空域)信息,以及使用计划内的 FAA UAS 试验范围信息开发的其他数据,可以满足实际 UAS 飞行员交互数据的需求。需要收集的最小数据集如下:

(1) UAS 飞行员的操作。

(2) ATC 为空域用户(包括载人飞机和无人机)提供服务的分析。

(3) ATC 管制员与 UAS 飞行员的交互分析。

(4) 对自动化和自动化使用的分析。

除了 UAS 飞行员和 UAS 系统外,FAA 还对空中交通运行(ATO)进行了修订。UAS 运行提出了此前载人飞机运行不需要考虑的独特的和具有挑战性的场景。因此,大量空中交通政策和程序需要修改、重写,或在某些情况下从零开始创建。对这些空中交通流程和程序的修改部分是基于对 NAS 中 UAS 运行的研究、分析和模拟。以下识别了需要考虑变更的关键 ATO 流程/程序:

(1) 管制员。

a. 政策。

b. 手册。

c. 培训。

d. 航路、航空站和海洋运行。

(2) 运营

a. 政策。

b. ATC 管理。

c. 飞行计划。

d. 间隔和流量控制。

e. 正常程序。

f. 应急程序:返航、失去控制、丢失通信/丢失遥测。

g. 航路、航空站和海洋程序。

h. UAS 机场地面集成。

(3) 安全。

a. 数据的收集和分析。

b. 安全案例。

c. 安全要求。

d. 实施后评估。

e. 航路、航空站和海洋程序。

使 UAS 整合到 NAS 更加复杂的是,大量的 UAS 渴望进入 NAS 运行。

UAS的设计涵盖了从尺寸非常小到非常大,伴随着差异显著的各种性能和需求。目前载人飞机对ATC通信指令的语音响应的监管要求不包括定量响应时间。由于当前的规章不包括语音通信响应时间,因此对于UAS,这可能要求通信响应时间成为UAS系统设计标准的固有组成部分。NAS中的UAS运营在UAS,以及UAS管制员和ATC之间的语音通信交换之间插入了一定数量的操作延迟。此外,目前正在定义的控制和通信(C2)要求将包括使用第三方通信服务,这是目前载人飞机运营的组成部分。

　　总之,我们可以看出,无论过去还是现在,将UAS整合到NAS始终是项极其复杂的工作。在允许UAS在NAS中飞行之前,有众多问题需要解决,而这些问题仍在变化中。FAA对于NAS中的UAS运营的短期、中期和长期关注重点是安全性。短期内UAS进入NAS是基于完善的程序和技术进步,这加快了准入速度。在短期内,对先进减缓措施的研发有助于促进FAA批准UAS进入NAS。这方面的研发以及适当的限制和约束,将减缓UAS的性能缺陷,并促进UAS在NAS中的短期集成。

第 24 章 总 结

"那是一个漆黑的暴风雨之夜……最终,太阳出来了。"

万物皆有终结的时候,虽然只是暂时的。就像森林永远不会停止进化生态系统一样。相反,如果聪明的护林人懂得足够多,就能够大致预测和干涉未来的变化。同样,没有一本关于复杂航空系统的书能够真正完结,因为完结这件事本身违背了技术世界生态系统的动态本质。然而,你现在有了基本的工具来理解这个复杂的体系,并帮助引导航空领域的未来走向更好的方向。

毫无疑问,一些读者想要一本能回答他们所有问题的书。但是,潜在问题的数量是无限的,这本书的页数是有限的。无论如何,这种美好的期望确实值得称赞。事实证明:从苏格拉底时代开始,优秀的老师就已经知道,真正的学习过程是为学生奠定基础、指导和鼓励学生才最有效,而不是按照常规的教学过程进行教学。如果你只想快速满足生理上的饥饿,你只需要一个厨师。而当你想保证这一生都不再挨饿时,你的需求就不同了:你必须学习烹饪的基本知识,有了技能和食材,你就能永远避免饥饿了。因此,本书提供了基础的航空领域开发知识,可以帮助指导你寻找更多的答案,以便你能更有效地在自己的技术领域里进行实践。也许一本看似伟大的书可以通过数千页的篇幅为读者的诸多问题提供答案,但一本真正的好书会帮助读者获取回答这些问题的方法。希望这是一本好书,因为我确定这不是一本"伟大"的书,因为工程师根本不会花时间阅读数千页的内容。

高可靠性和安全关键系统的世界是广阔的,并且在以指数级的趋势不断增长。即使限定于基本的航空电子设备开发和认证,也很容易就这个主题产生大量的内容。这很快就会导致这样一种结果:就会像一套百科全书,被整齐地放置在书架上积灰,而没有阅读过的读者则会重新追寻其中的真相。据说,才华横溢的马克·吐温曾经写过一本这样的书。他还写了一封异常冗长的私人信件,并在开头附上了一句道歉:"对不起,我没有时间把它缩短。"这本书也是如此,尽管尽了极大的努力来保证书中的材料是简洁的、相关的、有帮助的,还有最重要的——简短。

我希望你能真正喜欢这本书,并从这本书中受益。记住,这是一个很小的世界,所以更有理由活得宏大。

愿我们的飞行更加安全!

以下收录了 Vance Hilderman 自 1989 年创办第一家公司到现在的第七家公司期间的一些语录。这是对他之前 500 多名员工中的几十名员工通过电子邮件交流和采访获得的信息。

"一个系统可能只有在你能证明它是安全的时候才安全……但在通常情况下它不是那么安全。"

"如果你能在不到一个月的时间里构思、设计和实施一个系统,那么它可能就不是一个复杂的系统了。"

"软件这个名字很贴切:没有固有的束缚,有良好的容纳性,就像衣服,撑一撑就能穿得下。"

"硬件这个名字很贴切:一旦坏了,就很难修复了。"

"质量是一种观念,而不是一个附加元素。"

"软件好比一个动物园:编程能力强的程序员就好比强壮的猛兽,往往需要几个月的时间来创建一个看起来可以接受的系统,但猴子可以在瞬间使它崩溃。"

"简单和复杂之间有一个简单的区别:简单需要专业知识,而复杂需要可靠的专业知识。"

"那些对收入比对长期商业成功更感兴趣的公司最终将一无所获。"

"积极的行动可能产生积极的结果;而消极的行动则会产生消极的结果。"

"招聘工程师时要同时考虑经验和他先前的错误:前者将使后者最小化。"

"学习修理汽车刹车是非常有趣的,所以应该先尝试修理你朋友的车。"

"行动胜于言语,而事实胜于行动。"

"基础数学是成功的必备技能——任何企业家都会轻易地把半天的工作量计算为 12 个小时。"

"一定要让航空行业的求职者带一份纸质简历:它有个最重要的用途是看看求职者能多快地制作出一架纸飞机。"

"当一个驯狮的学徒告诉驯兽大师'我不怕',却随身带着他的枪,并拒绝领路,那么这只有一个意思:他是小心翼翼地害怕。"

"雇佣身价百万的求职者:请确保他在之前职业生涯中最后一个错误造成的损失是一个次性的。"

"当政府关闭股市就会上涨时,政府的价值就显露在股市之中。"

"原谅过去,但不要忘记过去:为明天而活,要从昨天的教训中受益。"

"如果一幅图抵得上千言万语,那么一个好的解释就抵得上一屋子图画。"

"专注于当下:喝葡萄酒时,就不要回味啤酒……"

"世界很小,所以要活得更加伟大。"

附录 A　缩　略　语

　　航空电子有自己的语言。有人说"航空工程师不会说英语,不是普通人能听懂的那种英语。"确实。当航空工程师交谈,或阅读航空电子文献时,很容易被这种"avilish",或"航空英语"的"语言"所迷惑。但是,像任何语言一样,基本词汇加上一点语境,就很容易理解。下面是最常用的航空研制首字母缩略词。

缩略语	英文	中文
A/D	analog to digital	模拟数字转换
A/P	autopilot	自动驾驶
ABAS	aircraft-based augmentation system	机载增强系统
ABROAD	ADS broadcast	广播式自动相关监视系统
AC	advisory circular	咨询通告
ACAS	airborne collision avoidance system	空中防撞系统
ACARS	aircraft communications addressing and reporting system	飞机通信寻址和报告系统
ACC	area control center	区域管制中心
ACE	actuator control electronics	作动器控制电子装置
ACMS	aircraft condition monitoring system	飞机状态监控系统
ACO	aircraft certification office (typically FAA)	航空器审定局
ACP	audio control panel	音频控制面板
ACS	audio control system	音频控制系统
AD	airworthiness directive	适航指令

ADAHRS	air data and attitude heading reference system	大气数据与姿态航向参考系统
ADC	air data computer or analog-to-digital converter	大气数据计算机或模数转换器
ADF	automatic direction finder	自动定向仪
ADI	attitude director indicator	姿态指引仪
ADIRS	air data inertial reference system	大气数据惯性基准系统
ADIRU	air data inertial reference unit	大气数据惯性基准单元
ADM	air data module	大气数据模块
ADR	airborne data reception	机载数据接收
ADS	automatic dependent surveillance	自动相关监视
ADS - A	automatic dependent surveillance-address	自动相关监视-寻址式
ADS - B	automatic dependent surveillance-broadcast	自动相关监视-广播式
ADS - C	automatic dependent surveillance-contract	协自动相关监视-合同式
AEH	airborne electronic hardware	机载电子硬件
AESA	active electronically scanned array	有源电子扫描阵列
AFCS	automatic flight control system	自动飞行控制系统
AFD	autopilot flight director	自动驾驶飞行指引
AFDC	autopilot flight director computer	自动驾驶飞行指引计算机
AFDS	autopilot flight director system	自动驾驶飞行指引系统
AFDX	avionics full-duplex switched ethernet	航空电子全双工交换式以太网
AGACS	automatic ground	自动接地
AGDL	air-ground data link	空地数据链路
AHC	attitude heading control	姿态航向控制

AHRS	attitude heading reference system	姿态航向基准系统
AID	aircraft integrated data	飞机综合数据
AIM	aeronautical information manual	航空信息手册
AIP	aeronautical information publication	航行资料汇编
AIR	aerospace information report	航天信息报告
AIS	airmen's information system	飞行员的信息系统
AL	assurance level	保证等级
ALT	altitude	高度
AMC	acceptable means of compliance	可接受的符合性方法
AMS	air management system	空气管理系统
ANC	active noise cancellation	主动降噪
ANN	annunciator	信号器
ANR	active noise reduction	主动噪声降低
ANSI	American National Standards Institute	美国国家标准协会
ANT	antenna	天线
AOC	aeronautical operational control	航空运行控制
AOP	airport operating plan	机场运营计划
AOPA	aircraft owners and pilots association	航空器拥有者及驾驶员协会
APARS	automatic pressure altitude reporting system	气压高度自动报告系统
APS	auto pilot system	自动驾驶仪系统
APU	auxiliary power unit	辅助动力装置
APV	approach with vertical guidance	垂直导引进近
ARINC	aeronautical radio, inc.	航空无线电公司
ARP	aerospace recommended practice（via society of automotive & aerospace engineers）	航空航天推荐实线（由汽车和航空航天工程师协会提供）
ASA	aircraft safety assessment	飞机安全性评估

ASD	aircraft situation display	飞机状态显示
ASDL	aeronautical satellite data link	航空卫星数据链
ASIC	application specific integrated circuit	专用集成电路
ASR	airport surveillance radar	机场监视雷达
ASTERIX	all purpose structured eurocontrol surveillance information exchange	多用途结构化欧洲航空安全组织监视信息交换
ASU	avionics switching unit	航空电子设备切换装置
AT	auto throttle	自动油门
ATC	air traffic control	空中交通管制
ATCRBS	air traffic control radar beacon system	空中交通管制雷达信标系统
ATCSS	air traffic control signaling system	空中交通管制信号系统
ATCT	airport traffic control tower	机场交通管制塔
ATIS	automated terminal information service	自动终端信息服务
ATM	air traffic management	空中交通管理
ATS	air traffic service	空中交通服务
ATSAW	airborne traffic situational awareness	空中交通态势感知
ATSU	air traffic services unit	空中交通服务组
ATT	attitude	姿态
Avionics	aviation electronics	航空电子
AYN	Office of Aviation System Standards	航空系统标准局
AWCS	advanced warning and control systems	先进预警和控制系统
AWOS	automated weather observation system	自动气象观测系统
BANAV	basic area navigation	基本区域导航
BDI	bearing distance indicator	方位距离指示器
BGAN	broadcast global area network	广播全球局域网

BISP	barometric indication, setting or pressure	气压指示、设定或压力
BIT	built-in test	内置测试
BITE	built-in test equipment	内置测试设备
BOM	bill of materials	材料清单
CAAC	Civil Aviation Administration of china	中国民用航空局
CAS	calibrated airspeed	校准空速
CAST	certification authorities software team	认证机构软件团队
CAT	catastrophic (when referring to a "safety" aspect; otherwise may refer to "category")	灾难性的(当提到"安全"方面时;否则可参考"类别")
CAT Ⅰ	operational performance category Ⅰ	操作性能类别Ⅰ
CAT Ⅱ	operational performance category Ⅱ	操作性能类别Ⅱ
CAT Ⅲa	operational performance category Ⅲa	操作性能类别Ⅲa
CAT Ⅲb	operational performance category Ⅲb	操作性能类别Ⅲb
CAT Ⅲe	operational performance category Ⅲe	操作性能类别Ⅲe
CC	control category	控制类别
CC	change control	变更控制
CCA	common cause analysis or circuit card assembly	共因分析或电路卡组件
CDA	continuous descent approach	连续下降进近
CDI	course deviation indicator	航向偏差指示器
CDR	critical design review	关键设计评审
CDRL	contract data requirements list	合同数据要求清单
CDTI	cockpit display of traffic information	驾驶舱显示交通信息
CDU	control display unit	控制显示装置
CEH	complex electronic hardware	复杂电子硬件
CFIT	controlled flight into terrain	可控飞行撞地
CFR	code of federal regulations	联邦法规
CI	configuration item	配置项

CIDS	cabin intercommunication data system	客舱内部通信数据系统
CM	configuration management	配置管理
CMA	common mode analysis	共模分析
CMP	configuration management plan	配置管理计划
CMR	certification maintenance requirement	审定维修要求
CNS	communication，navigation，surveillance	通信、导航、监视
CODEC	coder/decoder	编码器/解码器
COMM	communications receiver	通信接收机
COTS	commercial off-the-shelf	商用货架产品
CPS	cycles per second	秒每周期
CPU	central processing unit	中央处理单元
CRC	cyclic redundancy check	循环冗余校验
CRT	cathode ray tube	阴极射线管
CS	certification specification	认证规范
CSCI	computer software configuration item	计算机软件配置项
CTAF	common traffic advisory frequency	常用交通咨询频率
CV/DFDR	cockpit voice and digital flight data recorder	驾驶舱语音和数字飞行数据记录器
CVE	certification verification engineer	符合性验证工程师
CVR	cockpit voice recorder	驾驶舱话音记录器
CWS	control wheel steering	控制轮转向
DA	decision altitude	决断高度
DA	drift angle	偏航角
DAL	design assurance level	研制保证等级
DAP	downlink of aircraft parameters	下行飞机参数
DAR	designated airworthiness representative	适航委任代表
DC	direct current or decision coverage	直流电或判定覆盖

DCDU	data link control and display unit	数据链路控制和显示组件
DCN	document change notice	文件更改通知
DCP	display control panel	显示控制面板
DD	dependence diagram	依赖图
DDS	display docking station	显示器扩展坞
DER	designated engineering representative	工程委任代表
DFMC	dual frequency multiple constellation	双频多星座
DG	directional gyroscope	定向陀螺仪
DGPS	differential global positioning system	差分全球定位系统
DH	decision height	决断高
DL	data link	数据链路
DLR	data link recorder	数据链路记录器
DME	distance measuring equipment	距离测量设备
DMIR	designated manufacturing inspection representative	生产检验委任代表
DNC	direct noise canceling	直接噪声消除
DO	RTCA document ("document order")	RTCA 文件("文件序号")
DOD	Department of Defense	国防部
DP	departure procedures	离场手续
DSP	digital signal processor	数字信号处理器
DUAT	direct user access terminal	直接用户访问终端
DVE	degraded visual environment	视觉环境退化
EADI	electronic attitude director indicator	电子姿态指示仪
EASA	European Aviation Safety Agency	欧洲航空安全局
ECN	engineering change notice	工程变更通知
ECU	engine control unit (=EEC)	发动机控制单元
EEC	electronic engine control	电子发动机控制

EEPROM	electrically erasable programmable read only memory	电可擦可编程只读存储器
EFB	electronic flight bag	电子飞行包
EFD	electronic flight display	电子飞行显示器
EFIS	electronic flight information system	电子飞行信息系统
EGPWS	enhanced ground proximity warning system	增强型近地警告系统
EGT	exhaust gas temperature	废气温度
EHS	enhanced surveillance	加强监测
EHSI	electronic horizontal situation indicator	电子水平状态指示器
EIA	Electronics Industry Association	电子行业协会
EICAS	engine indicating and crew alerting system	发动机指示和机组警报系统
ELT	emergency locator transmitter	应急定位发射机
EMI	electromagnetic interference	电磁干扰
EMS	emergency medical service	紧急医疗服务
ENC	electronic noise canceling	电子噪声取消
ENG	engine	发动机
ENR	electronic noise reduction	电子降噪
EOC	executable object code	可执行目标代码
EPR	engine pressure ratio	发动机压力比
EPROM	erasable programmable read-only memory	可擦可编程只读存储器
ETOP(S)	extended-range twin-engine operation(s)	扩展型双引擎操作(S)
ETSO	European Technical Standard Order	欧洲技术标准令
EUROCAE	european organization for civil aviation equipment	欧洲民用航空设备组织
FAA	Federal Aviation Administration	美国联邦航空管理局
FADEC	full authority digital engine control	全权限数字引擎控制
FAI	first article inspection	首件检验

FANS	future air navigation system	未来空中导航系统
FAR	Federal Aviation Regulation	联邦航空条例
FBW	fly-by-wire	电传
FC	failure condition	失效状态
FCC	flight control computer	飞行控制计算机
FCR	final certification review	最终认证审查
FCS	flight control system	飞行控制系统
FD	flight director	飞行指引仪
FOAL	function development assurance level	功能研制保证等级
FOE	fault detection and exclusion	故障检测与排除
FOPS	flight plan data processing system	飞行计划数据处理系统
FDR	flight data recorder	飞行数据记录器
FORS	flight data recorder system	飞行数据记录系统
FDU	flux detector unit	通量探测器组件
FF	fuel flow	燃油流量
FFR	first flight review	首飞回顾
FFS	functional failure set	功能失效集
FG	flight guidance	飞行指引
FHA	functional hazard assessment	功能危险性评估
FIC	flight information centre	航班信息中心
FIFO	first in, first out	先进先出
FIS	flight information service	航班信息服务
FIS B	flight information services	航班信息服务
FL	flight level	飞行高度
FUR	forward-looking infra-red	前视红外线
FLTA	forward looking terrain awareness	前视地形感知
FM	formal methods	形式化方法
FMA	flight mode annunciator	飞行模式信号器

FMEA	failure mode & effects analysis	失效模式和影响分析
FMES	failure modes and effect summary	失效模式和影响总结
FMGS	flight management & guidance system	飞行管理和引导系统
FMS	flight management system	飞行管理系统
FOB	fuel on board	机上燃料
FPE	floating point emulation	浮点仿真
FPGA	field programmable gate array	现场可编程门阵列
FREQ	frequency	频率
FSS	flight service station	飞行服务站
FTA	fault tree analysis	故障树分析
FWS	flight warning system	飞行预警系统
FYDS	flight director/yaw damper system	飞行指引仪/偏航阻尼器系统
G/S	glide slope	滑翔斜率
GA	general aviation	通用航空
GA	go around	复飞
GAST	GBAS approach service type	GBAS进近服务类型
GBAS	ground based augmentation system	地面增强系统
GCAS	ground collision avoidance system	地面防撞系统
GCU	generator control unit	发电机控制装置
GOOP	geometric dilution of precision	几何精度因子
GGS	global positioning system ground station	全球定位系统地面站
GHz	gigahertz	千兆赫
GLNS	GPS landing and navigation system	GPS着陆和导航系统
GLNU	GPS landing and navigation unit	GPS着陆和导航装置
GLS	GBAS landing system	GBAS着陆系统
GLU	GPS landing unit	GPS着陆装置
GMT	Greenwich mean time	格林尼治标准时间
GND	ground	地面

GNSS	global navigation satellite system	全球导航卫星系统
GO	go around	复飞
GPIO	general-purpose I/O	通用接口
GPS	global positioning system	全球定位系统
GPWC	ground proximity warning computer	近地警告计算机
GPWS	ground proximity warning system	近地警告系统
GS	ground speed or ground station	地速或地面站
HAS	hardware accomplishment summary	硬件完成综述
HAZ	hazard or hazardous	危害或危险
HCI	hardware configuration index	硬件配置索引
HCM	hardware configuration management	硬件配置管理
HCMP	hardware configuration management plan	硬件配置管理计划
HOG	heading	标题
HDGSEL	heading select	标题选择
HDL	hardware design language	硬件设计语言
HOOP	horizontal dilution of precision	水平精度因子
HOP	hardware development plan	硬件开发计划
HF	high frequency	高频
HHLD	heading hold	航向保持
HIRF	high intensity radiated field	高强度辐射场
HMO	helmet-mounted display	头戴显示器
HMI	human machine interface	人机界面
HOL	high-order language	高阶语言
HPAP	hardware process assurance plan	硬件过程保证计划
HPR	high pressure rotor	高压转子
HSD	high-speed data	高速数据
HSI	horizontal situation indicator	水平状态指示器
HSL	heading select	标题选择

HTAWS	helicopter terrain awareness and warning system	直升机地形感知和预警系统
HUD	head-up display	平视显示器
HUMS	health and usage monitoring systems	健康和使用监控系统
HVVP	hardware validation & verification plan	硬件确认与验证计划
HW	hardware	硬件
Hz	hertz	赫兹
I/O	input/output	输入/输出
IAS	indicated airspeed	指示空速
ICA	instructions for continued airworthiness	持续适航文件
ICAO	International Civil Aviation Organization	国际民用航空组织
ICD	interface control document	接口控制文档
ICE	in-circuit emulator	在线仿真器
ID	identify	识别
IDAL	item design assurance level	项目研制保证等级
IDE	integrated development environment	集成开发环境
IDENT	identifier	标识符
IDS	information display system	信息显示系统
IFE	in-flight entertainment	机上娱乐
IFF	identification friend or foe	敌友识别
IFICS	integrated flight instrument and control system	综合飞行仪表和控制系统
IFR	instrument flight rules	仪表飞行规则
ILS	instrument landing system	仪表着陆系统
IMA	integrated modular avionics	集成模块化航空电子设备
IMC	instrument meteorological conditions	仪器气象条件
IND	indicator	指示器
INS	inertial navigation system	惯性导航系统

IOC	initial operational capability	初期操作能力
IP	internet protocol or intellectual property	互联网协议或知识产权
IPV	instrument procedure with vertical guidance (renamed to APV)	垂直导向仪器程序（更名为APV）
IRS	inertial reference system or interface requirements specification	惯性参考系统或接口需求规范
ISA	international standard atmosphere	国际标准大气
ISIS	integrated standby instrument system	综合备用仪表系统
ISP	integrated switching panel	集成开关面板
ISR	interrupt service routine	中断服务例程
ITT	interstage turbine temperature	涡轮级间温度
IVSI	instantaneous vertical speed indicator	瞬时垂直速度指示器
JAA	Joint Aviation Authorities	联合航空当局
JTAG	joint test action group	联合试验行动组
JTIDS	joint tactical information distribution system	联合战术信息分发系统
KIAS	knots indicated airspeed	节-指示空速
KT	knot-nautical mile per hour	节-每小时海里
KTAS	knots true airspeed	节-真空速
LAAS	local area augmentation system	局域增强系统
LADGPS	local area differential GPS	局域差分GPS
LCD	liquid crystal display	液晶显示器
LDGPS	local area differential global positioning satellite	局域差分全球定位卫星
LED	light-emitting diode	发光二极管
LMM	locator middle marker	航向中指点标
LOA	letter of authorization	授权书
LOC	localizer	航向信标

LODA	letter of design approval	设计批准函
LOI	level of involvement	参与级别
LOM	locator outer marker	航向外指点标
LORAN	long-range navigation	罗兰导航系统
LPR	low pressure rotor	低压转子
LPV	localizer performance with vertical guidance	带垂直引导的航向信标性能
LRU	line replaceable unit	航线可更换单元
LSP	liskov substitution principle	里氏替换原则
LTE	loss of tail rotor effectiveness helicopters	尾桨失效直升机
MA	markov analysis	马尔可夫分析
MAP	manifold absolute pressure or missed approach point	进气压力或错过进近点
MAPS	minimum aviation performance standards	最低航空性能标准
MASPS	minimum aviation system performance standard	最低航空系统性能标准
MB	megabyte	兆字节
MB	marker beacon	指点信标
MBD	model-based development	基于模型开发
MCBF	mean cycles between failures	平均故障间隔周期
MCDU	multi-function control and display unit	多功能控制显示单元
MCP	multi-core processor	多核处理器
MC/DC	modified condition/decision coverage	修正条件/判定覆盖
MDA	minimum decent altitude	最低下降高度
MEL	minimum equipment list	最低设备清单
MF	medium frequency	中频
MFD	multi-function display	多功能显示
MFDS	multi-function display system	多功能显示系统
MIC	microphone	麦克风

MIDO	manufacturing inspection district office	制造及检验分区办事处
MIDS	multi-functional information distribution system	多功能信息分发系统
MILSPEC	military specification	军事规范
MKP	multi-function keypad	多功能键盘
MKR	marker beacon	指点信标
MLS	microwave landing system	微波着陆系统
MM	middle marker	中指点标
MMD	moving map display	移动地图显示
MMEL	master minimum equipment list	主最低设备清单
MNPS	minimum navigation performance specifications	最低导航性能规范
MOA	military operations area	军事行动区域
Mode A	transponder pulse-code reporting	应答器脉冲码报告
Mode C	transponder code and altitude reporting	应答器代码和高度报告
Mode S	transponder code, altitude, and TCAS reporting	应答器代码,高度和 TCAS 报告
MOPS	minimum operational performance standard	最低操作性能标准
MOSA	modular open system architecture	模块化开放系统体系结构
MPS	minimum performance standard	最低性能标准
MSA	minimum safe altitude	最低安全高度
MSG	message	消息
MSP	modes S-specific protocol	模式 S-specific 协议
MSSS	mode S-specific services	模式 S-specific 服务
MTBF	mean time between failures	平均故障间隔时间

MTBUR	mean time between unscheduled removals	平均非计划拆卸间隔时间
MTTF	mean time to failure	平均无故障时间
MVA	minimum vectoring altitude	最低引导高度
MVFR	marginal visual flight rules	边缘目视飞行规则
NA	not applicable	不适用
NACO	National Aeronautical Charting Office	美国国家航天航空图表局
NAS	USA National Airspace System	美国国家空域系统
NASA	National Aeronautics And Space Administration	美国国家航空航天局
NAV	navigation receiver	导航接收器
NCATT	national center for aircraft technician training	国家飞机技师培训中心
ND	navigation display	导航显示
NOB	non-directional radio beacon	非定向无线电信标
NFF	no fault found	未发现故障
NFPO	National Flight Procedures Office	联邦飞行程序局
NIMA	National Imagery and Mapping Agency	国家成像与测绘局
NM/NMI	nautical mile	海里
NOAA	National Oceanic and Atmospheric Administration	美国国家海洋和大气管理局
NoTAM	notice to airmen	航行通告
NPA	non-precision approach	非精密进近
NPRM	notice of proposed rulemaking	拟制定规则通知
NTAP	notice to airmen publication	航行通告公告
NTSB	National Transportation Safety Board	国家运输安全委员会
NVD	night vision device	夜视设备
NVG	night vision goggles	夜视镜

NWS	National Weather Service	中国气象局
OAT	outside air temperature	机外气温
OBS	omnibearing selector	全方位选择器
OCC	operations control center	操作控制中心
ODA	organization designation authorization	机构委任授权
OEM	original equipment manufacturer	原始设备制造商
OM	outer marker	外标记
OPR	open problem report	开口问题报告
OO	object oriented	面向对象的
OOT	object oriented technology	面向对象技术
OOTIA	object oriented technology in aviation	航空中的面向对象技术
OS	operating system	操作系统
OWE/OEW	operating weight empty/operating empty weight	空载工作重量
PA	process assurance	过程保证
PA	public address system	公共地址系统
PAL	pilot activated lighting	飞行员启动照明
PAPI	precision approach path indicator	精密进近航路指示器
PAR	precision approach radar	精密进近雷达
PASA	preliminary aircraft safety assessment	初步飞机安全性评估
PC	personal computer	个人电脑
PCL	pilot controlled lighting	飞行员控制照明
PCN	product change notice	产品变更通知
P Code	GPS precision code	GPS 精密码
PD	profile descent	下降包线
PDI	parameter data items	参数数据项
PDL	product development leader	产品开发负责人
PDOP	position dilution of precision	位置精度因子

PDR	preliminary design review	初步设计审查
PESA	passive electronically scanned array	无源电子扫描阵列
PFD	primary flight display	主飞行显示器
PFDE	predicted fault detection and exclusion	预测故障检测和排除
PHAC	plan for hardware aspects of certification	硬件合格审定计划
PLO	programmable logic device	可编程逻辑器件
PMA	parts manufacturing approval	零部件制造人批准书
PMG	permanent magnet generator	永磁发电机
PND	primary navigation display	主导航显示
PNR	passive noise reduction	被动降噪
POA	production organization approval	生产单位批准书
POF	phase of flight	飞行阶段
POH	pilot's operating handbook	飞行员的操作手册
POS	position	位置
PR	problem report (may also be "CR = change request")	问题报告（或更改申请）
PRA	pre recorded announcement	预录广播
PRA	particular risk analysis	特定风险分析
P RNAV	precision area navigation	精密导航区域
PSAA	plan for software aspects of approval	软件合格审定计划批准
PSAC	plan for software aspects of certification	软件合格审定计划
PSCP	project specific certification plan	专项合格审定计划
PSP	partnership for safety plan	安全保障合作计划
PSR	primary surveillance radar	主监视雷达
PSSA	preliminary system safety assessment	初步系统安全性评估
PSU	passenger service unit	旅行服务组件
PTN	problem tracking number	问题追踪编号
PTR	program trouble report	项目问题报告

| PTT | push-to-talk | 即按即说 |
| Rad Alt | radio altitude | 无线电高度 |

PTT　　　　push-to-talk　　　　即按即说
QA　　　　quality assurance　　　　质量保证
QAR　　　　quick access recorder　　　　快速访问记录
QM　　　　quality management　　　　质量管理
QNH　　　　barometric pressure adjusted to sea level　　　　气压调整到海平面
QRH　　　　quick reference handbook　　　　快速参考手册
RA　　　　resolution advisory（TCAS）　　　　决断咨询（TCAS）
Rad Alt　　　　radio altitude　　　　无线电高度
RAI　　　　radio altimeter indicator　　　　无线电高度指示器
RAIM　　　　receiver-autonomous integrity monitoring　　　　接收机自主完整性监测
RALT　　　　radar or radio altimeter　　　　雷达或无线电高度计
RAM　　　　random access memory　　　　随机存取存储器
RAT　　　　ram air turbine　　　　冲压空气涡轮
RCR　　　　reverse current relay　　　　反向电流继电器
RCVR　　　　receiver　　　　接收机
RDMI　　　　radio distance magnetic indicator　　　　无线电距离电磁指示器
RDP　　　　radar data processing system　　　　雷达数据处理系统
RDR　　　　radar　　　　雷达
RDU　　　　remote display unite　　　　远程显示装置
REF　　　　reference　　　　参考
REIL　　　　runway end identifier lights　　　　跑道末端标识灯
REL　　　　relative　　　　相对
RF　　　　radio frequency　　　　无线电频率
RFI　　　　radio frequency interference　　　　无线电频率干扰
RHSM　　　　reduced horizontal separation minimal　　　　最小水平间距
RJ　　　　regional Jet　　　　支线飞机
RLG　　　　ring laser gyroscope　　　　环形激光陀螺

RLY	relay	继电器
RMI	radio magnetic indicator	无线电电磁指示器
R NAV	area navigation	区域导航
RNG	range	范围
RNP	required navigation performance	所需导航性能
ROC	rate of climb	爬升率
ROD	rate of descent	下降率
ROM	read only memory	只读存储器
RPA	remotely piloted aircraft（unmanned aerial vehicle）	遥控飞机（无人驾驶飞机）
RPM	revolutions per minute	每分钟转速
RSP	reversion switch panel	反转开关面板
RTE	route	路线
RTL	run time library	运行时库
RTOS	real-time operating system	实时操作系统
RVR	runway visual range	跑道视程
RVSM	reduced vertical separation minimum	最小垂直间隔
RX	receiver	接收机
SAAR	special aircraft and aircrew requirements	特殊飞机和机组人员的要求
SAE	Society of Automotive Engineers	汽车工程师学会
SAR	search and rescue，smart ACMS recorder	搜索和救援，智能ACMS记录器
SAS	software accomplishment summary	软件完成综述
SAT	static air temperature	大气静温
SATCOM	satellite communication	卫星通信
SATNAV	satellite navigation	卫星导航
SCC	system control category	系统控制类别

SCI	software configuration index (or "item")	软件配置索引（或"项目"）
SCM	software configuration management	软件配置管理
SCMP	software configuration management plan	软件配置管理计划
SCR	software conformity review	软件符合性审查
SCS	software coding standard	软件编码标准
SCS	system control unit	系统控制单元
SD	secure digital	安全数字
SOD	software design description	软件设计说明
SDF	simplified directional facility	简化的定向工具
SDP	software development plan	软件开发计划
SDRL	supplier deliverables	供应商交付
SDS	software design standard	软件设计标准
SELCAL	selective calling	选择呼叫
SES	supplier equipment specification	供应商设备规范
SID	standard instrument departure	标准仪表偏差
SIU	satellite interface unit	卫星接口单元
SLA	software load application	软件加载应用程序
SLECI	software lifecycle environment configuration index	软件生命周期环境配置索引
SMS	short messaging service	短信服务
SNR	signal-to-noise ratio	信噪比
SOI	stage of involvement	介入阶段
SOP	standard operating procedure	标准操作程序
SOW	statement of work	工作说明
SPP	safety program plan	安全计划
SPR	software planning review	软件计划评审
SQA	software quality assurance	软件质量保证
SQAP	software quality assurance plan	软件质量保证计划

SQAR	software quality assurance representative	软件质量保证代表
SRATS	system requirements allocated to software	分配给软件的系统需求
SRD	software requirements data	软件需求数据
SRS	software requirements standards	软件需求标准
SRS	speed reference system	速度基准系统
SSA	system safety assessment	系统安全评估
SSCV/DR	solid-state cockpit voice/data recorder	固态驾驶舱语音/数据记录器
SSCVR	solid-state cockpit voice recorder	固态驾驶舱话音记录器
SSFDR	solid-state flight data recorder	固态飞行数据记录器
SSPP	system safety program plan	系统安全程序计划
SSR	secondary surveillance radar	二次监视雷达
SSR	system specification review	系统规范审查
SSS	system segment specification	系统部分规范
STA	static timing analysis	静态时序分析
STAP	standard temperature and pressure	标准温度与标准压强
STAR	standard terminal arrival route	标准终端进场
STARS	standard terminal automation replacement system	标准终端自动化更换系统
STC	supplemental type certificate	补充型号合格
STCA	short-term conflict alert	短期冲突告警
STP	software test protocol	软件测试协议
STS	software test specification	软件测试规范
SUA	special use airspace	专用空域
SVA	software validation attestation	软件确认认证
SVCP	software verification cases and procedures	软件验证用例和程序
SVP	software verification plan	软件验证计划

SVR	software verification results	软件验证结果
SW	software	软件
SWCEH	software and complex electronic hardware	软件和复杂的电子硬件
SYRD	system requirements document	系统需求文档
T/R	thrust reverser	反推力器
TA	traffic advisory	交通咨询
TACAN	tactical air navigation system	战术空中导航系统
Tach	tachometer	转速表
TAD	terrain awareness display	地形提示显示
TAF	terminal area forecast	终端区域预测
TAS	Tool Accomplishment Summary	工具完结综述
TAT	true air temperature	真实空气温度
TAWS	terrain awareness and warning system	地形提示和警告系统
TBD	to be defined	待确定
TBO	time before overhaul	检修前
TC	type certificate	型号合格证
TCA	terminal control area	终端控制区域
TCAD	traffic collision alert device	交通碰撞报警装置
TCAS	traffic collision alert system	交通碰撞报警系统
TCF	terrain clearance floor	地形净空基底
TCI	tool configuration index	工具配置索引
TCN	TACAN	塔康
TCR	test completeness review	测试完整性评审
TCU	TACAN control unit	塔康控制单元
TDOP	time dilution of precision	时间精度因子
TERPS	terminal en-route procedures	中转终端程序
TFR	temporary flight restrictions	临时飞行限制
TFT	thin-film transistor	薄膜晶体管

TGT	turbine gas temperature	涡轮燃气温度
TIS	traffic information service	交通信息服务
TK	track angle	航迹角
TKE	track-angle error	航迹角误差
TLA	thrust lever angle	推力杆角
TODP	top of descent point	下降点顶
TOR	tool operational requirements	工具操作需求
TQ	tool qualification	工具鉴定
TQL	tool qualification level	工具鉴定等级
TQP	tool qualification plan	工具鉴定计划
TR	transmitter receiver	发射器
TRACON	terminal radar approach control	终端雷达进近控制
TRK	track	航迹
TRP	transponder	应答机
TRR	test readiness review	测试就绪准备
TSO	technical standard order	技术标准规定
TTH	target true heading	目标真航向
TTL	tuned to localizer	调谐定位器
TTR	TCAS transmitter	交通碰撞报警系统接收
TTS	time to station	到站时间
TVE	total vertical error	总高度垂直偏差
TWDL	terminal weather data link	终端气象数据链
TWDR	terminal doppler weather radar	终端多普勒天气雷达
TWIP	terminal weather information for pilots	飞行员终端天气信息
TWR	terminal weather radar	终端气象雷达
TX	transmit	传输
UART	universal asynchronous receiver transmitter	通用异步收发机
VAS	unmanned aerial system	无人机系统

UAV	unmanned aerial vehicle	无人驾驶飞行器
UHF	ultra-high frequency	超高频
ULB	underwater locator beacon	水下定位信标
UML	unified modified language	统一建模语言
USAF	united states air force	美国空军
USB	universal serial bus	通用串行总线
USGS	United States Geological Survey	美国地质勘探局
UTC	universal time coordinate	协调世界时
V	volts	伏特
V&V	validation and verification	确认和验证
V/L	VOR/localizer	甚高频/定位器
V/NAV	vertical navigation	垂直导航
V/R	voltage regulator	电压调整器
V/REF	reference velocity	参考速度
VIS	vertical speed	垂直速度
V/TRK	vertical track	垂直航迹
VASI	visual approach slope indicator	目视进近坡度指示器
VASIS	visual approach slope indicator (system)	目视进近坡度指示器（系统）
VDF	VHF direction finding	甚高频测向
VOL	VHF data link	甚高频数据链
VDR	VHF digital radio	甚高频数字无线电
VFO	variable frequency oscillator	可变频率振荡器
VFR	visual flight rules	目视飞行规则
VG/DG	vertical gyroscope/directional gyroscope	垂直和定向陀螺仪
VGA	video graphics array	视频图形阵列
VHDL	VHF hardware description language	甚高频硬件描述语言
VHF	very high frequency	甚高频
VHSIC	very high speed integrated circuit	超高速集成电路

VMC	visual meteorological conditions	目视气象条件
VNE	never exceed speed	绝对不许操作速度
VNO	maximum structural cruising speed	最大结构巡航速度
VNR	VHF navigation receiver	甚高频导航接收机
VOR	VHF omnidirectional range	甚高频全向测距
VORDME	VOR with distance measuring equipment	甚高频带测距仪
VORMB	VOR marker beacon	VOR 指点信标
VORTAC	VOR and TACAN combination	VOR 和 TACAN 联合体
VOX	voice transmission	话音传播
VPA	vertical path approach	垂直路径进近
VPATH	vertical path	垂直路径
VPR	visual point of reference	视觉参考点
VSI	vertical speed indicator	垂直速度指标
VSM	vertical separation limit	垂直间隔限制
VSO	stall speed in landing configuration	着陆配置中失速速度
VX	speed for best angle of climb	最佳爬升角速度
VY	speed for best rate of climb	最佳爬升率速度
WAAS	wide area augmentation system	广域增强系统
WBS	work breakdown structure	任务分解结构
WCET	worst-case execution time	最坏执行时间
WD	wind direction	风向
WMA	WXR waveguide adapter	气象雷达波导适配器
WMI	WXR indicator mount	气象雷达指示器支架
WMS	wide-area master station	广域主控站
WMSC	weather message switching center	气象信息交换中心
WMSCR	weather message switching center replacement	气象信息交换中心更新
WPT	waypoint	航路点

WRT	WXR receiver transmitter	气象雷达接收发送器
WS	wind shear	风切变
WX	weather	气象
WXR	weather radar system	气象雷达系统
WYPT	waypoint	航路点
XFR	transfer	转换
XMIT	transmit	传输
XMSN	transmission	发送,传输
XMTR	transmitter	发射机
XPDR	transponder	应答器
XTK	crosstrack	横向轨迹
ZSA	zonal safety analysis	区域安全性分析

附录 B　航空系统需求检查单

"系统需求数据检查单"确保系统级需求(包括安全和派生需求)被正确地定义。这里应该有一份系统需求标准,并符合 ARP4754A 和 ARP4761A。航空开发公司要么购买或建立自己涵盖航空工程生命周期的所有方面的清单。要找到商业上可用的清单,一个相当常见的方法是在一个互联网搜索引擎中输入"ARP4754A 需求清单"进行查询并查看结果。

背景

在航空电子系统中,需求提供了基础。需求必须正确、可行、唯一识别、有追溯、可分解为软硬件需求、被确认和验证。此检查单应该为您的特定项目进行定制,以确保遵守 ARP4754A。需要注意的是,系统需求定义与系统架构定义紧密耦合(并行执行)。客户、外部、环境(DO‑160 符合性)和 FHA 相关的安全要求均被认为是包含监控和冗余的系统架构草案的组成部分。然后,提出的架构被迭代改进,包括系统需求演化,直到所有的系统需求被定义。图 B.1 描述了这个过程。

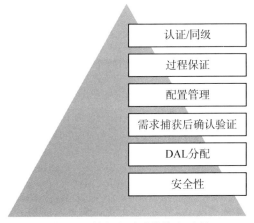

图 B.1　航空电子系统检查过程

捕获需求如下：

(1) 安全。

(2) 派生的。

(3) 之前引用的其他需求。

注意(见图 B.2)：

(1) 需求捕获与系统架构的定义紧密相关。

(2) 当所有架构都处理所有需求时，系统架构的定义和需求捕获都已迭代完成的。

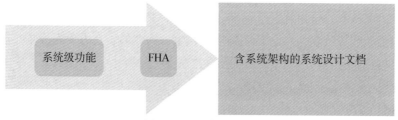

图 B.2　注　意　事　项

说明：根据检查单项的要求评审文档的符合性(见表 B.1)。

表 B.1　评　审　文　档

供应商名称：	地点：
系统/LRU 名称：	系统/LRU 标识符：
正在评审的数据项(完整件名称)：	
数据项修订：	适用标准：ARP4754A、ARP4761A、DO－160、DO－326A(网络安全)
评审日期：	主要评审人姓名：
其他评审人名称(可选)：	

按照以下要求在"是/否"列进行标记：

(1) "是"，如果文档符合检查单项。

(2) "否"，如果文档不符合检查单项。在"备注"栏中包含意见或详细的意见参考。

(3) "N/A"如果检查单项不适用，因此不需要评审。例如，如果一个项仅适用于 A~C 级，而被评审的系统为 D 级系统。在"备注"栏中填写"N/A"并说明理由。

注：在文件可以批准前，所有不符合问题必须解决。

通用检查单内容如表 B.2 所示。

表 B.2 通 用 检 查 单

标 准	是或否	备注
a. 该文件是否由提交项目适用的合格审定机构评审?	是 否	
b. 相关文件是否由提交项目适用的过程保证代表评审?	是 否	
c. 此文档是否在配置管理计划定义的配置管控下?	是 否	
d. 文件是否标识了系统名称、发布日期、文件标识和修订级别?	是 否	
e. 是否为文档中使用的每个缩略语定义了适用的术语和缩略语?	是 否	
f. 参考文件部分是否完整,并包含了所有参考或与合格审定/工程标准相关的项目适用的文件?	是 否	

具体检查单内容如表 B.3 所示。

表 B.3 具 体 检 查 单

询 问	符合	备注
系统需求		
是否为系统分配了适用的外部环境需求,如来自 DO-160 的需求?	是 否 N/A	
是否为系统分配了适用的外部性能需求,如来自适用的 TSO?	是 否 N/A	
潜在的失效和 FHA 过程的输出是否被纳入了与安全相关的系统需求?	是 否 N/A	
系统需求是否与系统级的架构相一致?	是 否 N/A	
是否说明了系统需求对硬件或软件的分配,特别是与安全相关的需求和潜在的故障条件?	是 否 N/A	
在 FHA 中识别的故障条件是否在系统的安全需求中存在?	是 否 N/A	
系统需求是否符合系统需求标准,ARP4754A,对于安全需求,是否还符合 ARP4761/A?	是 否	
如果需求偏离了需求标准,在验收前是否独立对偏差进行了评估?	是 否	
系统需求是否符合以下要求,包括		
无二义性的	是 否	
一致的	是 否	
完整的,未留下未定义的条件吗?	是 否	
可通过分析或测试进行验证吗?	是 否	
无法验证的术语的例子:"灵活,简单,充分,安全,特别,充分,适应,用户友好,可用,当需要时,如果需要,适当,快速,便携,轻量级,小,大,最大化,最小化,充分,健壮,快速,容易,清楚,其他的形容词,其他表示'使……化'的词汇"		

（续表）

询　问	符合	备注
如果适用,是否对容错进行定量说明?	是　否	
需求是否正面表述的(而不是反面表述的,即"不应")?	是　否	
每个需求都是唯一的,以避免全部或部分的冗余?	是　否	
系统需求是否除了规定和合理的设计约束外,没有描述软硬件设计或验证细节?	是　否	
系统需求是否缺失更好的移交给软件高级需求和/或硬件需求的需求?	是　否	
系统需求是否定义了识别和排除了系统危害?	是　否　N/A	
如果适用,系统需求是否说明了系统如何使用所有的参数数据项(PDI)(配置数据的超集),包括		
PDI 结构?	是　否　N/A	
PDI 属性?	是　否　N/A	
如果适用,值与 PDI 的结构及其数据元素的属性相一致吗?	是　否　N/A	
是否为每种操作模式定义了功能和操作需求?	是　否　N/A	
系统需求是否满足性能标准(如精度和准确性)?	是　否　N/A	
是否定义了内存大小约束?	是　否　N/A	
是否定义了时间需求和约束条件?	是　否　N/A	
系统需求是否涉及硬件和系统接口,包括		
协议	是　否　N/A	
格式	是　否　N/A	
输入频率?	是　否　N/A	
输出频率?	是　否　N/A	
是否定义了故障检测需求?	是　否　N/A	
是否定义了安全监控需求,并符合 ARP4754A 和 ARP4761/A?	是　否　N/A	
如果系统包含分区需求,则应包括以下项目:		
是否定义了分配给系统的分区需求?	是　否　N/A	
是否有关于不同分区的系统组件如何相互交互的描述?	是　否　N/A	
是否定义了每个分区的系统级别?	是　否　N/A	
是否定义了自检和监控的需求,包括检测、隔离、报告、健康监测和切换?	是　否　N/A	
是否定义了从故障中恢复和系统故障的需求?	是　否　N/A	
是否定义了从异常情况下恢复的需求,包括自动重启、电源故障和瞬态故障?	是　否　N/A	
系统需求数据是否包括嵌入到系统/软件中的系统/软件配置项标识符需求,以便这些标识符可以被观察、访问或以其他方式确定?	是　否　N/A	
派生需求是否提交给系统安全评估过程?	是　否　N/A	
如果适用,系统冗余的需求是否完整的? 包括可能引起切换的情况、时间和健康状况的确定,包括投票(特别是对 DAL A 或 B 系统)。	是　否　N/A	

（续表）

询　　问		符合		备注

需求是否要求了不能由同一个失效条件引起的危害导致监控和保护机制不工作,从而保证功能和监视的独立性?　是　否　N/A

如果系统包含用户可修改数据的需求,则涉及以下项目:

是否有需求指定了防止用户修改影响系统安全的机制,无论它们是否被正确实现?　是　否　N/A

防止用户修改的能力是否与可修改组件中的防错功能在同样的系统级别?　是　否　N/A

除非修改被证明符合 ARP4754A,否则不允许用户修改系统?　是　否　N/A

在用户修改时,是否有规定用户需要负责用户可修改系统的所有方面,如系统配置管理、系统质量保证和系统验证?　是　否　N/A

如果系统包含可选择的软件或硬件需求,则涉及以下内容:

当包含系统编程选项或配置时,是否有其他方法提供以确保不会无意的情况下在安装环境中对目标计算机进行包含未经批准的配置选择?　是　否　N/A

如果系统有一个默认模式,当不恰当的系统或数据被加载时,那么系统的每个分区组件是否有在此模式下操作的相关安全需求,用于处理潜在的失效情况?　是　否　N/A

是否有安装需求,并符合安全评估(特别是共模分析)?　是　否　N/A

是否有维护需求,并符合安全评估?　是　否　N/A

是否存在维护需求,并符合安全评估?　是　否　N/A

如果系统包括一个机载显示机制,用于确保飞机符合合格审定配置,则该系统的开发级别是否是要加载到的系统的最高级别,或系统安全评估过程证明了系统配置标识的端到端检查的完整性?　是　否　N/A

如果系统具有加载功能,包括支持系统和程序,是否有方法检测不正确的软件和/或硬件和/或飞机组合,是否提供相应的失效状态的保护功能?　是　否　N/A

系统需求

是否提供了系统需求和安全需求之间的可追溯性,以能够验证系统需求的完整实现,并提供对不能直接追溯到系统需求的派生需求的可见性?　是　否　N/A

每个系统需求是否能够分解为硬件或软件的高级需求?　是　否　N/A

每个系统需求是否可以通过一个或多个测试用例进行确认和验证?　是　否　N/A

　　备注部分:包括额外的评审意见、观察项总结,以及接受本文件所需的必要行动。

其他评审意见：

a. ······

b. ······

c. ······

观察项总结：

a. ······

b. ······

c. ······

接受本文件所需的必要措施：

a. ······

b. ······

c. ······

索　引